hkb

Angela Fischel

Natur im Bild

humboldt-schriften zur kunst- und bildgeschichte IX

Herausgegeben vom Institut für Kunst- und Bildgeschichte der Humboldt-Universität zu Berlin

Angela Fischel

Natur im Bild

Zeichnung und Naturerkenntnis bei Conrad Gessner und Ulisse Aldrovandi

Gebr. Mann Verlag · Berlin

Gedruckt mit Unterstützung des Förderungs-
und Beihilfefonds Wissenschaft der VG WORT

Bibliografische Information der Deutschen Nationalbibliothek
Die Deutsche Nationalbibliothek verzeichnet diese Publikation in der Deutschen Nationalbibliografie; detaillierte bibliografische Daten sind im Internet über http://dnb.d-nb.de abrufbar.

www. gebrmannverlag.de

Gedruckt auf säurefreiem Papier, das die US-ANSI-NORM über Haltbarkeit erfüllt.

Umschlagabbildung: Conrad Gessner: Wassermolche (vgl. Farbabb. 1).
Mit freundlicher Genehmigung der Zentralbibliothek Zürich, Grafische Abteilung.

Layoutkonzeption: Dorén+Köster · Berlin
Umschlagentwurf: M+S Hawemann · Berlin
Satz: hawemannundmosch · Berlin
Druck und Bindung: DZA Druckerei zu Altenburg GmbH · Altenburg

Printed in Germany
ISBN 978-3-7861-2610-2

Inhaltsverzeichnis

Vorwort

Dokumentarische Bilder werden seit der frühen Neuzeit bei der Erforschung der Natur verwendet. Zu jener Zeit begannen die Naturphilosophen, auch in großem Umfang Zeichnungen zu sammeln, auf denen die Gestalten der Natur festgehalten wurden. Viele der damals aufgebauten Bildsammlungen lagern heute so gut wie unentdeckt in Universitätsbibliotheken und Museen. Dies mag daran liegen, dass sie weder eindeutig künstlerischen Charakter haben noch den heutigen Maßstäben von Wissenschaftlichkeit entsprechen. Ihre Bedeutung für die Bildgeschichte ist jedoch kaum zu überschätzen. Denn hier wird nachvollziehbar, wie dokumentarische Zeichnungen zum ersten Mal für naturhistorische Zwecke angefertigt und systematisch gesammelt wurden. Sie bezeugen ein neues und sehr ausgeprägtes Interesses an der sichtbaren Natur. Die Zeichnungen konfrontieren den Betrachter jedoch auch mit vielen Fragen, indem sie sich den heutigen Vorstellungen von Wissenschaft entziehen und dem Betrachter eine Bilderwelt eröffnen, die ganz und gar nicht den landläufigen Vorstellungen von Naturdokumentation entspricht. Gerne wurden zum Beispiel Steine und Mineralien mit ungewöhnlichen Mustern dokumentiert, noch häufiger tauchen auf den Zeichnungen Monster und Wunderwesen auf. Die Fülle der zeichnerisch dokumentierten Fabeltiere scheint dem selbstgestellten Anspruch der Naturphilosophen, sich der sichtbaren Natur zuzuwenden, grundsätzlich zu widersprechen. Dieser Widerspruch ist jedoch nicht nur für die Wissenschaft der frühen Neuzeit charakteristisch. Der Konflikt zwischen dem Ideal vorurteilsloser Beobachtung und der Tatsache, dass Bilder immer mehr darstellen als nur die Dokumentationen einer Wahrnehmung, wird gerade in den aktuellen Diskussionen der Kunst- und Wissenschaftsgeschichte immer wieder thematisiert und prägt symptomatisch die Diskussionen über Bilder in der Wissenschaft. Auch das besondere Interesse an Wundern und Monstern, das in den historischen Sammlungen deutlich wird, ist mehr als nur Ausdruck von Naivität und Sensationslust, sondern lässt sich aus dem Wissenschaftskontext der Zeit erklären. Hier spiegelt sich eine der zentralen Forschungsfragen des 16. Jahrhunderts wider: die Genese von immer neuen Gestalten und Formen in der Natur.

Was also meinten die Naturphilosophen genau, wenn sie ›Beobachtung‹ als Grundlage für die Naturerkenntnis einforderten? Und aus welchem Erkenntnisinteresse heraus wurden so merkwürdige Gestalten abgebildet, warum fokussierte sich der Blick auf Muster und Zufallsbilder, Monster, Missgestalten und Seltenheiten? Mit Conrad Gessner und Ulisse Aldrovandi werden zwei der bedeutendsten Naturphilosophen des 16. Jahrhunderts herangezogen, um diese Fragen zu erörtern. Beide Naturforscher gehörten zu den ersten Wissenschaftlern, die naturdokumentarische Bilder systematisch in ihre Arbeit einbezogen. Sie nutzten Zeichnungen zur naturadäquaten Dokumentation vergänglicher Farben und Formen, zum Informationsaustausch, zum Vergleich und zur Diskussion von Beobachtungen. Die Zeichnungen dienten zugleich dazu, den Gegenstand der Naturgeschichtsschreibung grundsätzlich neu zu bestimmen.

Um wissenschaftlich ausgewertet werden zu können, müssen visuelle Wahrnehmungen dokumentierbar, austauschbar und vor allem diskutierbar sein. Wissenschaftliche Beobachtung bedarf daher grundsätzlich der medialen Vermittlung durch Bilder. Genau diese Funktion übernahmen die Zeichnungen in den Sammlungen der Naturphilosophen. Dabei wurden im seltensten Fall die eigenen Naturwahrnehmungen dokumentiert. Die Naturphilosophen waren unvermeidlich auf Bildinformationen angewiesen, die zuvor bereits in Büchern und Flugblättern publiziert worden waren. Zu Dokumenten wurden diese Bilder jedoch erst im Verlauf eines langen Prozesses der Diskussion und der Bildkritik. Als wichtigstes Ergebnis dieser Bilddebatten wurden Fabeln und Fakten immer wieder neu voneinander differenziert – einer der spannendsten und widerspruchsvollsten Momente in der Bild- und Wissenschaftsgeschichte.

Den streng naturphilosophisch ausgerichteten Sammlungen von Aldrovandi und Gessner können die ebenfalls naturphilosophisch orientierten Arbeiten des Zeichners Joris Hoefnagels gegenübergestellt werden. Anhand seiner Zeichnungen wird deutlich, dass die Bild- und Forschungsfragen der Naturphilosophen über den streng wissenschaftlichen Kontext hinaus auch in künstlerischen Kreisen reflektiert wurden und somit zugleich eng mit kunsthistorischen Themen verknüpft sind. Mit diesem Schwerpunkt widmet sich die Arbeit einem in der Kunstgeschichte der letzten Jahre viel diskutierten, aber immer noch wenig erforschten Thema.

Die vorliegende Untersuchung entstand als Dissertation am Kulturwissenschaftlichen Institut der Humboldt-Universität zu Berlin. Sie wurde von Professor Macho, der das Projekt von Anfang an inspiriert und gefördert hat, betreut und von Professor Bredekamp, dessen Forschungen zur Kunstkammer und über wissenschaftliche Bilder zentrale Bezugspunkte für diese Arbeit sind, mit großem Einsatz begleitet. Beiden Mentoren sei an dieser Stelle ausdrücklich und sehr herzlich gedankt. Darüber hinaus haben vor allem die leidenschaftlichen Diskussionen mit den Mitstreitern am Forschungsprojekt »Das technische Bild« den Charakter der Arbeit geprägt. Mein Dank geht an den DAAD, der einen längeren Forschungsaufenthalt in Bologna freundlich unterstützt hat, sowie an die Bibliothekare der Universitätsbibliothek Bologna, an die Nationalbibliothek in Wien und besonders an Frau Dr. Eva Irblich, wenn auch die Wiener Bilder nicht in die Arbeit eingeflossen sind, an die Universitätsbibliothek in Basel und die Zentralbibliothek Zürich, die Herzog-August-Bibliothek Wolfenbüttel, die mich für einen Monat als Gast beherbergt hat, die Staatsbibliothek zu Berlin, die Bayrische Staatsbibliothek und die Universitätsbibliothek Greifswald. Herzlich gedankt sei außerdem Malte Eckermann und Günter Lailach, die den Text mit präzisem und kritischem Blick korrekturgelesen haben, sowie Stefan Trinks, der mich bei Lateinfragen hilfsbereit beraten hat, vor allem aber Michael Lailach, dem dieses Buch gewidmet ist.

Angela Fischel, im Sommer 2009

I Naturphilosophie und Naturzeichnung

Eine auf den ersten Blick unscheinbare Zeichnung von Joris Hoefnagel zeigt drei Libellen (Abb. 1). Die fragilen Insekten sind so dargestellt, dass man für einen kurzen Moment davon überzeugt ist, die Tiere würden direkt auf dem Blatt Papier sitzen. Diese Illusion hält jedoch nur wenige Augenblicke, bevor klar wird, dass sie gezeichnet sind. Von diesem Moment geht jedoch die Faszination des Blattes aus. Die erste Verblüffung über das gleichzeitige Zusammentreffen von drei Libellen auf einem Blatt Papier weicht dem Staunen über die Kunstfertigkeit des Malers. Die Feinheit der Strukturen provoziert den Blick. Um dem Trick auf die Spur zu kommen, geht der Betrachter immer näher an das Blatt heran. Doch der materielle Grund der Zeichnung, also Pinselspuren, ein einzelner Strich oder andere Wendungen der Hand erschließen sich kaum. Joris Hoefnagel[1] beherrschte sein Handwerk. Jedes Detail ist mit äußerster Akribie ausgeführt, die Texturen scheinen fast greifbar. Flüchtig scheinende Schatten geben der Zeichnung skulpturale Momente.

Das Spiel mit der visuellen Ähnlichkeit zwischen dem Insekt und seinem Bild operiert auch mit der Wechselwirkung von Täuschungen und Enttäuschungen. Darüber hinaus stellt Hoefnagel anhand dieses Bildes die Frage nach der gegenseitigen Bedingung von Naturgestalt und Naturdarstellung. So findet die Fertigkeit des Autors in der Feinheit des Insektenleibes ihren angemessenen Gegenstand, wie umgekehrt die Fragilität der Libellenflügel erst durch die Meisterschaft dieses Malers sichtbar wird. Naturwerk und Kunstwerk steigern einander als Manifestation größtmöglicher sichtbarer Feinheit. Dabei schwinden die Grenzen zwischen Bildobjekt und Bild. Hoefnagel treibt diese Überlagerung allerdings über das optische Vexierspiel hinaus.

Entgegen aller Erwartung sind die transparenten Flügel der Insekten nicht gemalt, sondern als Präparate direkt auf die Zeichnung appliziert worden. Hoefnagels Bild *verkörpert* im wahrsten Sinne des Wortes Libellen. Sein Kunststück stellt mehr dar, als nur ein kunstvolles Abbild, es definiert vielmehr einen neuen Aspekt von Natur. Die Libellen dienen dabei nicht nur als Vorbild eines Kunstwerks, sie sind ihr Komplement.

Hoefnagels künstlerische Selbstdarstellung und die besondere Inszenierung von Natur kreisen um einen gemeinsamen Schwerpunkt. Dieser lässt sich in den zarten Strukturen der

---

1 Joris Hoefnagel (1542–1600), Miniaturmaler und Calvinist, war in das weitgespannte Netzwerk aufgeklärter und gelehrter Niederländer integriert, die in ganz Europa tätig waren. Wilberg Vignau-Schnuurmann 1969; Mira calligraphiae monumenta 1992; Vignau-Wilberg 1994; Vignau-Wilberg 1994a, S. 18; Hendrix 1995; Albus 2003.

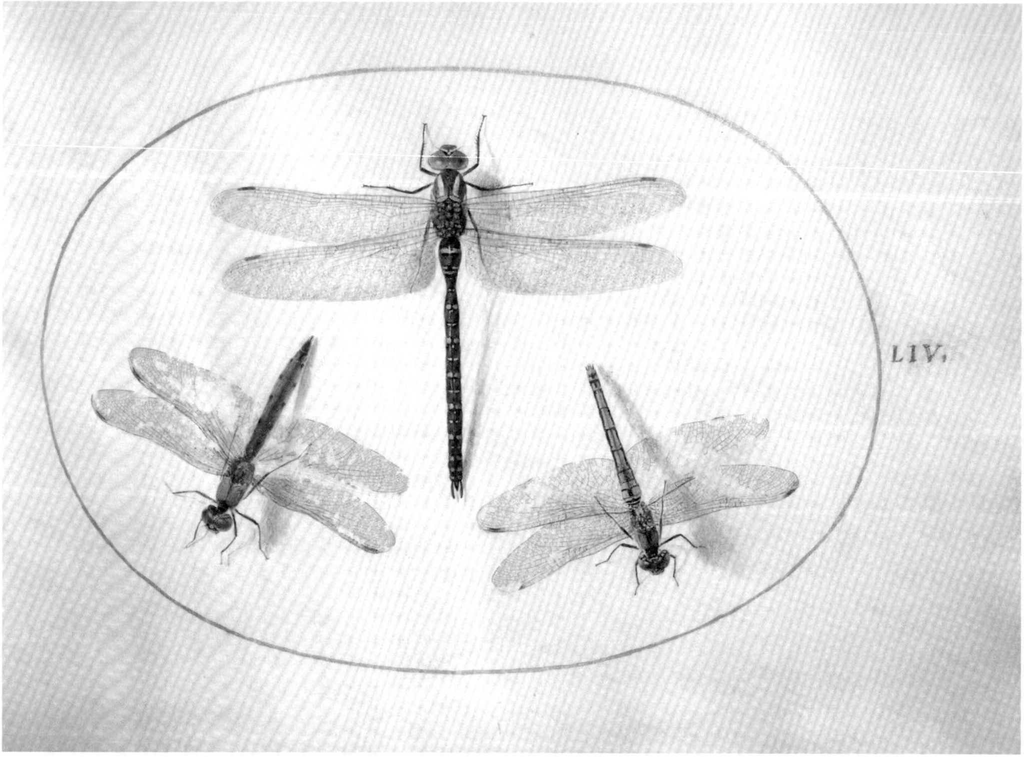

1 Joris Hoefnagel, Libellen, zwischen 1575–80, Animalia Rationalia et Insecta (Ignis), Plate LIV.

Libellenflügel bestimmen, deren kleinste Details sich der Sehschärfe eines menschlichen Auges entziehen. Neben den Finessen der Kunst und Natur ist die Beschränkung des menschlichen Auges damit das dritte Thema der Zeichnung; Hoefnagel macht sie in seiner Arbeit als solche überhaupt erst evident.

Das Blatt, so außergewöhnlich es anmutet, behandelt in exemplarischer Weise drei Themen, welche die Auseinandersetzung mit Natur in der frühen Neuzeit charakterisieren: es überblendet die Begriffe von Natur und Technik, respektive der Kunst; es thematisiert und problematisiert die Grenzen der Wahrnehmung und es greift die Frage nach den repräsentierenden Funktionen von Bildern, der Abwesenheit und Anwesenheit von Dingen im Bild auf. Indem Hoefnagel das Bildthema »Insekten« anspricht, berührt er darüber hinaus einen wichtigen Forschungsbereich des ausgehenden 16. Jahrhunderts. Die Frage nach der Entstehung von Leben und Gestalt wurde zu dieser Zeit auch anhand von Insekten diskutiert. Hoefnagel gilt als einer der wichtigen künstlerischen Protagonisten dieses Themas, das im folgenden Jahrhundert durch die Entwicklung der optischen Technik, besonders der Mikroskopie, forciert wurde.[2] Die Nor-

2 Vignau-Wilberg 1994a; Böhme 2007.

men der bildlichen und die Gesetze der natürlichen Reproduktion wurden auch in der Folgezeit anhand von Problemen der Sichtbarkeit definiert.[3] Mit seiner Zeichnung, welche die Aspekte der visuellen Wahrnehmung betont und implizite Wahrnehmungsgrenzen umspielt, wird Hoefnagels Libelle zur Ikone eines sich dem menschlichen Auge entziehenden materiellen Seinsgrunds der Natur.

Die Libellenminiatur ist kein Einzelblatt, sondern gehört zu einem sehr umfangreichen Konvolut von Zeichnungen, die sämtlich der Darstellung der animalischen Welt gewidmet sind. Die Sammlung ist, entsprechend der Elementenlehre, in die Bücher Feuer, Wasser, Erde und Luft unterteilt,[4] wobei das Libellenblatt zur Serie »Ignis«, dem Element Feuer, gehört. Hoefnagel hat die meisten seiner Zeichnungen wie Embleme strukturiert und ihnen jeweils Lemmata und Proverbien beigestellt. In diesem Sinne entfaltet er in seinen Blättern auch die spezifisch emblematische Spannung der Gegenüberstellung von Texten und Bildern.[5] Gleichwohl ist seine Sammlung kein Emblembuch im klassischen Sinne. Zum einen ist nicht jeder Darstellung ein Text beigegeben, einige Darstellungen sind numerisch indexiert, vermutlich um ihnen mit Hilfe eines Registers namentliche Bezeichnungen zuordnen zu können. Zum anderen ist die besondere visuelle Gestaltung für Embleme eher ungewöhnlich. Hoefnagel verlieh dem klassischen Emblem einen neuen Aspekt. Indem er das Thema der visuellen Wahrnehmung in die emblematische Struktur einfügte, sprengte er den konventionellen emblematischen Spannungsbogen aus Bild- und Textbedeutungen.[6] Seine veristischen Abbildungen entziehen sich einer sinnbildlichen Deutung, sie verweisen immer wieder auf ihre eigene visuelle Struktur. In seinen illusionistischen Insektenbildern führte Hoefnagel neben den emblematischen Bedeutungen von Insekten ihre materielle, visuell wahrnehmbare Beschaffenheit als neues Bildthema ein. Diese Inszenierung richtet die in der Emblematik formulierte Idee einer in den Dingen niedergelegten universellen, archaischen Bilderschrift neu aus. Die allegorische Poesie eines Emblems wird dabei umgeleitet in eine visuelle Spannung, eine formal-bildliche Poesie zwischen Sichtbarem und Unsichtbarem. Dem moralisierenden Sinn des Emblemspruchs wird hier der visuelle Sinn als neue Bildebene hinzugestellt. Diese Ebene entsteht aus der Konfrontation der Wahrnehmungsfähigkeit der menschlichen Augen mit der präsentierenden Funktion von Bildern.

Mit Recht wurden die Zeichnungssammlungen Hoefnagels als Indiz für ein naturwissenschaftliches Interesse *vor* der Etablierung der modernen Naturwissenschaft bezeichnet.[7] Dabei

3 Dazu gehört im 17. Jahrhundert der Streit um die Entstehung des Lebens, den zum Beispiel Athanasius Kircher und Francesco Redi ausfochten. Kircher vertrat die weit verbreitete Überzeugung von der Möglichkeit der Selbstzeugung von Insekten, aber auch der Palingenesis, der Entstehung von Pflanzen aus ihrer Asche. Redi argumentierte dagegen. Noch um 1800 wurde die Diskussion in veränderter Form weitergeführt. Einführend zu Redi und dem sogenannten Redischen Prinzip »ex ovo omnia« bei Jahn 1998, S. 227–230; zur Weiterführung der Debatte um 1800: Wellmann 2003.

4 Vignau-Wilberg 1969; 1987; 1989; 1994; 1994a; Mira calligraphiae monumenta 1992; Hendrix 1997.

5 Vignau-Wilberg 1969.

6 Heckscher 1959; Miedema 1968.

7 Die Zusammenarbeit zwischen Künstlern und Naturwissenschaftlern ist besonders im Fall Joris Hoefnagel verbürgt, der einen intensiven Austausch mit dem flämischen Botaniker und Naturwissenschaftler Carolus Clusius pflegte. Vergleiche dazu besonders die Studie von Thea Vignau-Wilberg 1994a, S. 37–43.

wurde jedoch der besonderen visuellen Struktur der Bilder zu wenig Rechnung getragen. So hatte der Kunsthistoriker Ernst Kris schon 1928 mit Blick auf Hoefnagels Zeichnungen den Begriff des »wissenschaftlichen Naturalismus« geprägt.[8] Damit bezeichnete Kris die charakteristische Verbindung von optischer Virtuosität mit der emblematischen Kunst. Insbesondere bezog er sich dabei auf den »concettismo« als einer am humanistischen Textstudium geschulten Kunst. Mit dem Adjektiv »wissenschaftlich« meinte Kris also weniger ein modernes naturwissenschaftliches Interesse als vielmehr humanistische Wissenschaftlichkeit, eine Schrift- und Textgelehrsamkeit, die Bezüge herzustellen, Metaphern zu deuten, Symbole zu erkennen und Zitate zu ordnen wusste. Hoefnagel, der sich auch selbst als »inventator hieroglyphicus et allegoricus«[9] bezeichnet hatte, erfand als gefeierter Meister der Illusion tatsächlich eine neue Form von Hieroglyphen, die das Bild nicht als Schriftäquivalent, sondern als »rein« visuelle Information versteht. Hoefnagels Darstellungen sind im übertragenen Sinne auch Hieroglyphen der modernen Wahrnehmung. Kris' erste Analyse des Phänomens wäre deshalb um die Frage der Bedeutung dieser formalen Ebene im Kontext der Naturkunde der frühen Neuzeit zu erweitern.

Dokumentarische Zeichnungen spielten in der Naturkunde seit 1550 eine nicht leicht zu durchschauende Rolle. So gibt es Zeichnungssammlungen in allen wichtigen Naturaliensammlungen dieser Zeit. Nicht nur prominente Wissenschaftler wie Conrad Gessner und Ulisse Aldrovandi, sondern auch Künstler, Fürsten und andere Potentaten sammelten in großem Maßstab naturdokumentarische Zeichnungen.[10] Sie sahen in der Zeichnung ein maßgebliches Instrument der Naturforschung und akkumulierten umfangreiche Zeichnungsbestände mit Darstellungen der animalischen und vegetabilen Welt.[11] Bis heute lagern diese Sammlungen kaum beachtet in den Magazinen von Universitäten und Museen.[12] Ihre Zeichnungen stammen in der Regel nicht von bekannten Malern, ihre Qualität entspricht oft nicht den Vorstellungen von Kunst, weshalb sie im Allgemeinen auf wenig Interesse stoßen. Sie sind jedoch Zeugnis einer außerkünstlerischen Bildpraxis, die im sechzehnten Jahrhundert weit verbreitet war. Die Frage, welche Funktionen naturdokumentarische Zeichnungen bei der Erforschung von Natur zu einer Zeit erfüllen konnten, in der der Buchdruck und die Distribution von gedruckten, »exakt reproduzierbaren Bildern«[13] zum wichtigsten Wissenschaftsinstrument überhaupt wurden, zielt auf einen bildwissenschaftlichen Zusammenhang. Sie thematisiert die Verbindung von Bild- und

---

8 Kris 1927.

9 Kris 1927, S. 245.

10 Die Sammlung Rudolph II. ist nur eines der eindrucksvollsten Beispiele solcher repräsentativen Bildammlungen. Ferdinand II. von Tirol, Rudolphs Onkel, besaß eine weithin berühmte Sammlung mit Fischdarstellungen. Auch die Medici in Florenz legten eine naturhistorische Bildsammlung an und fast alle Naturphilosophen sammelten naturdokumentarische Zeichnungen, wobei die Sammlungen der Accademia dei Lincei die berühmteste darstellt. Bestiaire 1990; Irblich und Auer 1995; Thesaurus 1996; Freedberg 2002.

11 Über das Thema der Bilder in der frühneuzeitlichen Naturphilosophie siehe auch Pass 1986/87; Freedberg 1991; Pinon 1995; Pyle 1996; 2000; Kusukawa 2006.

12 Zum Beispiel der Klebeband im Gothaer Schlossmuseum: Hackethal 1992. Einführend zu den naturhistorischen Zeichnungen aus der Kunstkammer Rudolph II. und Ferdinand II.: Irblich und Auer 1995; Thesaurus 1996.

13 Ivins 1953.

Naturbegriffen in der Wissenschaft um 1600. Gegen die Behauptung, dass moderne Wissenschaftlichkeit aus genauerer Beobachtung resultiere und die Vorstellung, dass diese »Eröffnung der Augen« die Blindheit früherer Epochen geheilt hätte, soll die Frage nach den methodischen und heuristischen Verschiebungen gestellt werden, welche die Wertschätzung des visuellen Sinns im System der Wissenschaft auslöste.

Wissenschaftshistorisch betrachtet sind diese naturhistorischen Dokumentationen der Fauna in die allgemeine Entwicklung um 1600 schwer einzuordnen. Sie unterscheiden sich deutlich von anderen Bildern, die in anderen Wissenschaftsdisziplinen verwendet wurden. So stellen sie oft Inhalte dar, die heute nicht mehr in den Bereich der Wissenschaft gerechnet werden. Während schematisierende Pflanzenbilder in der Botanik der Identifikation von Pflanzen dienten, Andreas Vesalius in der Medizin anatomische Abbildungen nutzte, um die Autopsie als Erkenntnistechnik zu etablieren und in der Astronomie der Einsatz optischer Instrumente das Weltbild revolutionierte, lassen sich die Funktionen des Bildes in der Naturgeschichtsschreibung nicht in den allgemeinen Trend einordnen. Sie stellen in methodischer wie inhaltlicher Sicht eine Herausforderung an eine bildwissenschaftliche Analyse dar.[14] Als dezidiert wissenschaftlich ausgerichtete Bilder entziehen sie sich den klassischen kunsthistorischen Methoden. Da sie inhaltlich jedoch heutigen Vorstellungen von Objektivität nicht entsprechen, können sie auch nicht ohne Weiteres in die Vorgeschichte der Objektivierung von Natur eingeordnet werden. Vielmehr scheint es, als ob an dieser Stelle die fast gegensätzlich ausgerichtete Frage nach den Irrationalitäten in der Entwicklung der modernen Wissenschaft die richtigere und fruchtbarere wäre.

Der Zeitraum zwischen 1550 und spätestens 1650 ist eine Periode, in der moderne wissenschaftliche Fragestellungen entwickelt und kontrovers diskutiert wurden. Andererseits aber repräsentiert keine der naturhistorischen Abhandlungen dieser Zeit »moderne Wissenschaft« im heutigen Sinne. Die Publikationen dieser Epoche stehen geradezu quer zu aktuellen wissenschaftlichen Grundsätzen, da sie sich auch mit ausgesprochen »unwissenschaftlichen« Phänomenen befassen: mit Drachen, Wundern, Monstern oder übersinnlichen Erscheinungen.[15] Die scheinbar klar geregelte Unterscheidung von visuellen Fakten und überlieferten Fabeln wird hier immer wieder unterlaufen. Daher gelten Publikationen dieser Zeit im übertragenen Sinne als »Freaks« der Wissenschaftsgeschichte; sie kennzeichnen als solche prinzipiell einen ihrer neuralgischen Punkte.[16]

---

14 Grundsätzlich über das Thema der naturdokumentarischen Zeichnungen: Freedberg 1991. Selbst er spart dieses Kapitel in seiner Geschichte der Accademia dei Lincei und ihrer Bildsammlung aus. Freedberg 2002.

15 Diesen Aspekt als charakteristischen der Wissenschaft der frühen Neuzeit analysiert zu haben, ist das Verdienst von Lorraine Daston und Katherine Park, vor allem Daston 1981 und 1991.

16 Ich beziehe mich hier auf einen Gemeinplatz, auch polemisch gegen die Romantisierung der Kunstkammern, die sich vor allem in der Kunstkammerliteratur der 1980er Jahre spiegelt. In dieser Zeit entdeckten viele Wissenschaftler in der spielerisch anmutenden Ordnung der Kunstkammer eine ganzheitlichere Alternative zu dem modernen wissenschaftlichen Systemen mit ihrer Trennung von Geisteswissenschaften, Naturwissenschaften und Kunst. So führt Michel Foucault in seinem Buch »Die Ordnung der Dinge« Aldrovandis Systematisierung als Gegenbeispiel für den modernen Determinismus an. Gegen diese scharfe Trennung argumentierte Bredekamp und verwies auf die Kontinuitäten zwischen den Perspektiven der Kunstkammer und der modernen Wissenschaft. Foucault 1993, S. 66–74; Bredekamp 1993.

Dieser Eindruck ist umso irritierender, weil die hier angewendeten Verfahren der Erhebung, der Dokumentation und der Organisation von Informationen mit Hilfe von Registern und Katalogen hochmodern anmuten. Besonders klar ist die Bildarbeit dieser Forscher definiert, in der alle Phänomene mit großer Präzision, nach strengen Regeln aufgezeichnet wurden. Die Bilder wurden durch Unterschriften von Bilderfindungen und Phantasien deutlich unterschieden. Entlang welcher Grenzen sich wissenschaftliche Bildarbeit vor der Etablierung moderner wissenschaftlicher Institutionen definiert, zeigt die Untersuchung von zwei einflussreichen Protagonisten frühneuzeitlicher Bildpraxis: Conrad Gessner und Ulisse Aldrovandi.

Der Name Conrad Gessner[17] steht heute synonym für den Beginn einer neuen Ära der Naturforschung, der systematischen Erfassung der animalischen und der vegetabilen Gestalten.[18] Der Zürcher Arzt war einer der frühesten Aktivisten und zugleich ein einflussreicher Initiator dieser Entwicklung. Gessner war praktizierender Arzt und Philologe. Als ausgewiesener Kenner der antiken Sprachen und Literatur profilierte er sich durch die Übersetzung und Publikation antiker wie zeitgenössischer Texte. Bis heute wird er als Systematiker der Bibliografie und der Naturforschung in Ehren gehalten. Seine beiden umfangreichsten Werke, die »Bibliotheca universalis«[19] und die »Historiae animalium«[20], repräsentieren zugleich die Schwerpunkte seiner Interessen. Beide Werke erlebten mehrere Auflagen und überragen sowohl quantitativ wie auch qualitativ alle bis dahin veröffentlichten Arbeiten auf bibliothekswissenschaftlichem wie naturkundlichem Gebiet. In Conrad Gessners Arbeit, besonders in den »Historiae animalium«, stellt sich exemplarisch dar, welche Verschiebungen die Naturkunde in der Mitte des 16. Jahrhunderts erfuhr. Denn obwohl die »Historiae« vor allem aufgrund ihrer Abbildungen als Initialwerk der modernen Naturforschung gelten, zeigt sich bei näherer Betrachtung, dass das Buch und vor allem seine Abbildungen weder für die Bestimmung von Tieren besonders geeignet war, noch der Konstruktion eines biologischen Systems diente. Dies wirft die Frage nach ihrer Funktion innerhalb der Naturgeschichtsschreibung der frühen Neuzeit auf. Diese Frage ist bis heute ungeklärt, obwohl sie einen wichtigen Aspekt in Gessners Arbeit betrifft. Conrad Gessners Wirken, das bisher vor allem aus literaturwissenschaftlicher und wissenschaftshistorischer Sicht gewürdigt wurde, wird besonders mit Blick auf seinen Umgang mit Bildern in der Naturgeschichtsschreibung auch für bildwissenschaftliche Disziplinen relevant.

Anhand der Einbindung der Bilder ins Buch und anhand der bildtheoretischen Aussagen Gessners zeichnen sich einige wissenschafts- und bildhistorische Schwerpunkte ab, die sich

17 Conrad Gessner (1516–1565), Züricher Arzt, Humanist und Naturforscher. Näheres zur Biografie und Literatur auf den folgenden Seiten. Die Symbiose von Naturbetrachtung und Philologie. Gessners Name wird in der Literatur in drei Varianten zitiert: die eingedeutschte Variante Konrad Gessner wird ebenso benutzt wie die latinisierte Form »Conrad Gesner«, abgeleitet von Conradus Gesnerius. Mischformen wie Conrad Gessner oder Konrad Gesner sind ebenso zu finden. Im Folgenden wird die am häufigsten benutzte Form »Conrad Gessner« verwendet.

18 In diesem Zusammenhang ist Gessners Arbeit mit Bildern besonders interessant. Siehe Nissen 1969–79. Einen fundierten Überblick über die Buchillustrationen der frühen Neuzeit aus bibliothekarischer Sicht gibt auch Kunze 1975 und 1993. Mehrere Einzelstudien thematisieren Gessners Bilder im Allgemeinen: Topper 1996; Pyle 1996; Tomasi 2000; Ellenius 2003.

19 Gessner 1545. Dazu grundlegend Zedelmaier 1992; Sammeln – Ordnen – Veranschaulichen 2003.

20 Gessner 1551–1555.

nicht mit der etablierten Auffassung über Gessner in Übereinstimmung bringen lassen. Deutlich wird, wie Gessner mit Hilfe von Bildern eine neue Ordnung des Naturwissens konstruieren konnte. Indem er verifizierte Bilder mit eindeutigen Bezeichnungen versah, schuf er die Basis für eine verbindliche wissenschaftliche Nomenklatur. Damit wurden naturhistorische Informationen auf ein neues Zentrum ausgerichtet, auf die sogenannten »Dinge selbst«[21], die durch ein naturauthentisches Bild und eine lateinische Bezeichnung repräsentiert werden.

Gleichzeitig integrierte Gessner die visuelle Erfahrung in die Prozeduren der wissenschaftlichen Arbeit. Die Sinneserfahrung vermittelt für ihn eine essentielle, auch metaphysisch relevante Erkenntnis, die unabhängig von allen pragmatischen Anwendungen und Überlegungen gedacht wird. Hier geht es jedoch noch nicht um eine genau definierte wissenschaftlich analytische Beobachtung, sondern um eine unspezifische und allgemeine Aufwertung der visuellen Wahrnehmung für die Naturerkenntnis. Es sind die Bilder, welche im Wissenssystem Gessners diese visuelle Erfahrung ins Buch einbringen. Voraussetzung dafür ist allerdings eine ausgefeilte Bildkritik, um mythologische, allegorische, erfundene und dokumentarische Bilder voneinander zu unterscheiden. Sie war die Grundlage für die Systematisierung der Naturkunde, in der die Bildarbeit und die Bibliotheksarbeit miteinander verflochten wurden. In Conrad Gessners Büchern wurde die Bibliothek zum Raum der Naturerfahrung.

Eine andere, aus heutiger Sicht ungleich problematischere Facette der Naturkunde um 1600 bildet die Arbeit des Bologneser Naturphilosophen Ulisse Aldrovandi.[22] Er lebte etwas später, aber weitaus länger als Conrad Gessner. Beide Forscher bilden ein Gegensatzpaar, das durch wenige, aber entscheidende Unterschiede scharf getrennt ist.[23] Dieses spannungsvolle Verhältnis lässt sich vor allem aus der Tatsache erklären, dass sich Ulisse Aldrovandi auf dem Gebiet der Naturkunde als Nachfolger und Konkurrent seines Vorgängers Conrad Gessner verstand. Hinzu kommt der konfessionelle Unterschied, der den Schweizer Zwinglianer Gessner vom überzeugten Katholiken Aldrovandi trennt. Doch auch für Aldrovandi war die Frage nach dem Zusammenhang von Bild und Naturerkenntnis von besonderer Bedeutung. Sein umfangreicher und fast vollständig erhaltener wissenschaftlicher Apparat bietet eine einzigartige Grundlage, um diesen Zusammenhang näher zu untersuchen. Aldrovandi akkumulierte eine der bedeutendsten Naturaliensammlungen Europas. Die Stadt und die Universität Bologna profitieren bis heute von seinem Nachlass, der dort bewahrt und gepflegt wird. Aldrovandi konzentrierte seine unermüdliche Arbeit ausschließlich auf die Rekonstruktion der *einen* großen Naturgeschichte. Doch sein Projekt scheiterte an den selbst gestellten Ansprüchen und blieb unvollendet, darin zumindest ist er seinem Rivalen Gessner ähnlich.

Wie Gessner besaß Aldrovandi eine Zeichnungssammlung, die jedoch im Gegensatz zu Gessners Sammlung fast vollständig erhalten ist. Die besondere Aufmerksamkeit, welche um 1550 den Ausnahmegestalten und Wundergeburten zuteil wurde, stellt sich im Werk Aldrovandis exemplarisch dar. Sie, die Figuren der Ausnahme und Abweichung, spielten bereits in den

---

21 Nach einem Zitat Gessners, siehe Kapitel II. 2. »Die sichtbare Welt als neue »res ipsa«.

22 Ulisse Aldrovandi (1522–1605), Naturphilosoph und -forscher in Bologna. Olmi 1994; Findlen 1994 .Weitere Angaben zur Biografie und zur Literatur im Kapitel III.I. »Aldrovandis Mikrokosmos«.

23 Zur Biografie Aldrovandis siehe Fantuzzi 1774 und Tugnoli Pàttaro 1981.

vorhergehenden Epochen in kosmologischen, topologischen und theologischen Argumentationen eine Rolle. Seit etwa 1550 werden sie jedoch argumentativ in den naturkundlichen Kontext eingebettet. Aldrovandi und seine Nachfolger haben diesen Prozess mitgetragen. Die vormals theologisch und kosmologisch, sozial und mythologisch verankerten Topoi der »Monster«, »Ostenta« oder »Prodigia«[24] wurden nun als Naturgeschöpfe neu interpretiert. Damit wurde der »Natur« auch der ambivalente und höchst prekäre Charakter der Monster eingeschrieben.[25] Ausnahmegestalten und Wundergeburten verkörpern von nun an den Schrecken einer unberechenbaren und unkontrollierbaren Natur, und sie vermitteln paradoxerweise zugleich auch ihre Würde und Dignität. Dem Ideal einer geordneten Naturgeschichte, das Gessner und Aldrovandi verfolgten, steht diese Konfrontation mit der scheinbar »unordentlichen« und monströsen Natur entgegen.

Conrad Gessner und Ulisse Aldrovandi gehören zu den prominentesten Naturhistorikern des ausgehenden sechzehnten Jahrhunderts. Beide haben Bilder systematisch in die Naturgeschichte integriert und ihnen einen eigenen naturhistorischen Erkenntniswert zuerkannt. Dabei wurden Bilder einer allgemeinen, jedoch diffizilen Bildkritik unterworfen. Aufzeichnungstechnik, Erkenntnistheorie und Naturbegriff wurden im Prozess dieser Bildkritik präzise aufeinander abgestimmt. Doch das hier ausgehandelte Vertrauen in die visuelle Wahrnehmung, respektive in die bildliche Darstellung, war nie ungebrochen.[26] Wiederkehrend sind einige prägnante Argumente, von denen eines in diesem Zusammenhang besonders wichtig ist: immer wieder wird das Problem diskutiert, ob alles, was in Bildern darstellbar ist, eine naturhistorische Wahrheit sei, sowie die damit verbundene Frage, ob denn der Kern der Naturwahrheit durch Wahrnehmung überhaupt zu erkennen sei. Diese Fragestellung ist das Thema eines dritten Zeitgenossen aus dem Umfeld der Naturhistoriker, des Miniaturmalers Joris Hoefnagel. In seinen Arbeiten wird die philosophisch fundierte »Sollbruchstelle«[27] zwischen Wahrnehmung und Wahrheit in sehr spezifischer Weise auf die visuellen Fähigkeiten des Menschen bezogen. Hoefnagels Arbeiten inszenieren die Begrenztheit der menschlichen Wahrnehmung als künstlerisches Ausdruckmittel und stellen sie zur Disposition. Zugleich thematisiert Hoefnagel die repräsentierende Funktion von Bildern und stellt das eingeführte Verhältnis von Oberfläche und Tiefe des Bildes, von Anwesenheiten und Abwesenheiten der Objekte im Bild in Frage. Die Funktionen von Bildern werden in ein Netz von Argumenten eingeflochten, die sämtlich mit der Identität von Objekt und Bild spielen. Diese immanente Bild- und Wahrnehmungskritik artikuliert Hoefnagel durch seine spezifische Bildstrategie und mit Hilfe seiner ausgefeilten Technik. Dabei arbeitet er sich an ähnlichen Themen ab, wie seine Zeitgenossen Gessner und Aldrovandi: dem Rätsel der Monster, der Entstehung der Körper, der Visualität und ihrer metaphysischen Dimension. Hoefnagel fokussiert diese Fragen anhand eines neuen Themas der Naturphilosophie: der Welt der Insekten, die als technische Wunder der Schöpfung ins Zent-

---

24 Drei Begriffe mit einer sehr langen und widerspruchsvollen Geschichte, die bei Ceard 1977 und in neuerer Zeit bei Hanafi 2000 dargestellt wurden.

25 Dazu aus wissenschaftshistorischer Sicht Daston 1998; aus kulturwissenschaftlicher Perspektive Macho 1998a.

26 Grundlegend dazu Summers 1987.

27 Im Sinne von Blumenberg 1986.

rum seiner Aufmerksamkeit rücken. Die feinstrukturelle Oberfläche naturhafter Körper repräsentiert seit dieser Zeit eine neue Form der Wunder der Natur. Hoefnagels entomologische Leidenschaft aber steht in engstem Zusammenhang mit den wissenschaftlichen Fragen der Zeit: der Suche nach den Regeln der Entstehung von Leben und der Ordnung der Lebewesen.

Hoefnagel gilt, da er sehr feine Strukturen darzustellen vermochte, als Vorläufer der mikroskopischen Beobachtung. Tatsächlich aber hat er nie ein Mikroskop benutzt.[28] Dennoch gibt es eine Gemeinsamkeit zwischen der Mikroskopie, die Mitte des 17. Jahrhunderts entwickelt wurde, und Hoefnagels Miniaturen, die gut einhundert Jahre zuvor entstanden. Diese Gemeinsamkeit liegt im Zweifel an der menschlichen Wahrnehmung, den Hoefnagel in gezielter Form zur Anschauung brachte und der gut einhundert Jahre später die Konstruktion technisch-optischer Instrumente motivierte. Seine Arbeit kann daher dazu herangezogen werden, die bildwissenschaftliche Analyse der naturkundlichen Abbildungen Gessners und Aldrovandis zu kontextualisieren und ihre historische Perspektive darzustellen.

---

28 In diesem Sinne beginnt jede allgemeine Geschichte der Mikroskopie. So etwa auch Gloede 1986. Möglicherweise hat Hoefnagel für die Zeichnung auch Lupen eingesetzt.

II Conrad Gessner und die Struktur der Naturgeschichte

1 Fossilienkunde – Die Beschreibung der Natur als Form

Die Symbiose von Naturbetrachtung und Philologie

Mit Gessners Naturgeschichten, den »Historiae animalium«, beginnt jede Darstellung der Geschichte der Zoologie.[29] Sein Werk gilt als erste deskriptive und systematische Tierbeschreibung in der Neuzeit. Die Schaffung einer Nomenklatur der Tiere, welche die Grundlage für die spätere Forschung darstellte, aber auch seine kritische Haltung gegenüber der Überlieferung werden dabei besonders hervorgehoben.[30] In diesem Sinne wird Gessners Werk als Meilenstein der modernen Naturgeschichtsschreibung beschrieben, das den Bruch mit dem vermeintlichen Aberglauben frühneuzeitlicher Wissenssysteme vollzog. So außerordentlich Gessners Wirken war, dieses gleichsam heroische Selbstbild der Wissenschaft bestätigt sich hingegen bei der Lektüre der »Historiae« nicht.[31]

Die »Historiae animalium« erschienen zwischen 1551 und 1560 bei Christoph Froschauer in Zürich[32] und bestehen insgesamt aus sieben Bänden, vier Textbänden und drei Bänden der »Icones animalium«.[33] Ihr Charakter ist eindeutig antiquarisch definiert: Gessner hatte das Ziel, die überlieferten naturkundlichen antiken Texte vor dem Vergessen zu bewahren, sie zu ordnen und für Studenten, Schüler und Akademiker zugänglich zu machen.[34] Nach eigener Aussage kam es ihm bei der Auswahl der Texte keineswegs nur auf deren empirische Gültigkeit an, sondern auch auf die Bewahrung antiker Sprache. Kein antikes Buch, so führt Gessner aus, sei so schlecht, dass es nicht doch noch wertvolle linguistische Informationen enthielte. Diese fände man am besten heraus, indem man die Texte vergleiche, Griechisch mit Latein, Altes mit

29 Gessner wurde auch als Naturhistoriker gewürdigt, dabei wird der Beginn der modernen Naturwissenschaft stets mit Gessner angesetzt. Jahn 1998; Bäumer 1991–1996.

30 Vgl. Jahn 1989, S. 187; Riedl-Dorn 1989; zuletzt bei Leu 1990.

31 Wer mit den »Historiae« arbeitet, begegnet zuerst einer atemraubenden Fülle der Überlieferungen, sieht sich einem nicht enden wollenden Chorus aus Sentenzen, Zitaten, Verweisen und Zitatnachweisen gegenüber. Tatsächlich bezeichnet Gessner einige Tiere der Überlieferung als Fabeltiere, es werden aber andererseits auch viele Figuren, wie zum Beispiel das Einhorn, der wilde Mann oder die Drachen, zum ersten Mal in dieser Ausführlichkeit innerhalb der Naturkunde beschrieben. Gessner argumentiert nicht mit Hilfe der Bilder. Welchen Status sie im Buch haben, wird nicht auf den ersten Blick deutlich.

32 Gessner 1551; 1553; 1554 und 1555.

33 Gessner 1551; 1553; 1555; 1558 sowie Gessner 1553a; 1555a und 1560. Serrai 1990.

34 Friedrich 1995, S. 31.

Neuem.[35] Das Unternehmen war also zunächst nicht als Alternative zur traditionellen Naturgeschichte gedacht, sondern als Referenzwerk zu antiken Quellen, besonders zu den naturhistorischen Schriften des Aristoteles, die Gessner als Lektüre für diejenigen Leser empfahl, die eine Naturgeschichte in narrativem Sprachfluss lesen wollten. Gessners Buch aber solle als Nachschlagewerk oder wie ein Lexikon benutzt werden: »Ita qui animalium historiam cogniturus est, & continua serie per lecturus, petat illam ab Aristotele, & si qui similiter scripserunt: nostro vero Volumine tanquam Onomastico aut Lexico utatur.«[36] Dass eine moderne Naturgeschichte auch Zusammenhänge der lebenden Natur erforschen sollte, stellte für Gessner ein klar gegebenes, wenn auch zu jenem Zeitpunkt nicht erreichbares Ziel dar.[37]

Bereits vor der Veröffentlichung seiner »Historiae animalium« hatte Gessner zahlreiche, vor allem sprachvergleichende Arbeiten verlegt, viele auch selbst verfasst. Neben Editionen antiker Autoren gehörten griechische und lateinische Wörterbücher, philologische und linguistische Werke, vor allem aber die Bände der »Bibliotheca universalis«, der damals umfangreichsten Bibliografie aller bis dahin gedruckten Bücher, zu seinem Oeuvre.[38] Gessner war darüber hinaus erfolgreicher Autor mehrerer Wörterbücher, darunter eines »Lexicon Graecolatinum«, das 1537 in Basel erschien und bis 1584 vierzehn Mal neu aufgelegt wurde. Der »Mithradites«, eine bedeutende vergleichende Abhandlung über antike Sprachen, gehörte ebenso zu seinen Publikationen,[39] wie eine eigenwillige Neuinterpretation Homers.[40] Neben seiner eigenen schriftstellerischen Arbeit war er auch als Verleger aktiv, wobei er vor allem antike und einige antiquarische Texte publizierte.[41] Diese Aktivitäten zeichnen Gessner als einen ausgesprochen linguistisch orientierten Gelehrten aus; wenn er als Naturwissenschaftler gewürdigt wird, wird diese Seite seines Schaffens eher marginalisiert. Die Auseinandersetzung mit den antiken Autoren und den alten Sprachen geht Gessners naturkundlicher Arbeit jedoch unmittelbar voraus. Unter

---

35 »Dicat aliquis non fuisse ex omnibus sed ex optimis tantum libris conscribendam historiam. Ego veró nullius scripta contemnere volui, cum nullus tam malus sit liber, ex quo non aliquid haurire boni liceat, si quis iudicium adhibeat: quod potissimum fit, collatis melioris notae scriptoribus, Graecis cum Latinis, veteribus cum novis. Itaqu[e]. licet nullum genus scriptorum praeterietim, & à barbaris etiam & obscuris in diversis linguis non pauca excerpserim, non temere tamen id feci: ita ut neque negligentior iudicari possim, qui temere fidem quibusduis habuerim: nequ[e] arrogans aut parum modestus, qui ullius lucubrationes contempserim.« Gessner 1551, Conradus Gesnerus, Candidis lectorius. Eine englische Übersetzung des gesamten »Epistola nuncupatoria« aus dem ersten Band der »Historiae animalium« wurde von Gmelig-Nijboer 1977 veröffentlicht. Gmelig-Nijboer 1977, S. 162.

36 Gessner 1551, Praefatio, ohne Seitenzählung.

37 »fortassis nos etiam aliquando de animalibus secundum genera & species nonnihil commentabimur.« Gessner 1551, Praefatio, ohne Seitenzählung.

38 Vollständig ist die Bio-Bibliografie von Wellisch, sowie auch die Bibliografie von Serrai. Wellisch 1984; Serrai 1990. Die Struktur der »Bibliotheca universalis« hat Zedelmeier untersucht. Zedelmaier 1992; Sammeln – Ordnen – Veranschaulichen 2003.

39 Conrad Gessner: Mithradites. De differentiis linguarum tum veterum tum quae hodie apud diversas nationen in toto orbe terrarum in usu sunt. Conradi Gesneri Tigurini observationes, Tiguri: Excudebat Froschoverus 1555.

40 Conrad Gessner: Moralis interpretatio errorum Ulissi Homerici, Tiguri: Froschover 1542. Sowie weitere, auf die homerischen Allegorien bezogene Arbeiten, wie etwa »Heraclidis Pontici, qui Aristotelis aetate vixit, allegoriae in Homeri fabulas de diis, nunc primum e Graeco sermone in Latinum translatae« von 1544.

41 Zum Beispiel: Ioannes Stobaeus: Sententiae ex Thesaurus Graecorum. Tiguri: Excudebat Froschoverus 1543; M.V. Martialis Poetae facetissimi epigrammata, ad linguae Latinae copiam [...] Tiguri: Excudebat Forschoverus 1544.

anderem verlegte Gessner die »Materia Medica« des Dioscurides, das älteste Pflanzen- und Heilbuch der Antike, er veröffentlichte einen Katalog der Pflanzenbezeichnungen in lateinischer Sprache sowie einen Pflanzenkatalog in Lateinisch, Griechisch, Deutsch und Französisch.[42] Als praktizierendem Arzt galt seine Aufmerksamkeit außerdem der Medizin. So verlegte er Johannes Actuarius' »De Differentiis Urinarum« sowie das von ihm selbst verfasste »Libellus de lacte«.[43] Neben dem großen Projekt der »Historiae animalium«, das abgeschlossen werden konnte, arbeitete Gessner an seinem wohl ehrgeizigsten Projekt, das der Botanik gewidmet war und unvollendet blieb.[44] Seine Fossilienkunde erschien 1565, kurz vor seinem Tod.[45]

Bereits anhand seines wissenschaftlichen Werdegangs zeichnet sich ab, dass Gessners Interessen von zwei Schwerpunkten dominiert wurden. Die Auseinandersetzung mit den antiken Sprachen und Texten und die Erforschung der vegetabilen und animalischen Natur stellten für Gessner zwei eng zusammenhängende Forschungsfelder dar. So stellten Sprache und vor allem die Kenntnis der alten Sprachen immer noch den entscheidenden Schlüssel zu naturkundlichem Wissen dar. Gessner wird darüber hinaus für seinen kritischen Umgang mit sprachlicher Überlieferung und dem damals erkenntnistheoretisch neuartigen Abgleich überlieferten Wissens durch Beobachtungen gewürdigt.[46] Dass Gessner selbst eine Naturalienkammer und eine Zeichnungssammlung besessen hat, ist hingegen in der Fachliteratur nie in Betracht gezogen worden. Wichtige Informationen darüber gehen jedoch aus seinen Briefen hervor. Die Sammlung selbst ist nicht mehr erhalten. Nur durch einen Zufall überlebten Gessners botanische Zeichnungen;[47] von seinen Dokumentationen der animalischen Natur haben nur wenige Motive überlebt. Die stark bearbeiteten Reste seiner Fossilienbildsammlung, das umfangreichste Zeugnis von Gessners naturhistorischem Bildarchiv, finden sich heute im Nachlass Felix Platters, eines Zeitgenossen, der die Fossilienbildsammlung Gessners erworben und in seine eigene Sammlung integriert hat.

Gessners Arbeit wird damit mehr denn je zu einem bildwissenschaftlich höchst interessanten Fall. Zwar gehörte das bildliche Dokument eines Tieres seit Gessner zu den Basisinformationen der Naturgeschichte, doch wurde Gessners Bildarbeit auf dem Gebiet der Naturgeschichtsschreibung kaum hinreichend analysiert. Sie schien wenig relevant für ein richtiges Verständnis seiner Arbeit, da heutige Vorstellungen von dokumentarischen Bildern für selbst-

---

42 Vorarbeiten stellen die »Historia plantarum et vires ex Dioscuride« von 1541 dar, sowie der »Catalogus plantarum«, der 1542 erschienen war. Vorworte zu Hieronimus Bocks »De stirpium« von 1552, Gessners Werk »De raris et admirandis herbis, quae sive quod noctu luceant« von 1555, »De stirpium aliquot nominibus vetustis ac novis«, das 1557 in Basel erschien, führen diese Reihe fort. Gessners »Opera botanica« wurde 1751–71 in Nürnberg gedruckt. Die botanischen Zeichnungen Gessners wurden erst 1929 in der Universität Erlangen wieder entdeckt.

43 Gessner im »Libellus de lacte« von 1541.

44 Dazu die Arbeit von Lack 2001; Kusukawa und Mclean 2006.

45 Ein postum gedrucktes Buch widmete sich den Schlangen, Drachen und Skorpionen: Gessner 1587. Unter dem Pseudonym »Conrado Boloveso Fridemontano« veröffentlichte Gessner 1561 eine kleine Abhandlung über eine Himmelserscheinung: »Historia et interpretatio Prodigij«. Da Gessner Arzt war, überrascht es nicht, dass er auch Bücher über Chirurgie und Medizin veröffentlicht hat. Dazu gehören das »Libellus de Lacte« von 1541 sowie Gessners Ausgabe von Galen und seine medizinischen Briefe, die posthum erschienen.

46 Vergleiche dazu Friedrich 1995, S. 25–27.

47 Sie wurden erst im 18. Jahrhundert publiziert und gehören zu den komplexesten und detailreichsten Pflanzenstudien der frühen Neuzeit.

verständlich genommen und die Brüche und Widersprüchlichkeiten, die seine Bilder oft aufweisen, als Zeugnis einer gewissen frühneuzeitlichen Naivität gelesen wurden. Zudem lassen sich seine Bilder nicht mit gegenwärtigen Zielen der wissenschaftlichen Klassifikation oder anderen wissenschaftlichen Interessen in Übereinstimmung bringen.[48] Ältere Publikationen beschreiben Gessner als Gründungsfigur der Naturforschung, ohne dabei auf die Bildfrage näher einzugehen.[49] Caroline Aleid Gmeling-Nijboers kurze Arbeit über Conrad Gessners »Historiae animalium« stellt diesen Aspekt in den Vordergrund.[50] Sie hebt insbesondere Gessners Äußerungen zu Beobachtung und Autopsie sowie seinen Umgang mit überlieferten Informationen zu sogenannten Fabeltieren hervor. Dabei kommen auch die theologischen Implikationen des Gessnerschen Verhältnisses zu Naturerfahrung und Naturbetrachtung zur Sprache. Christa Riedl-Dorns vergleichende Studie über Gessner und Aldrovandi untersucht das Schaffen beider Gelehrter hingegen in Hinblick auf »fortschrittliche« und »weniger fortschrittliche« Aspekte, wobei heutige Wissenschaftsbegriffe und -kriterien als Vergleichsgrundlage dienen.[51] Eine Wende in der Forschung zu Gessner führten die Untersuchungen des Literaturwissenschaftlers Wolfgang Harms herbei.[52] Harms verzichtete darauf, die Arbeit Gessners unter Verwendung heutiger wissenschaftlicher Begriffe zu werten und setzte Gessners Werk in den Kontext der Wissenssysteme des 16. Jahrhunderts. Dabei ermöglichte seine literaturwissenschaftliche Perspektive ein besseres Verständnis des Naturbegriffs Gessners. Vor allem die von Harms konstatierte Nähe von Gessners Naturgeschichten zur Emblematik ist für eine bildwissenschaftliche Analyse von größtem Interesse, da mit dem Stichwort »Emblematik« eine um 1600 hochaktuelle Bildpoetik als möglicher Ausgangspunkt für Gessners Bildarbeit ins Spiel gebracht wurde. In diesem Zusammenhang stellte sich die Frage, inwieweit die Emblematik prägend für Gessners Zugang zum Medium »Bild« war. Wolfgang Harms, der sich auf die Relation von Text und Bild konzentrierte, beschrieb den Einfluss der Emblematik auf Gessners Naturbeschreibungen als besonders prägend und erkannte die charakteristischen Bild-Text-Verschränkungen der Emblematik auch in Gessners »Historiae« wieder. So hat Gessner die Proverbien aus Emblembüchern, wie der »Iconologia« des Cesare Ripa, aber auch Embleme von Camerarius ans Ende jeder Rubrik gesetzt. Einige Abbildungen hat er sogar von Ripa übernommen. Umgekehrt wurden Abbildungen aus den »Historiae« für Emblembücher, wie für die des Carolus Clusius, benutzt.[53]

Harms' literaturwissenschaftlicher Ansatz wurde von Udo Friedrich in einem Beitrag über Gessners »Naturgeschichte zwischen artes liberales und frühneuzeitlicher Wissenschaft«

48 Zum Problem der Klassifikation im Zusammenhang mit naturhistorischen Bildern der frühen Neuzeit, Swan 2002. Eine Ausnahme bilden neuere Bildforschungen zur Botanik bei Gessner von Sachiko Kusukawa. Kusukawa und Mclean 2006.

49 Eine Bio-Bibliografie von Hans H. Wellisch aus dem Jahr 1984 und die ausführlich kommentierte Bibliografie von Alfredo Serrai aus dem Jahre 1990 bieten vollständige Darstellungen der Veröffentlichungen Gessners. Wellisch 1984; Serrai 1990.

50 Gmelig-Nijboer 1973.

51 Riedl-Dorn 1989.

52 Harms 1977; 1985 und 1989.

53 Charles de l'Écluse (lateinisch Carolus Clusius) (1526–1609) ein niederländischer Gelehrter, Arzt und Botaniker.

aufgegriffen.[54] Aus wissenschaftshistorischer und literaturwissenschaftlicher Sicht setzt sich seine Studie dezidiert mit Michel Foucaults skizzenhafter, aber prägend gewordener Darstellung frühneuzeitlicher Naturphilosophie auseinander und stellt diesem zum Klischee geronnen Abschnitt aus Foucaults »Ordnung der Dinge« seine sehr präzise Einordnung der Naturgeschichte Gessners zwischen Sachkunde und Sprachforschung entgegen. Er thematisierte besonders die spezifischen und widerständigen Charakteristika der »Historiae«, in der einerseits Naturerfahrung und Beobachtung propagiert und andererseits philologische Quellenforschung betrieben wurde. Friedrich legte seinen Schwerpunkt jedoch nicht auf Gessners Haltung gegenüber Bildern. Bereits in den 1990er Jahren hat auch Urs Leu mit seinen Forschungen zu Gessner das etwas einseitige Gessnerbild als »Pionier der Naturgeschichte« ausgeglichen. Er untersuchte vor allem die theologischen, insbesondere die naturtheologischen Aspekte in Gessners Schriften.[55]

In Gessners Verwendung dokumentarischer Abbildungen in der Naturgeschichte, vor allem in seiner Fossilienkunde, wird eine neuartige wissenschaftliche Aufmerksamkeit für Formen und Gestalten deutlich. Damit ist zugleich ein wenig beachteter Aspekt in der Arbeit Gessners benannt, den es genauer darzustellen gilt. Er muß darüber hinaus mit dem Gessnerbild als textorientiertem, antiquarisch ausgerichtetem und bibliophilem Gelehrten in Relation gestellt werden. Obwohl in der Wissenschaftsgeschichte Gessners kritischer Umgang mit Bildern gern positiv hervorgehoben wird, steht eine bildwissenschaftliche Analyse seiner Arbeit noch aus. Dabei stellt sich besonders die Frage, wie die Kommunikation von Beobachtungen und die Verwendung von Bildern sich zueinander verhalten, nach welchen Kriterien Gessner einige Bilder als Fabeldarstellung, andere aber als dokumentarische Darstellung interpretierte und welche Funktionen Bilder innerhalb der antiquarisch ausgerichteten Naturgeschichtsschreibung erfüllen können.

Bilder und Bildbearbeitungen in der Naturalienkammer

Die letzten fünf Zeichnungen aus der Naturaliensammlung Conrad Gessners werden heute in der Landesbibliothek Zürich wie eine Kostbarkeit gehütet.[56] Es sind die Relikte der umfangreichen Bildsammlungen, die Gessner im Zuge seiner Forschungsarbeit zusammengetragen hat. Die zarten Zeichnungen sind angegriffen, auf stark beschnittenen Bögen zeigen sie die Bauch- und Rückenansicht eines Wassermolchs (Abb. 2, Farbabbildung 1), eine Kröte, eine Eidechse, zwei Schneckengehäuse und zwei Eidechseneier. Da die Arbeiten vormals dem Züricher Künstler Hans Asper zugeschrieben wurden,[57] werden sie wie künstlerische Arbeiten in der grafischen Sammlung aufbewahrt. Vielleicht um ihren Kunstcharakter zu unterstreichen, wurden sie später auf ihr scheinbar Wesentliches, auf die reine Zeichnung, reduziert. Die schriftlichen

54 Friedrich 1995.

55 Leu 1990.

56 Heute nicht mehr als Arbeiten von Hans Asper sondern von Gessner selbst in der Zentralbibliothek Zürich, Grafische Sammlung.

57 Zürcher Kunst (AK), 1981.

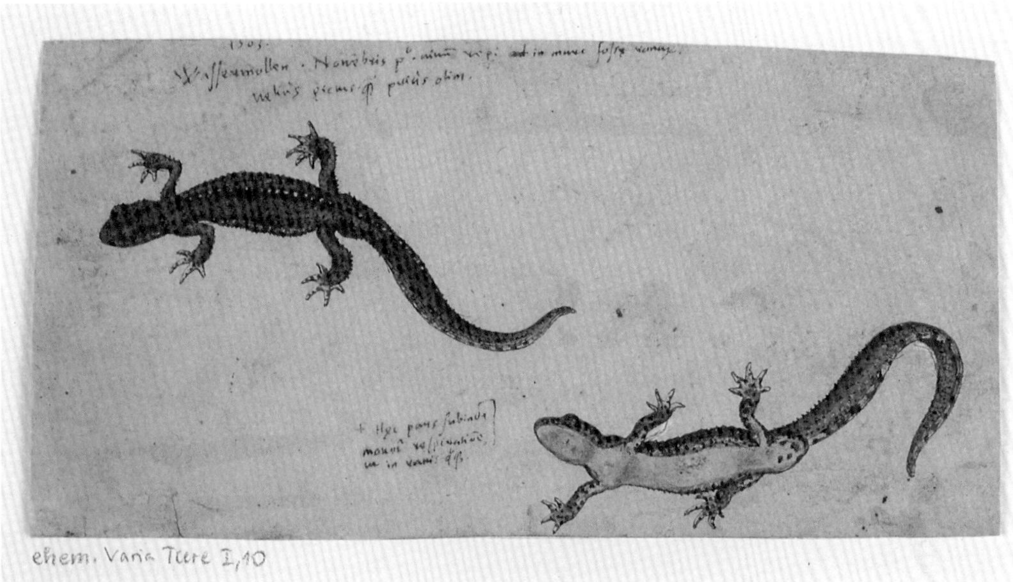

2 Conrad Gessner, Wassermolche, undatiert (vgl. Farbabb. 1).

Anmerkungen Gessners, in Ansätzen noch erkennbar, wurden ohne Rücksicht auf Verluste abgeschnitten. Vermutlich hatte Gessner auf den ursprünglich größeren Blattformaten ergänzende Anmerkungen notiert, so wie man es auch von den Seiten in den Handexemplaren seiner Bücher und von seinen botanischen Zeichnungen kennt.[58] Erst spätere Generationen haben dieses Nebeneinander von Schrift und Bild als störend empfunden und die Bilder im buchstäblichen und übertragenen Sinne aus dem Zusammenhang gerissen. Wie intensiv Gessner mit Bildern und Texten arbeitete, lässt sich anhand dieser Ausschnitte nur noch vermuten.[59] Doch sind dies nicht die einzigen Relikte der Bildsammlung Gessners. In der Universitätsbibliothek Basel lagert ein Band mit ungefähr 35 Vogelzeichnungen und ein weiterer, 147 Seiten umfassender Band mit Fossilienbildern. Beide gehören heute zum Nachlass Felix Platters,[60] sie enthalten jedoch Bilder, die ursprünglich aus der Bildsammlung Gessners stammen.[61] Platter hat sie aus dem Nachlass Gessners erworben und in seine eigene Bildsammlung integriert.

58 Abgebildet zum Beispiel in Braun 1990.

59 Genauer ist das bei den Pflanzenbildern möglich, die in unverändertem Zustand erhalten sind. Alle heute in Erlangen aufbewahrten Studien Gessners zeigen die Pflanze als Ganzes von der Wurzel über die Blüte bis zu den Samenkapseln. Gessner zeigt verschiedene Ansichten der Blüten, sowie einzelne Details in separaten Einzelbildern noch einmal genauer. Schriftliche Notizen halten zusätzliche Beobachtungen zur Gestalt der Pflanze fest. Braun 1990, S. 106 und 107.

60 Felix Platter (1536–1614), einflussreicher Arzt und Sammler aus Basel, ein Freund von Conrad Gessner. Sohn von Thomas Platter, der Gessners Lehrer war und bei dem er die Alten Sprachen lernte. Zu Platter als Sammler siehe Landolt 1972, der Lebenslauf Platters wird beschrieben bei Platter 1976.

61 Unter der Signatur K I 1 und K I 2 in der Handschriftenabteilung der Universitätsbibliothek Basel. Beschrieben in Steinmann 1987.

Auch Platters Naturalienkammer, die zu seinen Lebzeiten über die Grenzen Basels hinaus berühmt war, ist nicht mehr erhalten. Doch geben seine sorgfältig geführten Verzeichnisse eine Vorstellung vom Umfang und vom Inhalt einer Naturalienkammer, die von einem Berufskollegen und Zeitgenossen Gessners angelegt wurde. Felix Platter war, wie sein berühmterer Vater Thomas, von Beruf Arzt und eine lokale Berühmtheit.[62] Sein Haus in Basel barg eine der bekanntesten Naturaliensammlungen der Stadt.[63] Platters Nachlass, aufbewahrt in der Universitätsbibliothek Basel, enthält neben den gedruckten Schriftstücken und den Manuskripten auch die naturkundlichen Zeichnungsalben. Einen Einblick in den ursprünglichen Charakter der Sammlung gibt vor allem das Inventarbuch, das von Felix Platter selbst verfasst wurde. In diesem, den Titel »Felix Platteri Suppellex medica« tragenden Inventar, hat der Sammler die Inhalte von 59 »capsae« aufgelistet, die vor allem »Naturalia« enthielten. Mit Hilfe dieses Inventars kann ein Teil dieser privaten humanistischen Sammlung rekonstruiert werden. Platter sammelte Steine, Proben von Metallen, Samen, Hölzer, Fossilien, Pflanzen, Meeresschwämme, aromatische Gummis, menschliche und tierische Knochen. Hier lagerten Fisch- und Schmetterlingspräparate, antike Münzen und numismatische Objekte, zum Teil als Gips- oder Bleiabguss, sogenannte Schlangensteine neben den vermeintlichen Knochen von Riesen, Korallen, Elefantenzähne, Tierpräparate und natürlich das in einer Naturalienkammer unvermeidliche ausgestopfte Nilkrokodil. Ebenso beispielhaft wie die Zusammenstellung dieser Naturaliensammlungen ist Platters Zeichnungssammlung, die er in großem Stil angelegt hatte. Auch über diese Sammlung von Zeichnungen gibt das Inventar einen vollständigen Überblick. Der ursprüngliche Bildfundus war damals ungleich größer als heute und umfasste sieben Foliobände von jeweils über hundert Seiten.[64] Platter sammelte außer naturkundlichen Zeichnungen auch Porträts, Allegorien, Landschaften und biblische Szenen. Im Inventarbuch sind diese Bestände präzise aufgeschlüsselt. Demzufolge enthielt der erste Band unter anderem Porträts berühmter Anatomen wie die von Andreas Vesalius,[65] der ein Freund Platters war, von Valverde[66] und von Felix Platter selbst. Daneben gab es Porträts menschlicher Monstra, darunter das Porträt eines »Homo sylvestris«,[67] eines Sohns von Pedro Gonzalez,[68] der zu dieser Zeit eine europäische Berühmtheit war.[69] Der zweite Band enthielt Porträts, die Platter in die Kate-

---

62 Landolt 1972.

63 Montaigne hat Platters Haus besucht und dort Herbarien besichtigt. Montaigne 1988, S. 26, weiteres bei Landolt 1972.

64 Felix Platteri Suppellex medica, 46 recto – 67 verso.

65 Andreas Vesalius (1514 – 1564), Arzt, unter anderem in Padua tätig, Verfasser des Anatomiebuches »De Humani corporis fabrica« von 1543.

66 Juan Valverde de Amusco (ca. 1525 – ca. 1588), Anatom und Arzt, Verfasser der »Anatomia del corpo humano«, das in Rom 1559 erschien.

67 Mit »Homo sylvestris«, also als »Waldmensch«, bezeichnet Platter einen an der Erbkrankheit »Hypertrichosis universalis« erkrankten Mann. Die Krankheit führt zu einer starken Behaarung des ganzen Körpers. Nach einem Porträt des Gonzalez auf Schloss Ambras wird die Krankheit zuweilen auch das »Ambras-Syndrom« genannt. Ende des achtzehnten Jahrhunderts identifizierte der Zoologe Edward Tyson den Orang Utan mit dem »Homo sylvestris«. Wittkower 1996a.

68 Zu Pedro Gonzalez siehe Kapitel III.3. »Monsterbeschreibungen und ihre antiken Referenzen«.

69 Platter hat über ihn auch in seiner medizinischen Abhandlung eine kurze Notiz verfasst. Platter 1680, S. 572 – 573.

gorien »Imperatores reges«, »Milites«, »Pontificates«, »Episcopi«, »Plebeji«, »Feminae« und »Incogniti« sortiert hatte. Der dritte Band beinhaltete circa 130 Bilder von Säugetieren, der vierte circa 300 Vogelbilder, der fünfte 450 Darstellungen von Meeresfischen, wobei viele der Zeichnungen aus den damals gerade erschienenen Fischbüchern von Pierre Belon[70], Andrea Matthioli[71], Guillaume Rondelet[72] und Hippolyte Salviani[73] übernommen wurden.[74] Der sechste Band enthält etwa 150 Bilder von Süßwasserfischen und von 241 »Crustaceaen«[75]. Der siebte trägt den Titel »Inanimata« und enthält Darstellungen antiker und zeitgenössischer Kunstwerke, Bilder von Städten und Landschaften und schließlich auch die Fossilienbilder. Dieser Band endete laut Register mit einer Sammlung religiöser Szenen: der Genesis, den Allegorien der sieben Todsünden und einigen hundert Bibelszenen. Aus diesem weit gespannten Bilderkosmos sind, was den naturkundlichen Bereich betrifft, nur die Fragmente der Vogeldokumentation[76] und der Fossilienkunde enthalten, wobei der Fossilienband noch fast genau so erhalten ist, wie im Inventar beschrieben.[77]

Die Darstellungen, die dieses Buch enthält, stimmen bis ins Detail mit den von Gessner im Fossilienbuch beschriebenen Exemplaren überein. Die Zeichnungen gehörten also mit höchster Wahrscheinlichkeit ursprünglich zu Gessners Fossiliensammlung. Die hier aufbewahrten, manchmal nur wenige Millimeter großen Bilder sind auf die Seiten des Albums geklebt worden (Abb. 3, Farbabbildung 2). Kaum zu sehen, aber zu ertasten ist, dass sie entlang ihrer Umrisse ausgeschnitten und auf die Seiten appliziert wurden. Die Bilder wurden in Zeilen auf den Seiten arrangiert, größere Motive nehmen mehr Platz ein, zuweilen gibt es Leerstellen für Ergänzungen.[78] Unter den Zeichnungen sind die Namen der Fossilien vermerkt. Jede Seite ist mit einer

70 Pierre Belon (1517–1564), Arzt und Naturforscher, Reisender und Autor der frühesten deskriptiven monografischen Tierbücher. Er wurde durch seine Bücher über Fische und über Vögel bekannt. Belon 1551; 1555.

71 Pietro Andrea Gregorio Matthioli (1501–1577) war Leibarzt Ferdinand II. von Tirol und Verfasser eines berühmt gewordenen Dioskurides-Kommentars, der sich unter anderen durch seine präzisen Bilder auszeichnet. Matthioli 1544.

72 Guillaume Rondelet (1507–1566), Arzt und Naturforscher. Bekannt geworden durch sein Fischbuch, das fast gleichzeitig mit dem Fischbuch von Pierre Belon erschien und zu den frühesten deskriptiven naturhistorischen Publikationen gehört. Rondelet 1553.

73 Hippolyte Salviani war römischer Arzt. Über ihn ist wenig bekannt außer seinem Fischbuch, das 1554 in Rom erschien und dessen splendide Kupferstiche lange Zeit unübertroffen in Präzision und Präsenz waren. Salviani 1554.

74 Auch solche Details wurden im Inventar notiert.

75 Krebstiere

76 Der Vogelband enthält nur 17 Zeichnungen, die mit den Darstellungen aus Conrad Gessners Vogelbuch übereinstimmen. Dabei handelt es sich um Abbildungen, die Gessner im Band »De Avium natura« der »Historiae animalium« verwendete. Die recht kleinformatigen Zeichnungen zeigen jeweils die Umrisse eines Vogels, wobei die Färbung des Gefieders genau notiert wurde. Alle anderen stammen vermutlich von Felix Platter selbst oder aus anderen Quellen. Eine sorgfältige Auflistung der Bestände mit Aufschlüsselung der einzelnen Bilder enthält Steinmann 1987. Dass diese Reihenfolge tatsächlich die Reihenfolge Felix Platters ist, kann anhand des Sammlungsinventars verfolgt werden. Felix Platteri Suppellex medica, Zürich vor 1565, Universitätsbibliothek Basel; im Folgenden zitiert mit Platter Suppellex.

77 Platter Suppelex, Tomus VII.

78 Das Papier, das die Zeichnungen trägt, stammt aus dem 18. Jahrhundert, wie die Analyse der Wasserzeichen zeigte. Die Bindung ist hingegen modern. Steinmann 1987.

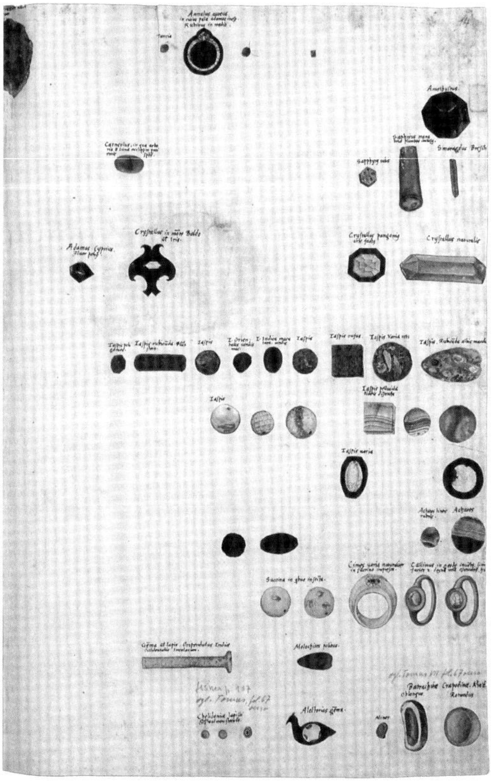

3 Verschiedene Edel- und Halbedelsteine aus dem Fossilienbildalbum von Felix Platter, Blatt 14, undatiert (vgl. Farbabb. 2).

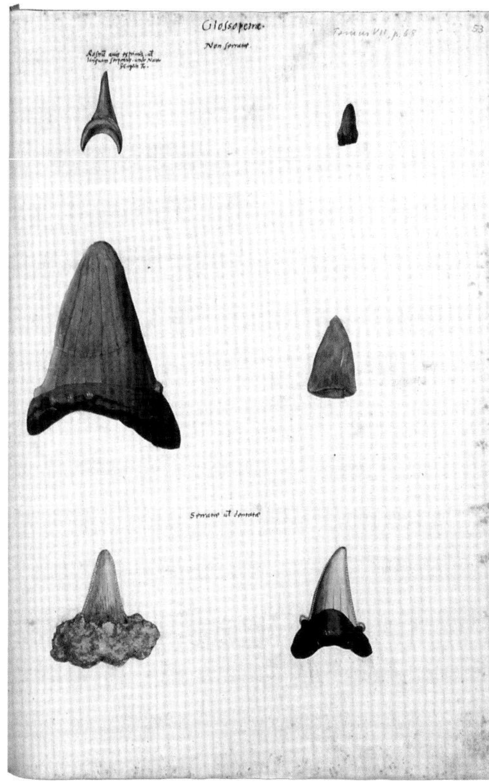

4 Glossopetrae aus dem Fossilienbildalbum von Felix Platter, Blatt 53, undatiert (vgl. Farbabb. 3).

Überschrift versehen, welche die Art der Objekte auf dieser Seite benennt. So ist das erste Blatt mit »Terrae« überschrieben, ist also den »Erden« gewidmet, und zeigt die Abbildungen zweier Siegel beziehungsweise von Siegelabdrücken. Das zweite Blatt zeigt ein Tableau bearbeiteter und unbearbeiteter Edelsteine.[79] Wie in der obersten Zeile können größere Objekte neben solchen stehen, die nur wenige Millimeter groß sind, geschliffene Steine wurden neben unbearbeitete gestellt. Die obere Zeile enthält Steine mit Goldeinschlüssen, darunter befindet sich ein großer Amethyst, die nächste Zeile enthält Saphire und einen Karneol, es folgen Kristalle, Jaspis, Achate, Bernsteine und andere wertvolle Steine. Selbst die nur wenige Millimeter großen Objekte wurden genau ausgeschnitten und wie die größeren Objekte sorgfältig aufgeklebt. Die

79 Das Blatt wurde später an den Rändern stark beschnitten.

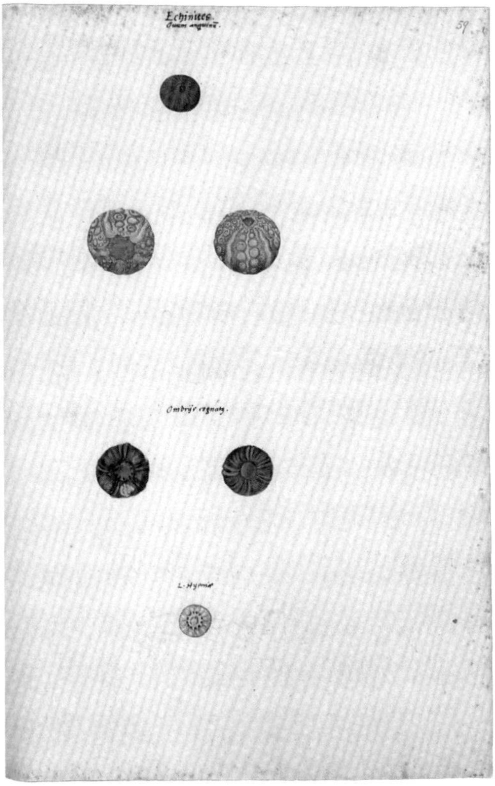

5 Echinoiden aus dem Fossilienbildalbum von Felix Platter, Blatt 59, undatiert (vgl. Farbabb. 4).

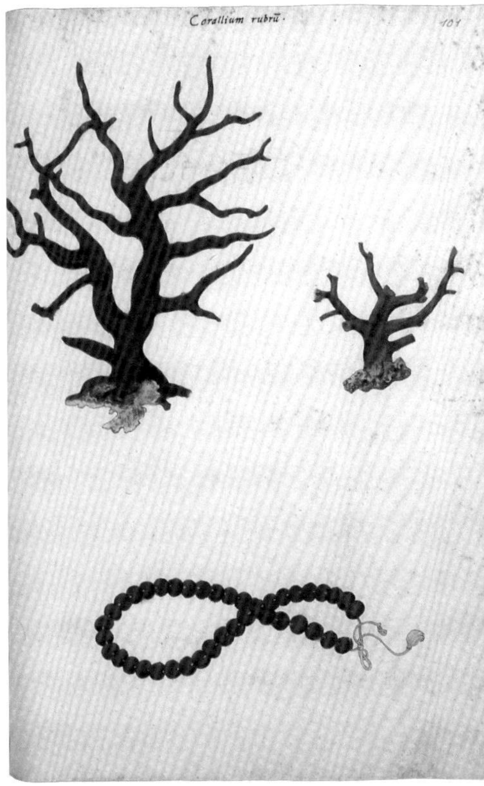

6 Korallen aus dem Fossilienbildalbum von Felix Platter, Blatt 101, undatiert.

Zeichnungen heben besonders die individuellen Maserungen hervor, so sind die verschlungenen rötlichen, bräunlichen und beigen Flecken des Jaspis präzise dargestellt worden. Auch leicht asymmetrische Umrisse wurden nicht begradigt, sondern mit der Schere genau umrissen und somit dokumentiert. Ähnliche, wenn auch nicht ganz so umfangreiche Arrangements zeigen auch die folgenden Seiten. Auf ihnen sind bearbeitete Werkstoffe wie Griffel und Schiefertafeln, prähistorische Steinäxte und Schmuck dargestellt worden. Andere Seiten zeigen fossile Abdrücke, darunter auch einige sogenannte »glossopetrae« (Abb. 4, Farbabbildung 3)[80] und Versteinerungen von Echinoiden (Abb. 5, Farbabbildung 4), Magnetsteine oder Korallen (Abb. 6) sowie eine Sammlung von Blasen- und Nierensteinen.[81]

---

80 Das sind sogenannte Schlangensteine, über die an späterer Stelle noch zu sprechen sein wird. Cutler 2003.

81 Gerade das letztgenannte Thema ist in der Geschichte der Mineralogie nicht ungewöhnlich, es bezog sich auf einen vor allem für Ärzte interessanten Bereich. Steinmann 1987.

Felix Platter, Zeitgenosse und Freund Gessners, hat dessen Bilder in seine eigene Sammlung integriert. Diesmal wurde die Schere also nicht angesetzt, um prospektive Kunstwerke freizustellen, wie bei den Zeichnungen in der grafischen Abteilung in Zürich geschehen, sondern um die Motive in eine neue naturkundliche Ordnung zu bringen. In beiden Fällen wurde die Sortierung Gessners und auch seine Kombination von Bild und Text vernichtet. Diese Praxis erscheint rigide, sie wirft jedoch ein bezeichnendes Licht auf den Umgang mit naturkundlichen Bildern um 1600. Die in den Zeichnungen dokumentierten Motive wurden wie Objekte behandelt, konnten ausgeschnitten, vom Text gelöst und damit nicht nur formal, sondern auch inhaltlich von ihrem Kontext isoliert werden, um in den Bestand einer anderen Naturaliensammlung oder in den Bestand einer grafischen Sammlung integriert zu werden.

Auffällig ist, wie minutiös Platter die sehr individuellen und unregelmäßigen Formen der Steinbilder mit der Schere nachvollzogen hat, um sie in seine Ordnung zu bringen, welche sich an Materialien, manchmal auch an ihrem Herkunftsort orientiert.[82] Gessners Bilder fügen sich dieser materialen Ordnung indess nicht ganz, die Fülle der zeichnerisch festgehaltenen Details enthält mehr Informationen, als für diese Anordnungen notwendig wären. Sie dokumentieren ein weitergehendes Interesse am individuellen Aussehen der einzelnen Steine. Die Bilder eignen sich daher kaum als Identifikationshilfe oder für die Klassifikation,[83] sondern sie scheinen eher die Exemplare einer individuellen Mineralien- und Fossiliensammlung darzustellen.

Allein Platters sorgfältigem Umgang mit Gessners Bildern ist es zu verdanken, dass die Umrisse und Gestalten aus Gessners Sammlung erhalten blieben und dass sein Fossilienalbum nicht nur einen Einblick in die Struktur einer Mineraliensammlung des 16. Jahrhunderts gibt, sondern auch direkte Rückschlüsse auf Gessners eigenen Zugang zum Thema erlaubt.[84]

Die formale Ordnung der Fossilien

Im Jahre 1565, kurz vor seinem Tode, veröffentlichte Gessner ein nur äußerlich unscheinbares Buch: »De omni rerum fossilium genere, gemmis, lapidibus, metallis et huiusmodi, libri aliquot, plerique nunc primum edit.«[85] Nach Agricolas Veröffentlichungen über den Bergbau aus der Mitte des 16. Jahrhunderts war dieses Buch allerdings die erste Publikation, die das Thema »Fossilien« publizistisch wieder aufgriff und inhaltlich weiterführte.[86] In dem kleinformatigen Buch veröffentlichte Gessner nicht nur seine eigene Arbeit über Fossilien, sondern auch die Arbeiten von sechs weiteren Autoren. Die Anthologie enthält Johannes Kentmanns oft zitierte Nomenklatur der Fossilien, eine weitere medizinische Abhandlung desselben Autors über die Steine, die im menschlichen Körper entstehen, also Blasen-, Nieren- oder Gallensteine, sowie

82 Eine Ordnung, die sich an Kentmanns Systematik orientiert. Siehe Anmerkung 114.

83 Die Funktion dieser Bildsammlung unterscheidet sich deutlich von den Funktionen eines Atlas', wie er im 19. Jahrhundert anzutreffen ist. Daston und Galison 2002.

84 Gessner 1565; Rudwick 1972, S. 1–49.

85 Gessner 1565.

86 Agricola 1958 [1546]; History of Modern Science 2002, S. 1–44.

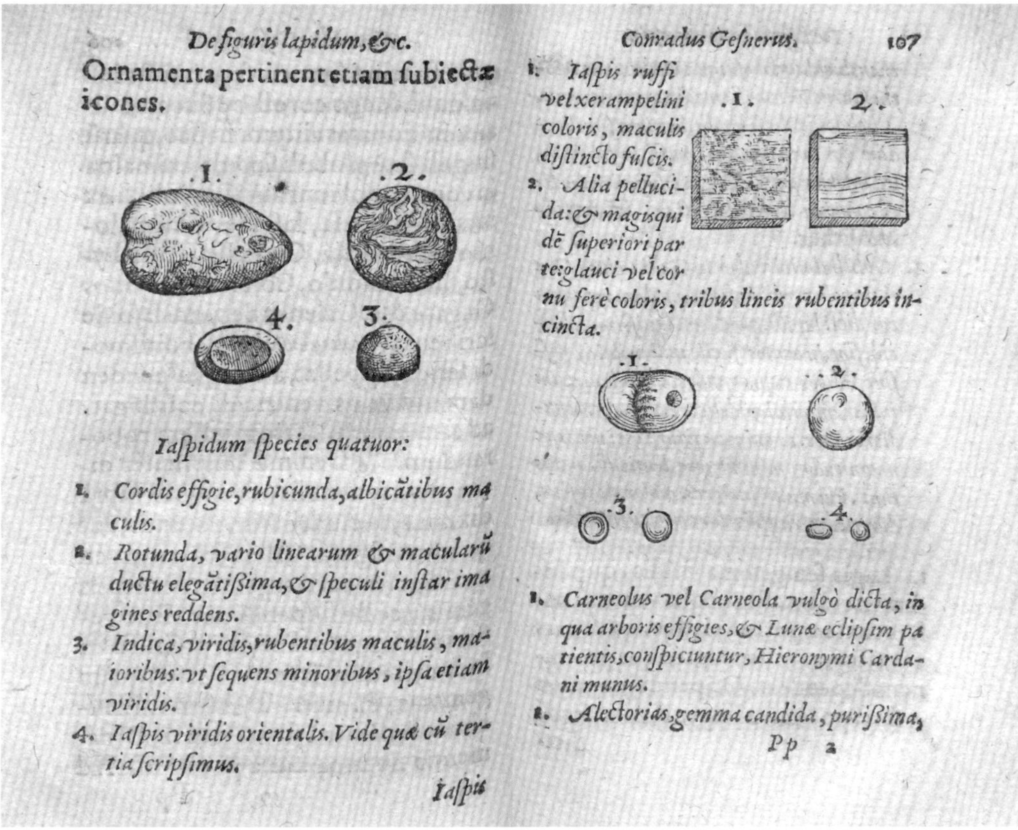
De figuris lapidum, &c.

Ornamenta pertinent etiam subiectæ icones.

.1. .2. 4. 3.

Iaspidum species quatuor:

1. Cordis effigie, rubicunda, albicãtibus maculis.
2. Rotunda, vario linearum & macularũ ductu elegãtissima, & speculi instar imagines reddens.
3. Indica, viridis, rubentibus maculis, maioribus: ut sequens minoribus, ipsa etiam viridis.
4. Iaspis viridis orientalis. Vide quæ cũ tertia scripsimus.

Iaspis

Conradus Gesnerus. 107

1. Iaspis ruffi vel xerampelini coloris, maculis distincto fuscis.
2. Alia pellucida: & magis quidẽ superiori parte glauci vel cornu ferè coloris, tribus lineis rubentibus incincta.

.1. .2. .3. .4.

1. Carneolus vel Carneola vulgò dicta, in qua arboris effigies, & Lunæ eclipsim patientis, conspiciuntur, Hieronymi Cardani munus.
2. Alectorias, gemma candida, purissima,

Pp 2

7 Steine mit besonderen Formen aus Conrad Gessners »De Rerum Fossilium«, 1565.

noch fünf andere Abhandlungen von heute weithin unbekannten Autoren. Zuletzt folgt Gessners eigener Text »De Rerum Fossilium, Lapidum et Gemmarum maxime, figuris & similitudinibus Liber«.[87] Sein Text enthält zahlreiche Abbildungen, die ohne Rahmungen in den Textfluss gesetzt worden sind (Abb. 7). Die hier reproduzierte Seite zeigt 12 Objekte, die auf den ersten Blick wenig miteinander gemein haben. Sie lassen sich immerhin eindeutig auf die Zeichnungen aus dem Bildalbum zurückführen. So befindet sich die Zeichnung des »Herzsteins« auf Seite 14 des zuvor beschriebenen Fossilienalbums rechts in der fünften Reihe von oben (Abb. 3, Farbabbildung 2). In der gleichen Reihe finden sich die Vorbilder für die Motive aus Abb. 2, 3 und 4 der Seiten 106r und 107 aus Gessners Fossilienbuch. Wie alle anderen Motive des Buches, stimmen sie mit den Zeichnungen aus dem Fossilienalbum genau überein.

Obwohl es sich um Holzschnitte handelt, sind die Abbildungen sehr detailgenau. Besonders innere Muster und Strukturen sind deutlich herausgearbeitet. Doch nicht nur die Bilder

87 Der vollständige Titel ist unter Gessner 1565 nachzulesen.

sind außerordentlich detailgenau, Gessner hat auch im Text sehr präzise Angaben zu den individuellen Färbungen der Steine gegeben. So zeigt die gegenüberliegende Buchseite 107 zwei viereckige Steine, die Gessner farblich genau beschreibt. Der erste sei dunkelrot mit dreieckigen Flecken, der zweite sei wie ein Schild gebogen, hornfarben mit drei Linien am unteren Rand. Zwar vermitteln die verbalen und bildlichen Beschreibungen das jeweils individuelle Aussehen eines Steines. Doch erschließt sich keineswegs unmittelbar, was Gessner anhand des herzförmigen Steins links oben und was anhand des runden Steins mit seinen Maserungen rechts veranschaulichen wollte.

Auch zur Klassifikation von Mineralien ist die Fülle der hier dargestellten Eigenschaften völlig ungeeignet. Die Zeichnungen aus Gessners Beständen, wie auch die nach ihnen hergestellten Drucke des Fossilienbuchs stellen eher individuelle Steine, mit ihren eigenen Formen, Flecken und Gestalten dar. Doch genau dies sind die Eigenschaften, die Gessner in seinem Fossilienbuch so ausdrücklich thematisiert hatte. So hat er auf der hier gezeigten Seite unter der Überschrift »Ornamenta pertinent etiam subiectae icones« verschiedene Steine zusammengestellt, die einen ornamentalen oder, wie er schreibt, piktoralen Charakter besitzen.[88] Dazu gehört der »Herzstein« sowie der Karneol auf Seite 107, auf dem er Pflanzen zu erkennen glaubte. Andere Seiten des Buches zeigen fossile Echinoiden[89], einen versteinerten Taschenkrebs und den Abdruck eines Fisches, also Steine mit skulpturalen Eigenschaften.[90] Jedes dieser Beispiele nutzt Gessner, um eine Gesteinskategorie zu bilden und zugleich zu veranschaulichen. So konstatierte Gessner beim Echinoiden eine Ähnlichkeit mit Schlangeneiern und ordnete das Gebilde zur Gruppe jener Steine, die Ähnlichkeit mit Schlangen und Reptilien haben.[91] Den fossilen Taschenkrebs und den Fischabdruck sortiert er zu der Gruppe von Steinen, die Ähnlichkeit mit Meeresbewohnern haben. Er entwirft also eine Ordnung der Fossilien, die auf den formalen Eigenschaften der Steine, ihren Ähnlichkeiten mit Ornamenten und Mustern, Fischen, Pflanzen oder geometrischen Körpern beruht. Er ordnet die Fossilien nach formalen Kriterien und beschreibt Steine, die in der Form den platonischen Körpern gleichen, Steine mit organischen Formen, Steine, die wie ein Herz geformt sind, die bestimmte Muster haben, oder solche, die Ähnlichkeit mit Pflanzen haben und wieder andere, die wie Tiere aussehen.[92] Wie an keiner anderen Stelle ist Gessners Naturforschung hier eine Bildwissenschaft, wobei die Bild-

88 Gessner 1665, S. 107.

89 Echinoiden sind Seeigel.

90 »De Lapidibus qui aquatilium animantium effigiem referunt.« Gessner 1665, S. 162.

91 Mit dieser Interpretation schließt sich Gessner der allgemein vorherrschenden Meinung an. Vergleiche Rudwick 1972, S. 32.

92 »Primo enim loco lapides illos, in quibus lineae duntaxat & puncta, & ad figurá[m] pertiné[n]tia magis quàm ad corpus có[n]siderantur, enumero. Secundo, eos qui vel simile aliquid corporibus simplicibus, ut coelestibus & elementis habent: vel saltem ab eis denominantur aut cognominá[n]tur. Tertio, qui meteoris aliqua similitudine comparantur. Quarto, qui rebus terrestribus inanimatis. Quinto, qui rebus artificiosis natura similes sunt. Sexto, ijsdem nó[n] natura quidem, sed arte similes. Septimo, herbis. Octavo, fructibus. Nono, arboribus. Decimo, de Corallio, tanquá[m] planta marina agitur. Undecimo, de alijs quibusdam marinis aut maritimis plantis lapideis, aut ad lapidum naturam accendentibus. XII. De ijs qui animalibus quadrupedibus similes sunt, sive figura tantum, sive substantia & corpore: & qui ex eis promuntur, vel quomodocumqu[e] ab eis denominatur. XIII. De ijs qui ab avibus sumuntur aut nominantur. Decimoquarto, ab aquatilibus animantibus. Decimoquinto à serpentibus & insectis.« Gessner 1565, Praefatio. Ohne Seitenzählung.

lichkeit auf zwei Ebenen eine Rolle spielt. Zum einen definiert Gessner seinen Gegenstand in piktoralen Begriffen und ordnet die Steine anhand ihrer visuellen Ähnlichkeit mit anderen Dingen. Er versteht sie also in gewissem Sinne als naturhafte Bilder. Zum anderen sammelt und dokumentiert er seinen Gegenstand im Medium »Bild«, nutzt die Bilder aber über die Zwecke der reinen Dokumentation hinaus als Argumente und konstruiert das Gerüst seines Fossilienbuchs entlang bildlicher Darstellungen.[93]

Der gezielte Blick auf die Form, den Gessner hier entwickelt, führt zu einem außergewöhnlichen Forschungsansatz, wobei seine ausschließliche Konzentration auf die Gestalten der Steine und die Ausblendung medizinischer, alchimistischer, technischer Kontexte besonders prägnant ist. Gessner Bruch mit diesen tradierten Ansätzen kommt nicht von ungefähr. Bereits seinem Vorwort ist zu entnehmen, dass sein ›Formalismus‹ auch als Rückbesinnung auf antike Quellen zu verstehen ist. Er habe dieses Thema aufgegriffen, heißt es hier, weil der Philosoph [Aristoteles] die Form als die vierte Qualität der Dinge bezeichnet habe. Sie, die Form, sei wie die mathematischen Figuren nicht an die Materie gebunden, sondern könne von dieser abstrahiert werden. Wie die Mathematik könne auch die Form rein intellektuell konzipiert und verstanden werden. Sie repräsentiere daher eine der grundlegenden Qualitäten der Welt. Die Formanalyse diene auch dem ästhetischen Vergleich, so unterscheide man Schönheit, Proportion, regelmäßige und vollendete Formen von deformierten oder unförmigen Objekten. Generell umfasse der Formbegriff die gesamte Natur und Kunst, oder, wie Gessner es auch ausdrückt: alles, was man malen kann. Ausgenommen seien davon nur die nicht geformten Elemente und amorphe Substanzen wie Blut oder Galle.[94]

---

93 Rudwick vermutet, dass sich an dieser Stelle ein hermetischer Zug in Gessners Naturphilosophie zeigt, was allerdings spekulativ ist, denn Gessner bezieht sich im Text an keiner Stelle darauf. Die Kategorie der Ähnlichkeiten nutzt er zwar, jedoch nicht, wie Rudwick darlegt, im Sinne eines neoplatonischen Hermetismus. Bis auf das Titelblatt, auf dem zwölf Steine dargestellt sind, die die zwölf Stämme Israels symbolisierten und ein Skarabäus, ein Symbol hermetischer Weisheit, gibt es keine konkreten inhaltlichen hermetischen Züge in Gessners Buch. Es sei dahingestellt, inwieweit allein das Titelblatt Rückschlüsse auf den ansonsten anders gestalteten Inhalt des Buches erlaubt. Rudwick 1972, S. 20–22.

94 »Philosophus quartá[m] Qualitatis speciem facit figuram, & suá[m] cuiusqu[e] rei formam, externam scilicet & in superficie apparenté[m]. Huic & curvitatem & rectitudinem, & si quid huiusmodi (inquit) est, annumerat. Figuram eruditi definiunt, qualitatem seu differentiam quandam superficiei secundum angulos, quos vel habet, vel eis caret. Figurae autem differentiae vidé[n]tur propriae, rotundum & angulosum, angulosi verò, triangulum, quadratum, pentagonon, hexagonú[m], &c. Haec rursus aut in superfice tantùm, aut in solidis corporibus spectá[n]tur. Videtur autem figurę[m] nomen simplicius aliquid significare ut, quae vel ex una linea constare possit, ut circulus: vel superficie una, ut sphaera: vel paucis certè[m] lineis, tribus, aut quatuor. Quod si lineae duae sint, angulus & curvitas accedú[n]t in superficie mathematica: in solida autem, tribus minimùm opus est. Forma verò è[x] multis varijsq[ue] lineis, anguli, & superficiebus có[n]stat, nec uno nomine communi appellari solet, ut figura: quae nullá[m] materiam sibi propriam habet, ut mathematicae figurae omnes. quare cogitatione etiam abstrahi à[b] materia, & sine illa definiri ac considerari possunt. Forma verò sua cuiqu[e] est, ut interior & essentialis, quae ratione sola cognoscitur: sic etiam externa, quae è[x] pluribus figuris (ut totum è[x] partibus) earumqu[e] differentijs constat: & certo partium singularum ordine, situ, ac proportione seu inter se mutuò comparatione constat, quae si probè se habeant, formosa, pulchra, aut bene formata & moderata: […] sin[e] contrà, deformia, informia. Figura verò absolutè dici solet. Eadem ut simplicior est, ita suum nomen habet, & à[b] quovis facilè pingitur. Forma nomen non habet, nequ[e] interna, nisi fingamus ut […] sicut Platonici fingebant: neque externa, nisi cicumloquamur, ut forma bovis, forma equi: quam & figuram aliqui nominant, sive impropriè, sive generis nomé[n] pro specie ponentes, ut fieri solet. Figuram verò primò propriequ[e] dictá, nemo formae nomine vocitat in superficie praesertim una solaqu[e]: cum formam rotundam, teretem, triangulam aut

Gessners Brückenschlag von der Form über die Figur zur Mathematik kann in erster Linie als Versuch gesehen werden, die Fossilienkunde als Formkunde auf ein philosophisches und theologisches Fundament zu stellen. Ihm gelingt mit der Verwendung des Formbegriffs ein durch Aristoteles methodisch abgesicherter, vereinheitlichender Zugriff auf ein bislang disparates Forschungsfeld.[95] Vor allem mit seiner inhaltlichen Fragestellung betrat er Neuland, denn indem er das Verhältnis von Form und Materie anhand der Fossilien untersuchte, richtete er eine zutiefst philosophische Frage auf ein naturhistorisches Feld.[96] So war der Begriff der Form einer der zentralen Begriffe der aristotelischen Naturphilosophie.

Das Profil des Forschungsfeldes »Fossilien«, das Gessner in seinem Fossilienbuch vorstellt, setzt sich deutlich von der Fossilienforschung vor 1550 ab. In dieser hatten die Formen von Fossilien keine wichtige Rolle gespielt.[97] Der Begriff »Fossilien« bezeichnete bisher alle Objekte, die ihren Ursprung unter der Erdoberfläche haben.[98] Er geht auf Avicenna[99] zurück, dessen Buch »De mineralibus« die Mineralienkunde des Mittelalters und der frühen Neuzeit prägte. Er verwendet auch den Begriff »res fossiles«, womit das gesamte Gebiet der Erze, Steine, Mineralien und aller anderen unterirdisch vorkommenden Substanzen, die »res subterranes« angesprochen war. Albertus Magnus[100], eine weitere Autorität der spätmittelalterlichen Fossilienforschung und wichtiger Aristotelesübersetzer, thematisierte die Fossilien in Bezug auf ihre pharmazeutische Bedeutung. Unveröffentlicht blieben die Manuskripte Leonardo da Vincis[101], die sich mit der Frage der Fossilien beschäftigten.[102] Sie stehen im Kontext seiner Untersuchung zur Erdmorphologie, in der er Überlegungen über die Entstehung der Erde und damit auch zur Deutung von fossilen Abdrücken und Versteinerungen entwickelt hatte, eine Frage, welche auch die spätere Fossilienforschung immer wieder aufgreifen sollte.[103] Vorbild für die meisten

---

similiter dicere non fit usitatum. Errant, Simplicio teste, qui formá[m] animalibus propriá[m] faciunt: figuram inanimatis. Sunt qui formam rebus naturalibus omnibus attribuant: figuram mathematicis solúm. Nos in hisce figuram primò dici // putamus, nò tamen solis: ut formam non naturalibus tantùm, etsi id magis propriè, sed artificiosis quoqu[e] tribuimus: ut cum statua hominis, eiusdem forma dicitur. Ergo quae figurata & formata sunt, pingi possunt, quae figura formaqu[e] carent, non possunt, ut elementa & similaria seu simplicia […] corpora tum mundi huius, tum singulorum etiam mixtorú[m]: quoru[m] sua cuiqu[e] proxima propiaqu[e] sunt elementa: ut homini sanguis, pituita & utraqu[e] bilis.« Gessner 1565, Caput I, Blatt 1 verso – 3 recto.

95 Die Abhandlung ist, wie alle Werke von Gessner, in hohem Maße deskriptiv: er beschreibt die Dinge, zitiert die Meinung der Autoren, ohne seinen eigenen Gedanken über das Warum und Woher des analytischen Begriffs »Form« Ausdruck zu geben. Rudwick 1972, S. 1–49.

96 Rudwick 1972, S. 1–49.

97 Zwar hatten auch schon frühere Autoren, wie etwa Agricola, die Formen von Fossilien behandelt, diese sind aber nur eine Eigenschaft unter vielen und nehmen relativ wenig Raum ein. Agricola 1958 [1546], S. 181–182, S. 34–35.

98 Zum Begriff der Fossilien einführend: History of Modern Science 2002; Rudwick 1972.

99 Ibn Sīnā [Abu ʿAli al Husain ibn Abdallāh ʿ Ibn Sīnā] lat. Avicenna (um 980–1037) aus Buchara, Philosoph und Arzt. Die lateinische Textausgabe seiner Werke erschien 1507 in Venedig.

100 Albertus Magnus, auch Albert der Große (um 1200–1280), Theologe und Kenner der arabischen Philosophie und Naturwissenschaft. Für die Naturkunde wurde seine Abhandlung »De animalibus«, 1478, einflussreich. Walter Ryff hat das Buch als »Thierbuch« 1545 übersetzt.

101 Leonardo da Vinci (1452–1519), Künstler, Ingenieur, Naturforscher.

102 Allgemein dazu: History of Modern Science 2002. Zu Leonardos Beschäftigung mit einer dynamisch sich verändernden Natur: Fehrenbach 2002.

103 Rudwick 1972; Picturing knowledge 1996.

Autoren des 16. Jahrhunderts war jedoch Georg Agricolas[104] Fossilienbuch. Der technische Aufschwung im Bergbau, die reichen Funde an Edelmetallen in Amerika und Afrika, die Verfeinerungen der metallverarbeitenden Technik bilden den Hintergrund seiner mineralogischen Veröffentlichung »De natura fossilium« von 1546.[105] Agricolas Werk stellt die erste monografische Abhandlung zum Thema dar, die sich auch aus naturphilosophischer Sicht explizit mit der »res fossiles« beschäftigt. Die Erforschung der Fossilien bezog sich zu dieser Zeit also nicht nur auf sehr viele unterschiedliche Objekte, sondern verband auch ein Spektrum von heute strikt getrennten Disziplinen: Medizin, Archäologie, Geologie oder Bergbau. Etwa 20 Jahre später, also 1565, nimmt Conrad Gessners Fossilienbuch dieses Thema wieder auf.

Gleichzeitig mit Gessners Publikation werden überall in Europa größere Lapidarien angelegt. Michele Mercati richtete im Vatikan eines der größten geomineralischen Museen ein.[106] Der neapolitanische Apotheker Ferrante Imperato[107], Ulisse Aldrovandi in Bologna, Francesco Calzolari[108] in Florenz, Johannes Kentmann[109] in Dresden, Conrad Gessner in Zürich, natürlich auch Felix Platter in Basel sowie die Mitglieder der Accademia dei Lincei[110] besaßen weithin bekannte Lapidarien.[111] Bis dahin waren sehr viele unterschiedliche Ordnungssysteme nebeneinander gebräuchlich, von denen die Ordnung des Johannes Kentmann eine der bekanntesten darstellt.[112] Diese Ordnung beruht sowohl auf materialen wie auf formalen Aspekten. Kentmann stellt sein System in Gessners Fossilienbuch als Tabelle dar und veranschaulicht es zusätzlich als »Arca Rerum Fossilium«, als einen Kunstkammerschrank, der weitgehend dem Mobiliar in den Studiolo um 1600 entsprochen haben mag (Abb. 8).[113] Er unterscheidet dabei, in Anlehnung an die Ordnung Agricolas,[114] 26 verschiedene Gruppen: darunter Erde, Gemen-

---

104 Georgius Agricola [Georg Bauer] (1494–1555), Theologe und Arzt, der über seine Tätigkeit in Sachsen mit der Mineralogie und dem Bergbau vertraut wurde. Gilt als Begründer der Mineralogie in Deutschland. Agricolas berühmtestes Buch »De re metallica« erschien 1556 in Basel.

105 Es folgten von gleichen Autor »De re metallica« 1556, »De natura eorum quae effluunt ex terra« sowie »De ortu et causis subterranaeum«.

106 Michele Mercati (1541–93), Arzt und Betreuer der Vatikanischen Gärten, Autor der Metallotheca, die erst 1717 erschien. Mercati 1717–1719.

107 Ferrante Imperato (1550–1625), neapolitanischer Apotheker und Sammler, Verfasser der »Historia naturale« von 1599.

108 Francesco Calzolari (1521–1600), Apotheker und Sammler.

109 Johannes Kentmann (1518–1574), ab 1550 Stadtarzt in Dresden. Er stand im Briefwechsel mit Conrad Gessner und war Verfasser eines Kräuterbuches sowie der von Gessner verlegten Abhandlung über Mineralien.

110 Die »Accademia dei Lincei« wurde 1603 von Federico Cesi (1585–1630) gegründet. Zu den Gründungsmitgliedern gehörten Francesco Stelluti, Johannes Eck und Anastasio De Fillis. Später traten auch Giovanni Battista Della Porta und Galileo Galilei der Accademia bei. Freedberg 2003.

111 Rudwick 1972, S. 13.

112 Wie in anderen Systematiken um 1600, etwa in der des Sammlers Ole Worm (1588–1654) oder der des Naturhistorikers Jan Jonston (1603–1675); dargelegt wurde. Kobell 1864, S. 59.

113 Der Münz- und Mineralienschrank der Amerbachschen Kunstkammer ist mit ähnlichen Schubladen ausgestattet, die Schübe sind flach und besitzen ausgesparte Vertiefungen, in denen die Gesteine und Münzen untergebracht wurden. Heute im Historischen Museum Basel. Landolt 1984. Zu Kentmann siehe auch Rudwick 1972, S. 12.

114 Erde (Malerden, Heilerden, Steinkalk, Kreide, Rötel und Ähnliches), Gemenge (zum Beispiel Steinsalz, Soda, Alaun, Schwefel, Rost), Steine (differenziert in lapides, gemmae, marmora und saxa, das sind Felsgestein, Sand, Schiefer) und auch Fossilien, Metalle und Gemische, wie Silbererz, Eisenerz oder Bleiglanz. Näheres dazu in der Agricola-Ausgabe von 1958. Agricola 1958 [1546], S. 4–5.

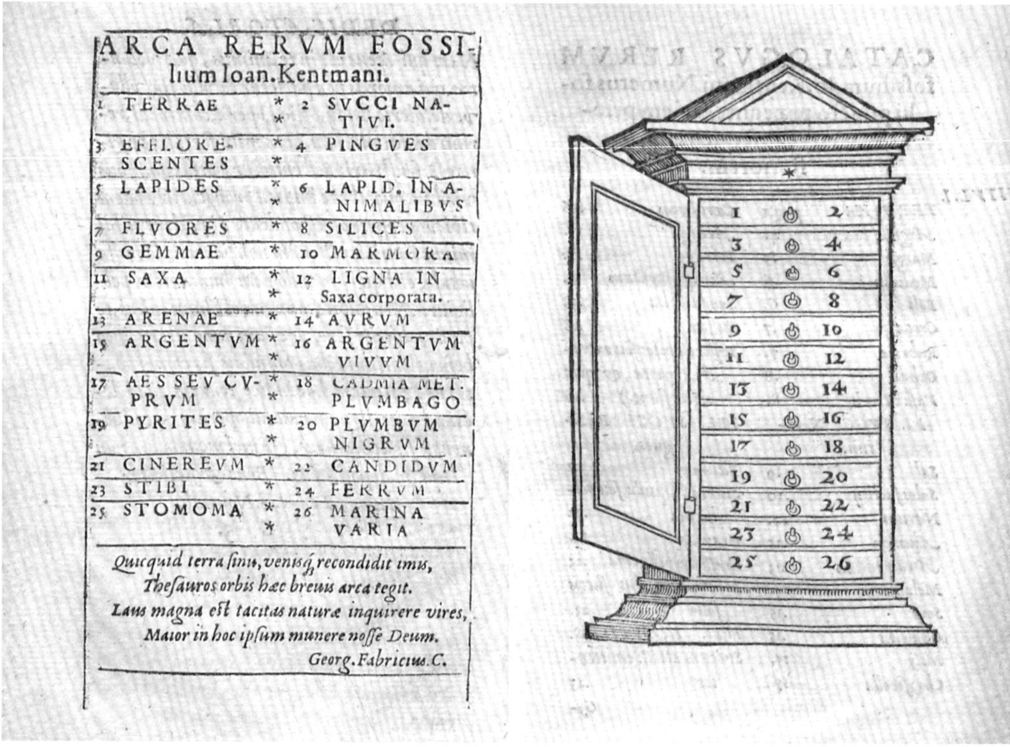

8 Die Ordnung der Fossilien aus Johannes Kentmanns Arca rerum fossilium, 1565.

ge, Steine, Steine in Lebewesen[115], Gesteine, versteinertes Holz, Gold, Silber, Quecksilber, Kupfer, Kadmiumblei, Pyrit, schwarzes Blei, Eisen, marine Fossilien. Ein dezidiertes Interesse an formalen Kriterien ist jedoch weder in diesem, noch in einem anderen historischen Ansatz zu erkennen. Das ändert sich mit der Publikation Gessners.

Gessners Theoretisierung der Naturform

Im letzten seiner Werke hatte Gessner mit dem Begriff der Form einen Aspekt aufgegriffen, der die Naturkunde der folgenden Zeit entscheidend prägen sollte. Mit dem hier entwickelten, auf die äußere Form fixierten Ansatz hatte Gessner sich zudem deutlich von anderen fossilienkundlichen Lehren abgesetzt. Doch war der Begriff der Form bereits in anderem Kontext naturkundlich etabliert. So erlangte er fast gleichzeitig mit Gessners Forschungen in der Signaturenlehre eine größere Bedeutung für die Naturkunde. Auch diese Lehre schöpfte aus der

115 Gemeint sind hiermit zum Beispiel Nieren-, Gallen- oder Harnsteine.

Analyse von äußeren Eigenschaften: der Form, dem Geruch, der Farbe ihr Potential. Paracelsus[116] hat sie in der Medizin popularisiert; dabei ging er davon aus, dass der universelle Zusammenhang zwischen dem Mikrokosmos Mensch und dem Makrokosmos Welt durch strukturelle wie formale Ähnlichkeiten gegeben und erkennbar sei.[117] Aus der Beobachtung von Pflanzen und Tieren zog Paracelsus Schlüsse auf ihre Wirkung auf den menschlichen Körper und seine Krankheiten. Etwas später untersuchte der neapolitanische Gelehrte Giambattista della Porta[118] die sogenannten Signaturen der Pflanzen, Tiere und Gestirne und wendete die Signaturenlehre auf die Physiognomik an.[119]

Von solchen Analogietechniken ist Gessner jedoch weit entfernt, er hat sich sogar an anderer Stelle deutlich von Paracelsus distanziert.[120] Dennoch zeigte Gessner an der Form ein sehr starkes Interesse und befasste sich mit formalen Kriterien, wie etwa mit der Ähnlichkeit von Gestalten. Er bezieht sich dabei aber eher auf den aristotelischen Begriff der Form. Darauf deuten zahlreiche seiner Äußerungen, wie etwa die, dass die Formen der Steine zwar in Materie manifestiert, grundsätzlich aber von ihr abstrahierbar seien.[121] Diese Dichotomie von Form und Materie ist der paracelsischen Lehre fremd. Sie gehört zum aristotelischen Denken. Der Begriff der Form, so wie ihn Gessner anwendet, ist darüber hinaus aus dem Rückbezug auf die ansonsten in vielerlei Hinsicht andere Akzente setzende Tradition der Fossilienforschung erklärbar. Die Form ist hier ein Effekt der »vis formativa«, die als Basis allen irdischen Werdens und Vergehens angenommen wird. Der Begriff der »vis formativa« ist zu dieser Zeit bereits aus der Zeugungstheorie bekannt; er taucht an prominenter Stelle bei Thomas von Aquin auf: »Ad tertium dicendum, quod ad conceptionem humani corporis duo concurrunt; scilicet materia ex qua formatur conceptum, et iterum vis formativa quae conceptum format, quorum primum Augustinus vocat corpulentam substaniam, secundum vero seminalem rationem.«[122] Von einer »vis plastica« wird in Bezug auf Fossilien auch bei Avicenna gesprochen; mit »virtus formativa« taucht ein ähnlicher Begriff bei Albertus Magnus[123] in Bezug auf Fossilien auf. Die Frage nach

---

116 Paracelsus [Theophrastus Bombastus von Hohenheim] (1493–1541), Chemiker und Arzt, der sich gegen die damals weit verbreitete Viersäftelehre wandte, die Galen nach Hippokrates weiterentwickelt hatte. Paracelsus war und ist heute ebenso umstritten wie einflussreich. Zur Säftelehre auch Paul Demont in: Melancholie 2005 (AK), S. 34–38.

117 Zu Paracelsus' Konzept des Mikro- und Makrokosmos Pagel 1961; Braun 1981; Böhme 1989.

118 Giovanni Battista della Porta (1535–1615) aus Neapel war ein sehr populärer und einflussreicher Universalgelehrter und Dramatiker. Sehr erfolgreich war sein Buch über die Naturmagie »Magiae naturalis sive de miraculis rerum naturalium« von 1558 sowie »De humana physiognomia« von 1586. Della Porta 1593; Schmölders 1995.

119 Er suchte die verborgenen Eigenschaften, den Charakter eines Menschen, aus der Ähnlichkeit der menschlichen Gestalten mit Tieren abzuleiten.

120 »Es besteht kein Grund, dass ihr befürchtet, ich sei zur Sekte der Paracelsisten abgefallen, die verbotene und gottlose Künste billigt, und dass ich wirklich den Unsinn eines Guinter bewundere«, schreibt Gessner an Achilles Gasser im Oktober 1565. Johannes Guinter war zeitgenössischer Arzt und Galenübersetzer. Burmeister 1975, S. 290 und S. 363.

121 Vergleiche dazu das ausführliche Zitat von Gessner in Anmerkung 94.

122 Thomas von Aquin 1996, Quodlibet VIII, q. 3 ad 3, S. 65.

123 Albertus Magnus (1193–1280), Philosoph und Theologe, war ein gründlicher Kenner des Aristoteles und einer der ersten großen mittelalterlichen Naturwissenschaftler. Er gilt als der Begründer des christlichen Aristotelismus in der Scholastik und war vor allem in Regensburg tätig.

der Reproduktion[124] und Generation individueller Gestalten sollte noch Ende des siebzehnten Jahrhunderts im Brennpunkt der Forschung stehen.[125] Berühmt geworden ist beispielsweise der Streit um die sogenannten Schlangensteine am Ende des siebzehnten Jahrhunderts. Damals identifizierte der dänische Arzt Nicolaus Steno[126] diese Schlangensteine als fossile Haifischzähne und formulierte damit ein wichtiges Argument gegen die Theorie der spontanen Genese. Aus dieser Neudeutung ergaben sich weitreichende geohistorische Konsequenzen.[127] Die Schlangensteine spielten später eine wichtige Rolle in der Geschichte der Geologie.

Aus dieser Perspektive erhält Gessners Nachdenken über die Form einen deutlicheren Umriss. Operierten die Formanalytiker der Signaturenlehre innerhalb der geschlossenen Systeme von Mikro- und Makrokosmos, so arbeitete Gessner, auch wenn er seine Formgruppen aus Ähnlichkeiten mit anderen Objekten ableitete, eher mit dem aristotelischen Formbegriff und verband diesen mit dem Begriff der »vis formativa«. Die Fossilienforschung wird hier in Einklang mit fast allen anderen naturkundlichen Forschungen dieser Epoche gebracht, denn die Auseinandersetzung mit den Fragen der Generation von Naturformen, der Fortpflanzung und der Schöpfung gehörten zu den brennendsten Fragen der Zeit. Diesen Forschungen war zu eigen, mit dualistischen Begriffspaaren zu operieren, die auch bei Gessner thematisiert werden: in erster Linie mit dem Dualismus von Form und Materie, dem als männliches beziehungsweise weibliches Naturprinzip zusätzlich eine sexualisierte Naturvorstellung unterlegt wurde. Gessners Arbeit am Begriff der Form leistete insofern neuen Forschungsfragen Vorschub, die über das unmittelbare Gebiet der Fossilienforschung weit hinausführten.

Die Auseinandersetzung mit der gemalten und gedruckten Steinsammlung Gessners ermöglicht Rückschlüsse auf die Arbeitstechniken von Fossilienforschern im 16. Jahrhundert und beleuchtet darüber hinaus eine bislang wenig reflektierte Seite eines weiterreichenden Forschungsproblems. Denn der neuartige Einsatz von detaillierten Zeichnungen individueller Exponate in der Wissenschaft war verbunden mit einer methodischen Wende in der Fossilienforschung. Die Theoretisierung der Form, die Gessner in seinem Fossilienbuch skizziert hat, wäre undenkbar ohne die Entwicklung adäquater wissenschaftlicher Arbeitstechniken: dem Aufzeichnen, Ausschneiden und Ordnen von fossilen Formen und Umrissen in Bildern. Die Bildarbeit Gessners, aber auch Platters Ausschnitttechnik, ist auf dieses Forschungsinteresse abgestimmt. So hat Platter, indem er ihre Umrisse präzise mit der Schere nachvollzog, den naturalistischen Steinporträts Gessners eine Referenz erwiesen. Diese Praxis des Sammelns abstrahiert, um Gessners eigene Worte zu gebrauchen,[128] in der Darstellung seines Gegenstandes von allen anderen materiellen Bedingungen des Gesteins und kommuniziert im Bild scheinbar »reine« Formen. Der Erforschung von Natur als Formfundus geht eine Formalisierung des

---

124 Zum Begriff der Reproduktion, der bei Leibniz eine zentrale Rolle spielt, siehe Bredekamp 2004. S. 122–125.

125 Siehe Kapitel I, Anmerkung 3.

126 Nicolaus Steno(nis) (1636–1686), latinisiert aus Niels Stensen, war ein dänischer Arzt, Anatom und Geologe.

127 Zur Geschichte dieses wissenschaftlichen Gegenstands siehe Rudwick 1972, S. 49–100 und speziell zu Steno: Cutler 2003.

128 Gessners Formulierungen ausführlicher in Anmerkung 94.

Forschungsinstrumentes »Bild« voraus, das als Medium der »reinen« Form[129] buchstäblich von jeglichem Kontext freigestellt wird.[130] Die Bilder können daher wie »Naturalia« behandelt werden; man kann sie wie Naturobjekte sammeln, sortieren, ausschneiden und tauschen.

Die Erforschung der Fossilien gehörte nicht zu den Gebieten, für die Gessner berühmt war. Dennoch ist seine Veröffentlichung aufschlussreich, da sie sich direkt auf naturdokumentarische Zeichnungen aus Gessners Besitz beziehen lässt und somit die Forschungspraxis im Vorfeld einer Buchpublikationen beleuchtet. Gessner hatte darüber hinaus in dieser Publikation einen neuartigen und eigenständigen naturhistorischen Forschungsansatz formuliert. Die Thematisierung der Form als wissenschaftlichem Gegenstand ging in Gessners Forschung mit ihrer Dokumentation im Medium der Zeichnung einher. Sein hier artikuliertes Interesse an den konkreten Gestalten und Formen der Natur ist indes keine Ausnahmeerscheinung, sondern deutet sich in seinen bereits 10 Jahre zuvor publizierten »Historiae animalium« bereits an, ohne dort jedoch in vergleichbarer Weise ausformuliert worden zu sein. Doch besonders in der hohen Wertschätzung der Bilder lassen sich Anknüpfungspunkte zwischen dem Fossilienbuch und den »Historiae« finden, wenn auch die Bilder in den »Historiae« nicht an den analytischen Begriff der Form gebunden werden.

2 *Gessners »Historiae animalium«*

Das Ende der Naturgeschichte als Textcollage

Die vielbändige »Historiae animalium« ist Gessners wichtigste naturkundliche Publikation, sie ist zugleich das einflussreichste und bedeutendste Werk der frühneuzeitlichen Naturkunde. Jeder der vier Bände ist einer Tierart gewidmet: den lebendgebärenden und den eierlegenden Vierfüßern, den Vögeln und den Fischen.[131] Diese Einteilung entsprach der von Aristoteles eingeführten und bis zur Mitte des sechzehnten Jahrhunderts weit verbreiteten Ordnung der Tiere. Innerhalb dieser Ordnung hat Gessner seinen Stoff einer strikt alphabetischen Sortierung unterworfen. Mehrsprachige Register schlüsseln den Inhalt auf und ermöglichen so den Zugang zum Buch. Zu den »Historiae« gehören auch die bildorientierten Bände der »Icones animalium«. Sie waren von Beginn an als Teilprojekt des Gesamtkorpus der »Historiae« geplant[132] und stellten also keine Naturgeschichte für Leseunkundige dar, deren Bilder die Lektüre ersetzen sollten.[133] Gessner wollte die »Icones animalium« ursprünglich in einem für das Latein-

129 Eine Entsprechung dazu findet sich bei Ulisse Aldrovandis Bildbegriff, der die Darstellung der »wahren Gestalt« eines bezeichneten Objektes als Charakteristikum eines Bildes bestimmt. Nach Steinemann bedeutet dies, »dass das Bild in eine Ähnlichkeitsbeziehung zu diesem Objekt tritt und sich diese Ähnlichkeit auf Formaspekte erstreckt.« Steinemann 2006, S. 72.

130 Im Sinne einer theoretischen Reduktion der Bilder auf ihre formalen Qualitäten und der Abstraktion von allen anderen Eigenschaften des Bildes, wie dem Kontext, dem Autor oder der Symbolik.

131 Gessner 1551; 1553; 1554 und 1555.

132 Gessner 1553a; 1555a und 1560.

133 Bilder wurden im religiösen Kontext oft als Ersatz für die Lektüre der Bibel dargestellt.

studium geeignetem »schönen Latein« schreiben, das auch stilistisch ein Korrelat zu den collageartig zusammengesetzten Texten der »Historiae« bot.[134] Den Plan zu einem solchen ergänzenden Kompendium hatte er im dritten Band selbst niedergelegt: auf der Grundlage der »Historiae« sollte eine Zusammenfassung des betreffenden Wissensgebietes geschrieben werden, in welcher nur die aus seiner Perspektive gesicherten Ergebnisse zur Darstellung gelangen sollten. Alles auf die Philologie und Grammatik bezügliche: »die Poesie, die Proverbia, die Allegoresen, die Fabeln, der Aberglaube, Überflüssiges, Zweifelhaftes, Falsches und Obskures, sowie die Namen der Autoren« [135] sollten weggelassen werden. Für diese Informationen könne man auf die »Historiae animalium« zurückgreifen.[136] Leider gehört dieses Vorhaben zu den Ideen, die Gessner nicht wie geplant realisieren konnte. Die »Icones« erschienen schließlich ohne jeden Text. Die Bilder wurden lediglich mit den Namen der Tiere beschriftet. Dennoch birgt diese Publikation eine Innovation. Die bemerkenswerte Verschiebung gegenüber den »Historiae« liegt vor allem darin, dass diese in eine von Gessner sogenannte »natürliche« Ordnung gebracht wurden.[137] Diese neue Ordnung ging von den Lebensumständen der Tiere aus oder war von kulturell gegebenen Zusammenhängen, in denen das Tier vorkam, inspiriert. Gessner unterscheidet hier beispielsweise zahme und wilde Tiere, und er beginnt seine Aufzählung mit den landwirtschaftlich relevanten Tieren. In diesem Sinne können die »Icones« als inhaltlich ausgerichtetes Bildregister zu den »Historiae« verstanden werden: als eine Ergänzung zu ihrem alphabetischen Regime. Ausgehend von den praktisch gegebenen Verhältnissen und Kontexten bieten sie einen alternativen Einstieg in die »Historiae«. Mit ihrer »natürlichen« Ordnung war eine Dimension in die Naturgeschichte eingeflossen, die über den überschaubaren Kreis der sprachorientierten Humanisten hinaus für eine offenbar informationshungrige Schicht von neuen Lesern von Interesse war,[138] die über die »natürliche Ordnung« der »Icones« einen eher sachlich orientierten Zugang zu den alphabetisch geordneten »Historiae« erhielten.

---

134 Dieses Vorhaben hatte der Verleger Froschauer im ersten Band der »Historiae animalium« bereits angekündigt. Dort wurde ein Kompendium dieses Werkes (also der »Historiae«) unter Weglassung des philologischen und sprachlichen Apparates versprochen. Auch Gessner kündigte im ersten Buch der »Historiae« ein solches Kompendium an, »um denen entgegenzukommen, die nur über geringe Mittel verfügen oder wegen anderer Ziele nicht allzu viel Zeit auf das Studium der Tierwelt verwenden können oder sollen.« Steiger in: Gessner 1967 (AK), S. 129.

135 »Ex his commentarije postea fiet Epitome, ita ut certa tantum & vera, aut maxime probabilia accuratè[m] deligatur, & sicut dixi rerum dumtaxat cura habeatur, non etiam verborum. Quicquid ad philologiam aut Grammaticam facit, poetica, proverbia, similia, fabulae, superstitiosa, superflua, dubia, falsa, obscura, pugnantia, & quicquid est huiusmodi omittantur. Authori nomina non citentur, Stilus esto purus, elegans, & aequalibilis: elocutio, brevis & arguta«. Gessner 1555, Conradi Gesneri ad lectorem, ohne Seitenzählung. Zitiert nach der Übersetzung von Rudolf Steiger in Conrad Gessner (AK) 1967, S. 128–129.

136 Gessner bezeichnete die »Historiae animalium« an dieser Stelle als »Pandekten«, also genauso wie das Referenzwerk zur »Historia universalis« seiner Universalbibliografie. Siehe auch Conrad Gessner (AK) 1967, S. 128–129.

137 Nicht belegtes Zitat nach Lucien Braun: »J'ai essayé, dit-il, de suivre dans les Livres d'images un ordre naturel, et de rapprocher les animaux qui paraissaient appartenir à la même classe ou espèce«; Braun 1990, S. 73.

138 Die natürliche Ordnung der »Icones« in Verbindung mit der Reduktion auf das aus heutiger Sicht Faktische – die bildliche Darstellung und die Bezeichnung – sollte nicht als Hinwendung zu modernen wissenschaftlichen Techniken interpretiert werden. Dies meint auch Harms 1989, S. 120, im Anschluss daran Friedrich 1995, S. 149. An den »Icones« waren andererseits keineswegs nur Laien interessiert. Achilles Gasser zum Beispiel forderte die »Icones« mehrfach nachdrücklich bei Gessner an. Burmeister 1975, S. 302, 321, 328.

Der reguläre Zugang zu den »Historiae« bot sich einem Leser mit Hilfe der vielsprachigen alphabetischen Register, welche die Namen der Tiere aufschlüsseln. Diese Register enthalten also die Tierbezeichnungen in allen wichtigen Sprachen und verweisen über Seitenzahlen auf die Stelle im Buch, an der das entsprechende Tier in einem monografischen Kapitel behandelt wird. Als Ordnungswörter dieses Nachschlagewerkes dienen die lateinischen, beziehungsweise latinisierten Bezeichnungen, die grundsätzlich an ein dokumentarisches Bild des Tieres gebunden sind. Diese alphabetisch geordnete Nomenklatur hat Gessner mit einer zweiten, inhaltlichen Systematik gekoppelt, die mit den Buchstaben A bis H codiert wurde. Den Buchstaben ordnet Gessner jeweils ein Sachgebiet zu. In der Rubrik »A« wird die Etymologie der Tierbezeichnungen in verschiedenen Sprachen behandelt, unter »B« die geografische Verbreitung eines Tieres, in der Rubrik »C« die körperlichen Eigenschaften und Gewohnheiten, unter »D« die Affekte und der Charakter des Tieres. Die Rubrik »E« handelt vom Nutzen oder den Verwendungsmöglichkeiten für den Menschen, »F« behandelt die Verwendung und Verarbeitung in der Küche, »G« beinhaltet Informationen über die Medikamente, die aus dem Tier gewonnen werden können, unter »H« sammelte Gessner Informationen zur Philologie der Bezeichnung eines Tieres sowie zu seinen symbolischen Bedeutungen, Emblemata oder Sprichwörter.[139] Er schuf somit ein Koordinatensystem aus alphabetischem Index und inhaltlicher Systematik, das es ermöglicht, verschiedene Wissensgebiete miteinander zu koordinieren und auf einen gemeinsamen Schnittpunkt auszurichten. Dabei wurden so disparate Sinnzusammenhänge wie Sprichwörter und Kochrezepte, allegorische Bedeutungen und Heilanwendungen, die Lebensweise und das Vorkommen eines Tieres, die Etymologie seiner Gattungsbezeichnung und sinnverwandte Wörter und Wendungen unmittelbar nebeneinander dargelegt. Gessners Koppelung von alphabetischer und systematischer Ordnung war eine Neuerung, die es ermöglichte, die Wissensgebiete, in denen Tiere bisher eine mehr oder minder große Rolle spielten, auf einen neuen Schwerpunkt auszurichten. Diese Neuausrichtung war mit einem Bruch verbunden, der im Text unmittelbar erkennbar ist. Das Ergebnis ist eine Textcollage; das Buch besitzt keinen Fließtext, sondern ist als Zitatenreihung inhaltlich diskontinuierlich organisiert. Um Platz zu sparen, ist Unterschiedliches nicht durch einen Absatz, sondern durch ein Absatzzeichen »¶« voneinander getrennt. Ein Beispiel verdeutlicht, was das für einen Leser bedeuten konnte. Suchte er beispielsweise Sprichwörter, in denen die Gans vorkommt, griff er zum dritten Buch der »Historiae«[140] und schlug im Register unter dem Stichwort »Gans« nach. Hier wurde er auf das Kapitel »De Anserium« verwiesen, deren Unterkapitel »H« entsprechend philologische Informationen, Emblemata und Sprichwörter enthielt. Dieses Kapitel bietet als letztes und umfangreichstes Kapitel auch etymologische Details, wie eine Liste von Pflanzennamen, in denen das Wort »Gans« vorkommt: »gensdistel, genzkraut, genzzungen, genzblum.«[141] Hier wurden auch Lautassoziationen dokumentiert, wie die deutsche Wendung »wie die Gänse schnattern«: »De voce anserum Germani quidam, ni fallor, utuntur verbo schätteren,

---

139 »Ordinis ratio, quem per singulas fere Animalium historiae fecuti sumus«. Gessner 1551, ohne Seitenzählung. Dazu auch Steiger in Gessner 1967 (AK), S. 129; Friedrich 1995, S. 58–70.

140 Das ist der dritte Band der »Historiae«, »De avium natura«. Gessner 1555.

141 Gessner 1555, S. 149.

quod etiam ad muliebres blaterationes transferunt.«[142] Endlich finden sich hier auch die gesuchten literarischen Figuren, Tropen, Sprichwörter und Sinnsprüche samt ihren Deutungen: »De proverbio, Lampon iurat per anserem, pauló ante scriptum est. ¶ Coelum nó[n] animum mutant qui trans mare currunt, Horatius. eiusdem sententiae proverbium celebrat Germani, EIN GANZ ÜBER MEER / EIN GANZ WIDER HAER. hoc est, anserium etiam mari traiecto redit anser. Quidam sic efferunt; ES FLOG EIN GANZ ÜBER RHEIN / UND KAM EIN GAGAG WIDER HEIN. Nam gága de voce anseris per onomatopoetiam dicimus.«[143]

Der Text erfordert eine besondere Lesetechnik; wer ihn als Fließtext liest, erntet gelehrten Unsinn. Dieses geradezu komische Potential haben auch die Zeitgenossen Gessners erkannt. Dass sich hinter der Sehnsucht nach Vollständigkeit die Verzerrungen von Ordnungswut verbergen, wurde sofort Gegenstand literarischer Grotesken und Parodien. Rabelais nutzt unendliche Listen und Aufzählungen in »Gargantua und Pantagruel«, um diese sinnleere Seite der Kataloge darzustellen, er spielt mit der Absurdität von Wiederholungen und übertreibt sie. Die Bücherliste aus dem siebten Kapitel des zweiten Buchs des Pantagruel: »Wie Pantagruel nach Paris kam und von den schönen Werken in der Sankt Viktoris Bibliothek« greift viele Motive der zeitgenössischen Buchgelehrsamkeit auf.[144] Punktgenau trifft die Intellektuellen und Bibliophilen dieser Zeit auch Johann Fischarts Persiflage des »Catalogus catalogorum«.[145] Fischarts 1590 erschienener satirischer Buchkatalog kann auch als Persiflage auf Gessners »Bibliotheca universalis« gelesen werden. Sein Katalog spielt mit den Titeln bekannter Abhandlungen und kehrt die Ernsthaftigkeit dieser Werke ins Groteske. Die Komik dieser Liste erschließt sich allerdings selbst nur wenigen Belesenen, weil sie grundsätzlich auf Titel von bereits gedruckten Büchern anspielt.[146] Beide Autoren haben sich von der Kultur inspirieren lassen, der auch Gessners bibliophile Textbruchstückkataloge angehören. Gessners »Historiae« erforderten also einen überaus souveränen Leser, der mit Texten und ihren Diskontinuitäten professionell umzugehen wusste. Mit der Publikation von Gessners »Historiae« erreichte diese Technik der Naturgeschichtsschreibung ihre Grenzen. Doch auch eine Neuorientierung zeichnet sich hier bereits ab.

Obwohl sich Gessner in seinem universalistischen Ansatz auf viele Traditionen berufen konnte, ist doch unübersehbar, dass die »Historiae« allein durch ihre Ordnung eine neue Perspektive entwickelten, die über die bis dahin herrschenden Vorstellungen von Naturgeschichte hinausging. So half einem Prediger die Nomenklatur nur sehr wenig, wenn er eine passende Allegorie zur Darstellung einer moralischen Tugend suchte. Auch einem Arzt auf der Suche nach einer Arznei nützte diese Ordnung nichts. Was die »Historiae« erschlossen und worauf

---

142 Auch Beschreibungen über Missbildungen bei Gänsen und Mythen, in denen Gänse vorkommen, sind in diesem Kapitel dokumentiert: »Vidimus aliquando anserem bicorporem: & nusquam erant connexa corpora nisi in dorso: bicipitem, aliis quaternis ac totidem pedius. & ibat ad quamcumqu[e] partem convertebatur. Fuit autem brevis vitae, Albertus de animalibus 18.6. ¶ Eriphus poëta (Athenaeo teste) ex ovo anserino Ledam (imo Helenam) natam ait. alij simpliciter ex ovo. Vide in AQUILA, h, in metamorphsi Iovis in aquilam.« Gessner 1555, S. 149–151.

143 Gessner 1555, S. 152.

144 Rabelais 1994, S. 209–216.

145 Fischart 1993 [1590].

146 Weiteres in der Einleitung von Michael Schilling. Fischart 1993 [1590].

sie immer wieder den Blick lenkten, war ein durch Bild und Bezeichnung identifiziertes Tier, beispielsweise die Gans, dem vielfältige Geschichten zugeordnet wurden.[147] Mit seinen Bemühungen um eine neue Beschreibung der Natur stand Gessner keineswegs allein. Pierre Belon und Guillaume Rondelet in Frankreich sowie Hippolyte Salviani in Rom arbeiten fast zur gleichen Zeit an monografischen deskriptiven Abhandlungen über Fische und Vögel. Gessner korrespondierte mit diesen Autoren, profitierte von ihnen und referierte ihre Arbeit, stellt sie aber quantitativ in den Schatten.[148]

Auch im Hinblick auf seine alphabetische Ordnung konnte Gessner auf Vorbilder zurückgreifen, die er vor allem in mittelalterlichen und antiken Naturbeschreibungen fand. Das Alphabet als Systematisierungsinstrument ist keine Innovation, so modern dieses Prinzip auch anmutet. So hatte bereits Isidor von Sevilla seine »Etymologien«[149] alphabetisch sortiert; das »Liber de natura rerum« von Thomas von Cantimpré[150] folgte ebenfalls einer alphabetischen Sortierung, wie auch die Reihenfolge der Naturallegoresen des »Physiologus« eine alphabetische ist.[151] An diesen Autoren konnte Gessner sich für den Entwurf seines Ordnungssystems orientieren. Ähnliches gilt auch für sein Arbeitsverfahren. Selbst sein heute noch ungemein modern anmutendes Verfahren wissenschaftlicher Textverarbeitung war unter den Gelehrten des 16. Jahrhunderts nicht unbekannt,[152] Gessner selbst hatte es für die »Bibliotheca universalis« schon einmal angewandt. Dabei handelt es sich um ein in der frühen Neuzeit oft praktiziertes Verfahren der Literaturauswertung durch »Verzettelung« von Literatur.[153] Die exzerpierten Stellen werden dabei auf Zettel notiert, ausgeschnitten und dann nach neuen Kriterien, meist sogenannten Gemeinplätzen, also »loci communes«, neu geordnet.[154] Die Zettel wurden dann entweder in Katalogbücher geklebt oder, was flexibler war und auch von Gessner praktiziert wurde, hinter zwei gespannte Schnüre geklemmt und fixiert.[155] Somit hat Gessner für seine Textarbeit ein Verfahren angewandt, das Thomas Platter später in ähnlicher Weise für die Bilder seines Fossilienalbums anwenden sollte. Wie Gessner die Textstellen, hatte Platter die Umrisse der Fossilienbilder ausgeschnitten und neu geordnet. Bilder und Texte wurden durch manuelles Ausschneiden and Einfügen rekontextualisierbar. Wie es scheint, steht am Beginn der moder-

147 Auch über die Hintergründe der Natur der Gans erfuhr man in den »Historiae« relativ wenig. Gessner war sich dieses Problems durchaus bewusst, sah es aber nicht als Widerspruch zu seinem Anliegen. So zitiert Udo Friedrich in diesem Sinne die zeitgenössische kritische Stimme von Levinus Lemnius aus dem Jahre 1579 gegenüber Gessners Naturgeschichte. Friedrich 1995, S. 1.

148 Belon 1551 und 1553; Rondelet 1553; Salviani 1554.

149 Isidor 1988.

150 Thomas von Cantimpré (1201–1270), Naturforscher, Enzyklopädist und Hagiograph. Sein »Liber de natura rerum« war das Vorbild für spätere Autoren, etwa Megenbergs »Buch der Natur«.

151 Vergleiche dazu Harms 1989, 356–357. Gessner selbst nennt Aristoteles, Oppian, Plinius, Avicenna, Boethius und Galen sowie die Heilige Schrift im Vorwort des ersten Bandes als Vorbilder. Gmelig-Nijboer 1977, S. 156–159; Friedrich 1995, S. 17–24.

152 Auch Ulisse Aldrovandi bediente sich dieser Methode. Vgl. Riedl-Dorn 1989, S. 61–63.

153 Das Verzetteln ist wörtlich und nicht im übertragenen Sinne zu verstehen. Zu Gessners Katalogsystem, in dem mit Zetteln gearbeitet wurde, siehe Zedelmaier 1992, S. 99–118 sowie auch Krajewski 2002.

154 Exemplarisch für das weite Forschungsfeld der »loci communes« sei an dieser Stelle Moss 1996 angeführt.

155 Siehe dazu auch Anmerkung 153.

nen Naturwissenschaft geniale Textverarbeitung. Doch hat Gessner nicht nur Texte zirkulieren lassen, sondern auch Bilder. Beide Ebenen, die Auseinandersetzung mit antiken Textquellen und die Arbeit mit Bildern, stellen im Wirken Gessners keine widersprüchlichen Erkenntniswege dar, sondern bedingen sich gegenseitig. Neben die Textarbeit tritt ein neuartiger Umgang mit Bildern. Dabei stellt sich vor allem die Frage, wie sich diese historiografischen Arbeitstechniken mit dem so oft hervorgehobenen empirischen Interesse Gessners vertragen und welches spezifische Wissen Bilder in diesem Kontext repräsentieren konnten.

Die sichtbare Welt als neue »res ipsa«

Die Bilder der »Historiae« stellten nicht nur die jeweiligen Tiere dar, sie erfüllen bei Gessner darüber hinaus eine zentrale Funktion bei der Systematik des Buches. Immer an den Anfang eines Kapitels gesetzt und durch verifizierende Titel autorisiert, bilden die Bilder zusammen mit der lateinischen Bezeichnung die Überschrift jeden Kapitels (Abb. 9). Erst aus dieser Koppelung von Bezeichnung und Bild entsteht die alphabetische Ordnung, die das Gerüst der »Historiae« bildet.[156] Gessners neue Ordnung beruht also auf namentlich identifizierten Bildern, denen alle Geschichten nachgeordnet werden. Sie repräsentieren den eigentlichen naturhistorischen Gegenstand, die »Sache selbst«, wie Gessner es formulierte: »Ex rebus ipsis potuis utilitatem consequi oportent«.[157] Welche Prioritäten Gessner dabei setzte, wird anhand seines unterschiedlichen Umgangs mit Bildern und Bezeichnungen deutlich. Hat Gessner zwar das Bild eines Tieres besessen, ohne dass ihm eine lateinische Bezeichnung des Tieres bekannt war, so hat er eventuell fehlende Namen im Notfall auch selbst gebildet. Im umgekehrten Fall, wenn Gessner kein dokumentarisches Bild zu einem in der Überlieferung bekannten Tier besaß, hat er dessen Bild keineswegs selbst hergestellt. Er bat dann unter Kollegen und Lesern um Hilfe bei der Beschaffung einer entsprechenden dokumentarischen Darstellung. Selbst anfertigen oder erfinden, wie die Bezeichnungen der Tiere, konnte er das Bild nicht. Ausschlaggebend dafür, dass ein Tier naturhistorisch relevant wurde, ist für Gessner also in erster Linie seine physische Existenz, nicht sein Name allein. Da diese Existenz in Bildern vermittelt wird, spricht Gessner nur von Tieren, von denen ein dokumentarisches Bild existiert, oder von denen man ein Bild herstellen kann.[158] Die spezifische Weise, wie die »Sache selbst« in Gessners Naturgeschichte präsent wird, ist Ergebnis einer paradigmatischen semantischen Verschiebung innerhalb der Naturkunde. Denn bis dahin war dieser visuelle Aspekt nebensächlich, da Natur in

156 Zum Verhältnis von Namen und Dingen, also »res« und »verba«, siehe auch Friedrich 1995, S. 93. An erster Stelle stehen bei Gessner dabei die Dinge selbst, Natur erhält den Status einer Wissensgrundlage, der »res sensilis« oder der »res experientia«. Friedrich 1995, S. 52.

157 Zitiert nach Gmelig-Nijboer 1973, S. 47.

158 »Ergo quae figurata & formata sunt, pingi possunt, quae figura formaqu[e] carent, non possunt, ut elementa & similaria sev simplicia […] corpora tum mundi huius, tum singulorum etiam mixtorú[m]: quoru[m] sua cuiqu[e] proxima propiaqu[e] sunt elementa: ut homini sanguis, pituita & utraqu[e] bilis.« Gessner 1565, S. 2r; Das ausführliche Zitat in Anmerkung 94.

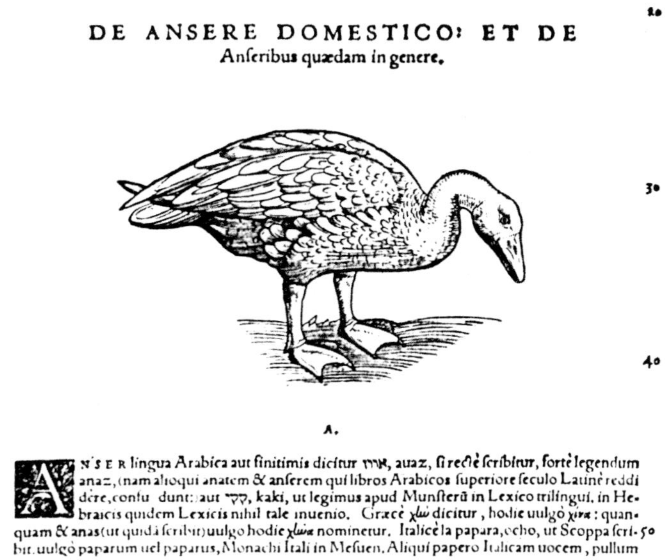

DE ANSERE DOMESTICO: ET DE
Anferibus quædam in genere.

A.

ANSER lingua Arabica aut finitimis dicitur אוז, auaz, si rectè scribitur, fortè legendum anaz, (nam alioqui anatem & anserem qui libros Arabicos superiore seculo Latinè reddidere, confu[n]dunt:) aut קקי, kaki, ut legimus apud Munsterū in Lexico trilingui. in Hebraicis quidem Lexicis nihil tale inuenio. Græcè χὴν dicitur, hodie uulgò χῆνα: quanquam & anas (ut quidā scribit) uulgo hodie χῆνα nominetur. Italicè la papara, ocho, ut Scoppa scribit. uulgò paparum uel paparus, Monachi Itali in Mesuen. Aliqui papero Italicam uocem, pullum

9 Conrad Gessner, De ansere domestico, Historiae animalium, 1555.

erster Linie als Signifikat mit Bezug auf den Schriftsinn der Bibel relevant war. Dieser Schriftsinn repräsentierte die eigentliche Sache. Er war die »res ipsa«, welche mit Hilfe des »sensus allegoricus«, des »sensus moralis« und des »sensus eschatologicus« auf die »res tantum«, auf Gott, der selbst keinen zeichenhaften Charakter mehr besaß, verwies.[159] Zwar deutete sich in einigen mittelalterlichen Schriften bereits eine Aufwertung der animalischen Welt an. So wurden in den Beschreibungen des Physiologus immerhin Tierallegorien dazu genutzt, das Wesen Gottes zu beschreiben.[160] Die Bedeutung von Natur war im Wesentlichen aber in der Sprache eingeschlossen. Dies hatte im 7. Jahrhundert Isidorus von Sevilla in seinem »Etymologiarum« beispielhaft vorgeführt, indem er die Bedeutung eines Tieres aus seiner Etymologie oder seiner konventionell festgelegten Sinnbildlichkeit ableitete.[161] Wie die Tiere aussehen und ob sie existieren, ist in dieser Semantik relativ zweitrangig. Im »Physiologus« konnte, wie Paul Michel recherchiert hat, ein rätselhaftes Tier wie der Enhydros in sehr verschiedener Gestalt dargestellt werden, wobei keine der Darstellungen tatsächlich falsch war oder als falsch angesehen werden konnte.[162] Entscheidend war, dass der Betrachter wusste, welche Bedeutung der Enhydros im »Physiologus« erhalten hatte: er war ein Symbol für das Wirken Christi in der Welt.[163]

---

159 Anschaulich stellt Paul Michel diese Signifikatenkette mit Augustinus' Zeichenlehre dar. Michel 1979, S. 41–50.

160 Über die Tiersymbolik der frühen Neuzeit: Ritterbusch 1995; zum Physiologus: Macho 1998, S. 325.

161 Isidor von Sevilla 1988 [1911].

162 Michel 1979, S. 35.

163 Physiologus 1987, S. 48. Zitiert nach Michel 1979, S. 34. Siehe auch Henkel und Schöne 1996, S. 670 f. Die Bezeichnung »Enhydris« trägt heute eine asiatische Wasserschlange. Eine ähnliche Bedeutung hatte das im »Physiologus« beschriebene Ichneumon.

Das Tier wird wie folgt beschrieben: »Der Enhydros hat die Gestalt eines Hundes. Er ist ein Feind des Krokodils. Wenn das Krokodil schläft, hält es den Mund offen. Nun geht aber der Enhydros hin und bestreicht seinen ganzen Leib mit Lehm. Und wenn der Lehm trocken ist, springt er in den Mund des Krokodils und zerkratzt ihm den ganzen Schlund und frisst seine Eingeweide. Also gleicht das Krokodil dem Teufel, der Enhydros aber ist zu nehmen als Abbild unseres Heilandes. Denn indem unser Herr Jesus Christus den Lehm des Fleisches angezogen hatte, fuhr er hinab zur Hölle und löste die Traurigkeit des Todes.«[164] In Conrad Gessners Naturgeschichte gibt es das Tier Enhydros nicht, aber er hat ein anderes Tier mit dem Enhydros des »Physiologus« identifiziert: das Ichneumon.[165] »Ichneumon, ..., hydri sive enhydri, id est lustrae species est in Aegypto: quanquam Marcellinus & Solinus non ichneumonem hydri, sed hydruichneumonis speciem facit, quasi hydrus latius pateat, quod non placet, ... Enhydros, inquit Isidorus, est bestiola volatile (lego fluviatile) in Nilo fl. inimicum crocodilo.«[166] Gessner hat die Informationen aus dem »Physiologus« in die »Historiae« aufgenommen, doch er weist ihnen einen neuen Stellenwert in der Naturgeschichte zu. Die überlieferten Aussagen werden an einem neuen Maßstab gemessen. So ordnet er Eigenschaften des Enhydros, seine Feindschaft zu dem Krokodil, einem bekannteren Tier, dem Ichneumon, zu. Diese Feindschaft wird hier zu einer allgemeinen Eigenschaft, sie ist kein Sinnbild mehr. Wichtiger als die Sinnbildlichkeit der Tiere war für Gessner die Frage, wie dieses so schwer zu fassende Tier tatsächlich aussehen könnte. Er verfügte über kein aktuelles Bild des Tieres und musste sich mit einer Darstellung des Ichneumons aus einem venezianischem Manuskript Opians abfinden.[167] Wie seine Vorgänger ist Gessner auf Überlieferung angewiesen, er wertet und gewichtet diese jedoch anders. Aus Symboltieren werden Wesen, die man beobachten kann, aus symbolischen Bedeutungen werden Eigenschaften. Die Neuorientierung der Naturgeschichtsschreibung, deren Anfänge bei Gessner zu verzeichnen sind, brachte also eine Neubewertung der überlieferten Informationen mit sich; sie bedeutete keineswegs einen völligen Bruch mit der Tradition.

Unterschiedlich groß, manchmal nach links und manchmal nach rechts gedreht, manchmal eine ganze Seite einnehmend, zuweilen aber auch in den Textfluss eingefügt, stechen die Bilder vom ansonsten sehr gleichmäßigen Satzspiegel der »Historiae« ab.[168] Diese formale Widerständigkeit ist, wenn auch nur im übertragenen Sinne, symptomatisch für den Stellenwert der Bilder im Buch. Sie besitzen einen dem Text analogen Stellenwert, der sich, anders als im Fossilienbuch, nicht direkt aus dem Inhalt des Texts ableiten lässt. Der Zusammenhang zwischen Bild und Text ist eher ein systematischer; das Bild bezeichnet zusammen mit der lateinischen Bezeichnung den Gegenstand der im Text gegebenen Naturgeschichte, die »Sache selbst«.

---

164 Physiologus 1987, S. 48. Zitiert nach Michel 1979, S. 34

165 Heute bezeichnet man damit eine große Zahl afrikanischer Arten der Mangusten. Im engeren Sinne meint »Ichneumon« die mit dem indischen Mungo eng verwandte Art »Herpestes ichneumon«.

166 Gessner 1551, S. 635.

167 «Ichneumonis hanc imaginem, cui partim tribui, ex vetusto manuscripto codice Oppiani Venetijs nectus sum.« Gessner 1551, S. 635.

168 Das gleichmäßige Schriftbild der Antiqua ist überaus ausgewogen; auch der sehr aufwendige Einsatz von unterschiedlichen Schrifttypen, je nach Originalsprache des Zitats, ist in den makellosen Schriftsatz eingeflossen.

Bild und Bezeichnung definieren die Natur, um die alle Texte kreisen. Angesichts dieses besonderen Status bedurften die Abbildungen einer spezifischen Verifikation.

Dies geschah mit der formelhaft wiederholten Aussage, dass seine Bilder »wahr« seien, da sie nach dem Leben hergestellt wurden. »Qualescunque sint autem, verae sunt, hoc est, vel ad naturam factae: vel ad archetypum alterius authoris qui semper nominatur.«[169] Wenn sie zuweilen nicht schön und elegant wären, so sei das die Schuld des Druckers, der Maler und Holzschneider. Dessen ungeachtet seien sie jedoch wahr, da sie nach der Natur erstellt wurden. Mit diesem Wahrhaftigkeitspostulat ist Gessners Bildpolitik dem christlichen Konzept einer »vera icon« [170] durchaus vergleichbar. Besonders in seinen Beschreibungen bezieht er sich indirekt auf das spirituell-christliche Bildkonzept der spätmittelalterlichen »vera icon«.[171] Doch auch strukturell lässt sich das wissenschaftliche mit dem spirituellen Bildkonzept vergleichen. So wurden Gessners »verae icones«, wie die »vera icon«,[172] nicht als Werk eines Autors verstanden. Dagegen beteuert Gessner eindringlich, dass er und seine Freunde keine Mühen gescheut hätten, um lebensnahe Bilder, »omnes ad vivum fieri aut ipse curavi, aut ab amicis fide«[173] zu erreichen. Um dies zu erlangen, seien sie selbst den gefährlichsten Bestien entgegengetreten. »Nam animalia quaedam viva, propter periculum ex crudelitate ipsorum aut vi veneni, quis commnius inspicere sustineat/ut faevos leones, ursos immanes, crudelissimas tigres, radibas pantheras, infestissimos crocodilos, & in mari canes, silures, lamias, cete.«[174] Diese unerschrockenen Feldforscher »avant la lettre« haben jedoch den Status von Zeugen, nicht von Autoren. Zur Verifikation der naturhistorischen Abbildungen war daher ein genauer Bildnachweis notwendig.[175] Über die

---

169 »Hoc non diffiteor: picturas nostras non ubique elegantes aut accuratissimas esse: sed eam culpam (si quae est) in typographum, qui sumptus sustinebat, inque pictores & sculptores reijcio. Qualescunque sint autem, verae sunt, hoc est, vel ad naturam factae: vel ad archetypum alterius authoris qui semper nominatur.« Gessner 1551. Praefatio, De Iconibus, b 2 verso.

170 Zum Bildtyp der christlichen »vera icon« Belting 1990; Wolf 2002.

171 »Nostrae vero icones, quas omnes ad vivum fieri aut ipse curavi, aut ab amicis fide dignis ita factas accepi, (nisi aliter admonverim, quod rarum est) quovis tempore & perpetuo se spectandas volentibus, absqu[e] labore, absqu[e] periculo, offere[n]t. Nam animalia quaedam viva, propter periculum ex crudelitate ipsorum aut vi veneni, quis comminus inspicere sustineat & ut faevos leones, ursos immanes, crudelissimas tigres, rabidas pantheras, infestissimos crocodilos, & in mari canes, siluros, lamias, cete: deniqu[e]venenata viperarum, aspidum, chelydrorum, et alia serpentium ferarumqu[e] genera, quae vel solo aspectu, cornibus, rictu, dentibus, unguibus, calcibus, aut aliter vulnera & mortes minitantia, protinus homini se inimica declarant. Atqui eadem picta non modo sine terrore, verum & iucunde[m] spectamus: tanto maiori quam innoxias animantes voluptate, quanto minus viva accurate & de proximo inspicere sustinemus: Cuius rei causam Aristoteles etiam in problematis inquirit. Optassem equidem cum suis coloribus excudi potuisse effigies: quod quoniam fieri non potuit, typographus pro ijs qui sumptum facere aliquanto maiorem non recusabunt, exemplaria aliquot pictoris manu coloribus illustranda ad archetypum nostrum curavit.« Gessner 1551. Ordinis Ratio, De Picturis Animalium in hoc Opere, ohne Seitenzählung.

172 Im Mittelalter Bezeichnung für bildliche Darstellungen von Christus oder Maria, die auf übernatürliche Weise entstanden und von daher besondere Authentizität beanspruchen. Freedberg 1989; Belting 1990; Wolf 2002; Bredekamp 2003, S. 357–360.

173 Siehe Anmerkung 171.

174 Siehe Anmerkung 171.

175 Ähnliches gilt auch für die christliche »vera icon«; auch sie besitzt konzeptionell keinen künstlerischen Autor, sondern repräsentiert ein Original, das in der Regel von anonymen Händen in Werkstätten reproduziert wurde. Über die Legenden der Entstehung beziehungsweise der Ankunft der »vera icon«: Belting 1990, S. 60–91.

Herstellung der Abbildungen und die Bildquellen[176] gibt Gessner deshalb prinzipiell sehr genaue Auskunft, und die Bilder erhalten einen Status, der dem von Büchern gleichgestellt ist. So rückt Gessner die Liste seiner Bildlieferanten an den Anfang seiner »Historiae«. Sie steht gleichberechtigt neben der Liste der zitierten antiken und zeitgenössischen Autoren. In dieser Aufzählung nennt Gessner insgesamt 51 Personen, die durch Korrespondenzen, durch Berichte, durch Zusendung von Bildern zum Buch beigetragen haben; fast alle waren direkte oder indirekte Briefpartner Gessners.[177] Auch fordert er seine Leser immer wieder zur Mitarbeit und zur Korrektur auf. Bereits in den »Pandekten« der »Bibliotheca universalis« hatte Gessner eine Liste mit Tiernamen abgedruckt, wobei er all jene mit einem Sternchen markiert hatte, von denen er schon Bilder besaß. In allen anderen Fällen bat er seine Leser um Hilfe. Die Abbildungen konnten also nicht nur in der wissenschaftlichen Sammlungspraxis »die Sache selbst« ersetzten, wie anhand Platters Fossilienbildsammlung deutlich wurde. Sie repräsentierten auch in den »Historiae« die »res ipsa« im Sinne des Erkenntnisgegenstandes.

Gessners Arche

Neben den Informationen, die in den »Historiae« gegeben werden, weisen zahlreiche Textstellen im Briefwechsel Gessners darauf hin, dass er dokumentarische Bilder gezielt gesammelt, von Freunden erbeten und zugesandt bekommen hat. In seinem Naturalienkabinett gab es neben Büchern, Manuskripten und Briefen, Herbarien und Zeichnungen von Tieren und Pflanzen auch physische Objekte und lebende Tiere.[178] Hier bewahrte Gessner vermutlich auch die Steine und Fossilien, antiken Münzen und Siegel auf, die er in seinem Fossilienbuch abgebildet hat (Abb. 10, 11 und 12). Ein fossiler Taschenkrebs aus Gessners Sammlung befindet sich noch heute im Naturhistorischen Museum Basel.[179] Viele Hinweise auf seine Fossiliensammlung bietet aber auch Gessners Briefverkehr. So beriet er sich mit seinem Briefpartner Achilles Gasser[180] häufiger über das Thema, wobei auch Fossilien, medizinische Erfahrungen und Methoden, Bücher und Rezepte ausgetauscht wurden. Vor allem Gasser scheint dabei viele Objekte geschickt zu haben. Manchmal erbittet Gessner auch konkrete Informationen, wie eine Probe des seltenen und kostbaren Bozoar: »Ob ihr nun diesen Stein oder irgendetwas anderes über irgendwelche Steine oder Metalle, wenn es nur etwas Seltenes und Sehenswertes ist, zur Ansicht oder in einer Beschreibung schickt, du oder Herr Stengel, aus eurem Besitz oder dem anderer, denen ihr euch als verlässlich erweist, würde mich überaus freuen und euch bei den einzelnen

---

176 Gessner listet im Vorwort die Namen einiger Künstler auf, von denen er Bilder erhielt. Gessner 1551, ohne Seitenzählung. Für die Stiche war außerdem der Strassburger Holzschneider Franz Oberrieter zuständig. Außer Lucas Schan werden auch noch Hans Asper, Johann Thomann und Jos Murer als mögliche Bildzeichner genannt. Gmelig-Nijboer 1977, S. 78.

177 »Catalogus doctorum virorum, qui ut opus hoc nostrum & rem pub. literariam illustrarent, vel aliunde imagines animalium, aut nomina & descriptiones miserunt: vel praesentes communicarunt. Horú[m] nonnulli superius quoqu[e] nominati sunt, quòd insuper scriptis eorum publicatis adiutus sim.« Gessner 1551, ohne Seitenzählung.

178 Burmeister 1975, S. 368.

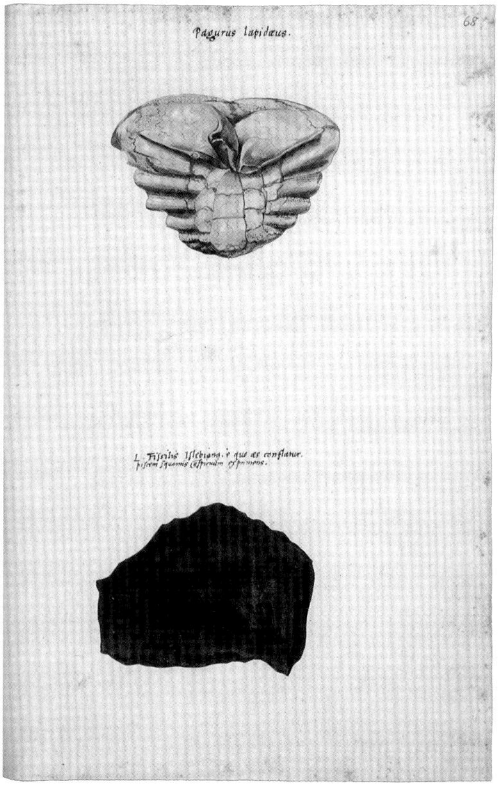

10 Fossiler Taschenkrebs, Fossilienbildalbum von Felix Platter, Blatt 68.

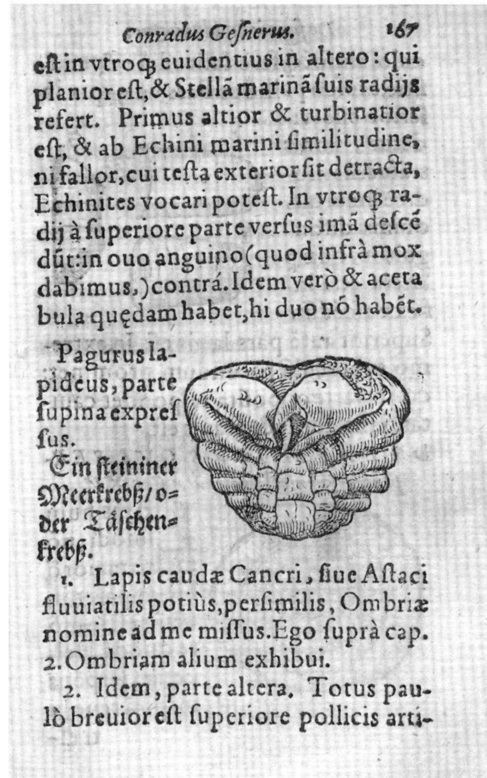
Conradus Gesnerus. 167

est in vtroq; euidentius in altero: qui planior est, & Stellā marinā suis radijs refert. Primus altior & turbinatior est, & ab Echini marini similitudine, ni fallor, cui testa exterior sit detracta, Echinites vocari potest. In vtroq; radij à superiore parte versus imā descē dūt: in ouo anguino (quod infrà mox dabimus.) contrá. Idem verò & acetabula quędam habet, hi duo nō habēt.

Pagurus lapideus, parte supina expressus.
Ein steininer Meerkrebß / oder Täschenkrebß.

1. Lapis caudæ Cancri, siue Astaci fluuiatilis potiùs, persimilis, Ombriæ nomine ad me missus. Ego suprà cap. 2. Ombriam alium exhibui.

2. Idem, parte altera. Totus paulò breuior est superiore pollicis arti-

12 Taschenkrebsfossil aus Conrad Gessners De rerum fossilium, 1565.

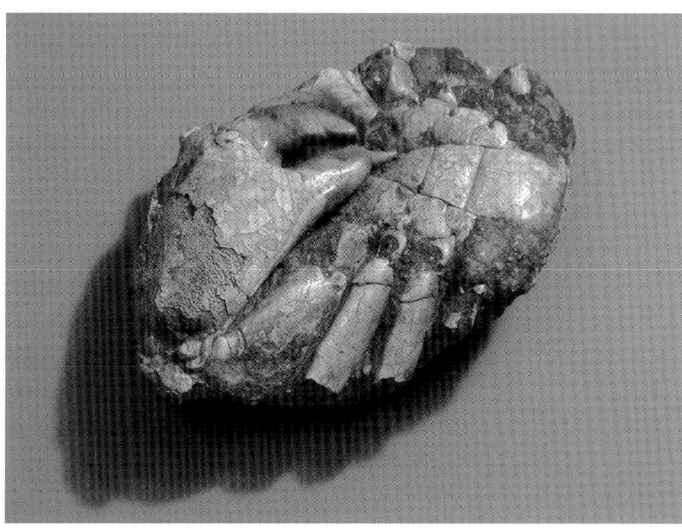

11 Pagurus lapideus, Fragment eines Taschenkrebs aus dem Nachlass Conrad Gessners im Naturhistorischen Museum Basel.

Gegenständen, die ich euch verdanke, ehrenvoll erwähnen.«[181] An anderer Stelle bedankt sich Gessner für einen Malachit, den er von Gasser erhalten und sogleich »zum Malen gegeben« habe. Zugleich kündigt er an, dass er aus dem Stein einen Farbstoff gewinnen will, seine medizinische Wirkung aber lieber nicht im Selbstversuch, sondern an »einigen Melancholikern« erproben möchte. Im gleichen Brief schreibt er auch von einem Talkstein und einem Magneten, den er von Gasser erhalten habe, erwähnt einen Bernstein und einen Falckenstein.[182] Umgekehrt hat Gessner immer wieder Bücher, wie die Icones-Bände der »Historiae animalium«, an Gasser geschickt.[183] Gessners Steinsammlung, der Malachit, der Magnetstein und der Talkstein, sind nicht erhalten, ebenso ist von den Tieren, die Gessner hier zuweilen gehalten haben soll, kaum etwas überliefert.[184] Die Briefe weisen jedoch darauf hin, dass es sie gab. Anhand seines Briefwechsels wird aber auch deutlich, dass Gessners Naturforschung und vor allem auch seine Naturbeobachtung auf einer kollektiven Arbeit beruhte. Der Tausch von Objekten und Bildern und somit von Erfahrungen stellte die Grundlage für Gessners naturphilosophische Arbeit dar. Dies erklärt auch, warum Gessner mit Bildern der »Historiae« so überaus kritisch und reflektiert umging.

Die Verifikation seiner Bilder als dokumentarische und wahrhaftige Abbildungen war die Grundlage dafür, dass die Zeichnungen konkrete und praktische Funktionen innerhalb der Sammlungen erfüllen konnten: sie stellten die »Sache selbst« der Naturgeschichte dar und wurden Gegenstand des Sammelns wie des Austausches, sie konnten sortiert, dekontextualisiert, in verschiedenste Zusammenhänge gestellt und als Druckvorlage genutzt werden.[185] Bei Gessner und seinen Zeitgenossen wird die Zirkulation von Bildern zu einer wichtigen wissenschaftlichen Informationstechnik. Dabei werden Erfahrungen nicht nur transportiert und ausgetauscht, sondern auch miteinander verglichen und kritisiert. Über die individuelle Erfahrung jedes Einzelnen hinaus wurde in den Bildern ein visueller Gemeinsinn, ein »Common sense« der Naturgeschichte, erarbeitet.[186]

Die große Bedeutung, die Gessner der sichtbaren Natur beimaß, brachte er sogar in der Gestaltung seiner Sammlungsräume zum Ausdruck. So lassen die Entwürfe für die Fenstergestaltungen noch erahnen, wie eindrücklich Gessner in der Einrichtung seines Studiolo sein

179 Veröffentlicht unter http://www.nmb.bs.ch/sammlungen/geowissenschaftliche-sammlung/palaeontologie-wirbellose-und-pflanzen/historische-sammlungen.htm (Stand Januar 2009).

180 Achilles Pirmin Gasser (1505–1577), Arzt, Naturforscher und Historiker. Zu seinen Patienten zählten Karl V., die Kurfürsten von Sachsen und der Pfalz, Pfalzgraf Ottheinrich, Ulrich Fugger. Er gehörte zu den wichtigsten Briefpartnern Gessners.

181 Burmeister 1975, S. 295.

182 Burmeister 1975, S. 367f. In anderen Briefen ist immer wieder von dem Austausch von Material und Erfahrung die Rede.

183 Burmeister 1975, S. 302, 321, 328.

184 Burmeister 1975, S. 367.

185 »Optassem equidem cum suis coloribus excudi potuisse effigies: quod quoniam fieri non potuit, typographus pro ijs qui sumptum facere aliquanto maiorem non recusabunt, exemplaria aliquot pictoris manu coloribus illustranda ad archetypum nostrum curavit.« Siehe Anmerkung 171.

186 Die Wendung spielt auch auf das damalige Prinzip der Ordnung von Sachwissen nach »Gemeinplätzen« (loci communis) an, deren Funktion später die Überschriften aus Namen und Bildern übernehmen.

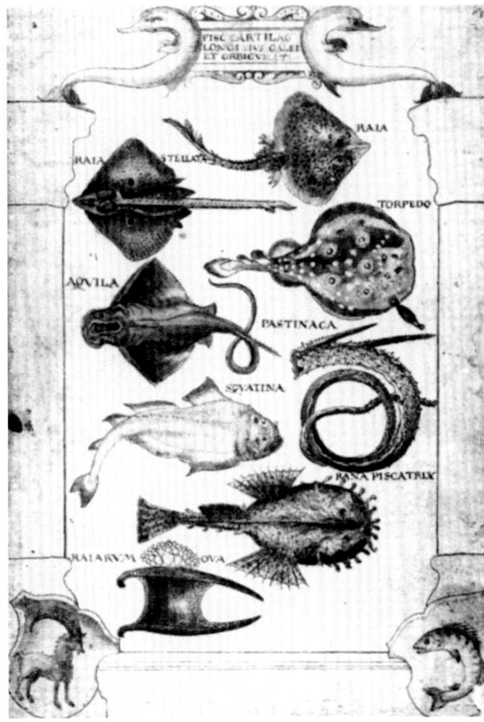

13 Fenstergestaltung von Großhans Thomann für Gessners Studio, nach 1550.

Selbstverständnis als Naturhistoriker zum Ausdruck bringen wollte.[187] Die von dem Zürcher Künstler Großhanns Thomann ausgeführten Entwürfe für die Gestaltung der Fenster der Gessnerschen Sammlung zeigen vier großflächige, prächtige und farbige Glasmalereien mit ausgesucht imposanten Meeresfischen. Falls diese Fenster je ausgeführt worden sind, hätten sie das Studiolo beim Blick durchs Fenster in eine virtuelle Arche verwandelt, Gessner in einen zweiten Noah, welcher Tiere und Texte vor der Sintflut des Vergessens bewahrt (Abb. 13).

3 Die Metaphysik des Sichtbaren

Der Körper als Spiegel Gottes

Bei aller Vehemenz, mit der Gessner seine Bildpolitik vertrat, bleibt zunächst offen, welches erkenntnistheoretische Surplus er sich von den in Bildern dokumentierten Naturformen versprach. Darüber geben Gessners Aussagen in den »Historiae«, dem »Libellus de lacte«[188] sowie

187 Die Fensterrisse stammen von Großhans Thomann, einem Zürcher Künstler, der sich auf Glaskunst spezialisiert hatte. Mehrere Entwürfe von ihm unter anderem im Katalog: Zürcher Kunst (AK), 1981.

188 Gessners »Libellus de lacte« erschien 1541.

in seinem Spätwerk über Fossilien[189] weitere Aufschlüsse. Im ersten Band der »Historiae« widmete Gessner den Bildern seines Buches eine längere Passage, in der er eine Brücke zwischen der Naturgeschichte und der Botanik[190] sowie zur Anatomie schlägt, also zu Wissenschaften, in denen die Arbeit mit Bildern bereits etabliert war. Waren in der Anatomie und in der Botanik kurz vor Erscheinen der »Historiae« neue wissenschaftlich-methodische Wege mit Hilfe von Bildern gesucht und gefunden worden, so stellte dies hingegen für die Naturhistorie ein neues Feld dar.[191] Zur Legitimation seiner neuen, bildorientierten Naturgeschichte zieht Gessner die Anatomie ausführlicher als Beispiel dafür heran, wie die Autopsie, also der eigene Augenschein, die Grundlage von Naturerkenntnis werden könne. Ausführlich erläutert er, dass die Autopsie einen wichtigen und schon in der Antike praktizierten Weg zu naturhistorischem Wissen darstelle. So hätte die Sektion von Körpern in der Antike zur allgemeinen Ausbildung gehört, denn bereits Schuljungen hätten die Anatomie neben der Mathematik und der Literatur erlernt. Selbst die Herrscher der Antike, so Gessner weiter, seien praktizierende Anatomen gewesen. Dies sei vom römischen Kaiser Marcus bekannt, auch von den ägyptischen Herrschern wüsste man, dass sie nicht zögerten, selbst Sektionen vorzunehmen.[192] Dieses Wissen ziele jedoch nicht auf eine praktische Nutzung, sondern diene allein dazu, die Natur kennenzulernen. Es gehöre vielmehr wie das Lesen und das Rechnen zum Grundwissen. Das Ziel dieser Autopsie, so betont Gessner wiederholt, liege jedoch außerhalb jedes pragmatischen Zusammenhangs. Dabei beruft er sich vor allem auf Aristoteles[193] und sein naturkundliches Vermächtnis, besonders aber auf die Wertschätzung des visuellen Sinnes, die zum Leitmotiv der »Metaphysik« wurde. Dort heißt es: »Alle Menschen streben von Natur nach Wissen. Dies beweist die Liebe zu den Sinneswahrnehmungen; denn ohne irgendeinen Nutzen werden sie an sich geliebt und vor allen anderen Wahrnehmungen die der Augen. Nicht nämlich nur zum Zweck des Handelns, son-

189 Gessner 1565.

190 Die Botanik war als Disziplin jedoch noch nicht etabliert. Die Erforschung der Pflanzen gehörte als Lehre von den Heilpflanzen, den »Semplici«, vielmehr zur Medizin.

191 In der Botanik ist dieser Prozess besonders gut nachvollziehbar. Die ersten illustrierten modernen botanischen Bücher erschienen in den 1530er, beziehungsweise den 1540er Jahren. Andreas Vesalius, der vor 1543 zur Drucklegung seiner »Fabrica« in Basel weilte, zählte Felix Platter zu seinen Freunden. Gessner zieht Vesal im Vorwort der »Historiae« als Kronzeugen für den Nutzen der Autopsie heran, ohne dabei seinen Namen konkret zu nennen. Brunfels 1532; Fuchs 1542; Vesalius 1543. Dazu auch Nissen 1951–1961; Kunze 1975; Hoeniger 1995; Kusukawa 1997; Lack 2001.

192 »Huc pertinet etiam quod proditum est, summos olim viros anatomes, hoc est dissectionis partium corporis humani perquam studiosos fuisse, & pueros etiamnum inter prima mathematica literarum in ea exercuisse. Petebant autem cognitionem illam partium corporis nostri, non ex ipsis statim humanis corporibus, sed aliarum animantium, ut simiarum, porcorum, canum, & aliarum quadrupedum inspectis, ut his rudimentis imbuti, promptius deinde ac certius in dissecando humano corpore versarentur. In primis autem Marcus Romanorum imperator, corporum consectionis, & singularum partium naturae peritus fuisse memorantur. Aegyptij reges suis ipsi manibus anatomen administrare non dubitarunt. Iam Boëtus & Paulus Sergius Romanorum consules, & alij quidam principes viri, Galeno animalia dissecanti saepe adfuisse leguntur.« Gessner 1551, Epistola nuncupatoria, ohne Seitenzählung. Eine Übersetzung ins Englische bei Gmelig-Nijboer 1977, S. 159.

193 Der seit der Übersetzung seiner Naturgeschichte im 13. Jahrhundert zur wichtigsten Inspiration für die verschiedensten Neuerungsversuche der Naturgeschichte seit dem sechzehnten Jahrhundert wurde. Lennox 2001; Perfetti 2000.

dern auch, wenn wir nicht zu handeln beabsichtigen, ziehen wir das Sehen so gut wie allen anderen Sinnen vor.«[194]

Ähnlich argumentierte Gessner in Bezug auf die Betrachtung der Natur. Darin, dass sie Vergnügen und Erstaunen bereite, läge eine der wichtigsten Eigenschaften der Natur. Schon Aristoteles habe dargelegt, dass es eine der wichtigsten Charakteristika der Natur sei, dass sie Bewunderung auslöse und Vergnügen bereite. Es seien wahrhaftig, so polemisiert Gessner weiter, kleinliche Seelen, die überall nur nach Nutzen und Profit suchten. Der Gesang der Nachtigall, das Funkeln der Edelsteine, die Körper von Ameisen und Bienen seien aber nicht eigentlich profitabel.[195] Ihr Nutzen läge weit jenseits jeder Pragmatik. Vielmehr würden besonders letztere in ihrer Kleinheit veranschaulichen, wie selbst in den unscheinbarsten Gestalten, in fast nicht existenten Körpern: »proprè[m] nullo corpore«, alle Seelenvermögen versammelt sein könnten. Anhand dieser Tiere könne man beobachten, wie die Form über die geringste Materie triumphiert.[196] Es sei bewundernswert, dass in so kleinen Körpern so komplexe Seelen hausen, womit er in Anlehnung an Aristoteles Aspekte des Seins wie Wachstum, Bewegung oder Erkenntnisfähigkeit als »Seelenvermögen« beschreibt. »Es scheint«, so Gessner, »als ob die Natur so weit wie möglich von der Materie abstrahieren wolle und durch die nackte, reine Form eine Arbeit vollenden, die nicht nützlich, aber dennoch bewunderungswert sei.«[197] Immer wieder veranschaulicht er anhand der Insekten diese neu entdeckte Dignität der Natur. Er entwickelt somit innerhalb seiner Naturgeschichte ein neues, alternatives Schönheitsideal, das jenseits antiker Proportionen und anderer Vorbilder in den kleinen und unscheinbaren Gestalten der Natur besteht. Gessner untermauert seine Neuausrichtung der Naturgeschichte folglich mit Hilfe von ästhetischen Argumenten. Es ist kein Zufall, dass im gleichen Zuge das Verhältnis von Materie und Form immer wichtiger für die Interpretation der Natur wurde. Vermittelt im neuen Schönheitsideal, das in Gessners Insektenbeschreibung aufscheint, wird die Naturgeschichte dabei in gewissem Sinne zu einer Geschichte des Triumphs der Form über die Materie.

Bei weitem übersteigt sein Bezug auf Aristoteles die rhetorischen Routinen, die zum guten Ton im Buchmarkt des 16. Jahrhunderts gehörten, und in denen insbesondere Aristoteles' »Lob

---

194 Aristoteles 1989, S. 3.

195 »Quis formicularũ[m] mirifica & apicularũ[m] corpuscula, ingenia, opera, & in tantillis membris tantas animas, satis digne vel admiretur vel praedicet. Atqui nullũ[m] est animal in quo non aliqui suũ[m], illustre, rarũ[m]: imó non aliquid, ut ita dicam, divinitatis spectetur. [...] Illiberalis hercle & sordidus est animus, quisquis ubiqu[e] utilitatẽ[m] & lucru[m] spectat. Quam plurima enim & pulcherrima nullum de se emolumentu[m] afferunt possidenti, sed ipsa sui pulchritudine sola placent, & animos sibi devinciunt.« Epistola nuncupatoria, Dignitas & nobilitas Animalium historiae ad contemplationem & admirationem operum Dei. Gessner 1551, ohne Seitenzählung. Bei Gmelig-Nijboer 1977, S. 150.

196 »Sic natura in parvis quibusdam & inutilibus (ut videtur) animalculis, maiori nisu & cõ[n]tentione quantũ[m] praestare possit, & experiri ipsa & nobis ostẽ[n]tare videtur. Nam in omni re quae ex matria et forma cõ[m]ponitur, praestãtior huius, uilior illus dignitas est. At corpus materiae ratione[m] habet: anima verò eisqu[e] sentiendi, movendi & agendi facultas, formae, quare ubi eadẽ[m] omnes secundũ[m] forma[m] & anima[m] facultates, motus, actiones qu[e] fuerint in minimo & proprè[m] nullo corpore, quale formicarũ[m] apicularum, & similiũ[m] est, naturam se quantu[m] fieri potuit à materia abstrahere voluisse, & veluti nuda[m] ostentando formam, si nõ[n] utile opus, dignũ[m] tamen admiratione cõ[n]templatione qu[e] efficere, omnio verisimile est.« Gessner 1551. Epistola nuncupatoria, ohne Seitenzählung. Bei Gemlig-Nijbor 1977, S. 151.

197 Siehe Anmerkung 195.

des Sehens« klischeehaft zitiert wurde. Vielmehr hatte Gessner auf der Grundlage von Aristoteles eine eigene Argumentation entwickelt und das aristotelische Sichtbarkeitspostulat um ein Schönheitsideal erweitert und somit neu definiert. Das ist insofern bemerkenswert, als es im Unterschied zu anderen Zweigen der Naturphilosophie, etwa der Astronomie,[198] in der Naturgeschichte vor Gessner kein Sichtbarkeitspostulat gegeben hatte. Erst mit Gessner wird die Naturbeobachtung eine auf metaphysische Zusammenhänge verweisende Erkenntnistechnik der Naturphilosophie. Damit hatte er alle Elemente berührt, die er in seinem letzten Werk, seinem Fossilienbuch, aufnehmen und weiterführen sollte. Bereits zu Beginn seiner Laufbahn als Naturhistoriker hat Gessner der Naturwahrnehmung große Bedeutung beigemessen. Um seinen Ansatz zu stützen, zieht er in den »Historiae« neben Aristoteles auch biblische Quellen, konkret Paulus' Briefe an die Römer, heran. Einem oft zitierten Diktum des Apostels zufolge, ist Gottes Botschaft bereits in der Natur omnipräsent. Daher hätten die »heidnischen« Völker keine Entschuldigung für ihren Unglauben, da doch die unsichtbare Natur Gottes in seinen Werken für jedermann evident sei.[199] Wer daher, wie Aristoteles es getan hatte, Fliegen, Bienen oder Würmer beschriebe, habe Gottes Werke geschildert und sich damit der Gotteserkenntnis gewidmet.[200] Doch nicht nur Fliegen und Bienen, die Miniaturen der Natur, sind Ausdruck dieses neuen Schönheitsideals. Im »Libellus de Lacte« hat Gessner ein Beispiel entgegengesetzter Dimension gewählt, um eine ähnliche Naturerfahrung zu beschreiben.[201] Das »Libellus de Lacte« ist eine Abhandlung über Milch, eine von Gessners unmittelbar medizinischen Publika-

198 Das höchst widersprüchliche Bild des Aristotelismus im 16. Jahrhundert wird heute hingegen oft auf die Geschichte der Astronomie reduziert. Als klassisches Beispiel dient dabei in der Regel die Argumentation Galileo Galileis gegen das aristotelische Modell des Weltalls. Aristoteles zufolge gehörten die Sterne und Planeten zur »quinta essentia«, sie wurden noch in der Astronomie der frühen Neuzeit als unveränderlich, zeitlos angesehen. Die sich dem Augenschein bietende Regelmäßigkeit der Gestirne wurde als sichtbares Indiz dafür gewertet. Dagegen setzt Galileo die Argumente eines technisierten Blicks. Er gründete seine Argumente, wie bereits zuvor Johannes Kepler vorsichtiger, auf die optische Technik und auf die Mathematik, das Messen und Berechnen. Dass die instrumentelle Sichtbarkeit und die nicht-instrumentelle Sichtbarkeit in diesem Konflikt gegeneinander ausgespielt werden, zeigt, dass die Beobachtung selbst um 1600 ein vielschichtiges Problem darstellt, wie Hans Blumenberg auf den Punkt genau formuliert hat: »In Galileos Griff nach dem Teleskop steckt eine Antinomie. Indem er das Unsichtbare sichtbar macht und so der kopernikanischen Überzeugung Evidenz verschaffen zu können glaubt, liefert er sich dem Risiko der Sichtbarkeit als der letzten Instanz der Wahrheit aus; indem er das Fernrohr in Dienst nimmt, um solche Sichtbarkeit herzustellen, bricht er zugleich mit dem Sichtbarkeitspostulat der astronomischen Tradition und gibt dem unbezwinglichen Verdacht Raum, dass die technisch je vermittelte Sichtbarkeit, so weit wie sie auch vorangetrieben werden mag, ein zufälliges, an dem Gegenstand fremde Bedingungen gebundenes Faktum ist.« Was mit diesem neuen technischen Sichtbarkeitspostulat angegriffen wurde, war das aristotelische Diktum von der Himmelssphäre als zeitlose Perfektion der »quinta essentia. Mit der Relativierung des Sehens ging auch die Relativierung der Himmelssphäre einher. Doch was hier zu Beginn des 17. Jahrhunderts diskutiert wurde, war Mitte des 16. Jahrhunderts noch nicht ganz so klar. Grundsätzlich dazu: van Helden 1977; van Helden und Winkler 1992; Blumenberg in: Galilei 1980 [1610], S. 21; Bredekamp 2000.

199 »Hinc est quod D. Paulus ad Romanos scribit, ethnicos etiam inexcusabiles esse, quòd cum Deum agnoverint ex operibus eius, quantum inde scilicet homini cognoscere datur, non tamen ut Deum colverint, nequ[e] grati fuerint.« Testimonia sacra, Gessner 1551 ohne Seitenzählung. In der Übersetzung von Gmelig-Nijboer 1977, S. 156; Friedrich 1995, S. 46.

200 Siehe Anmerkung 195.

201 Gessner im Libellus de Lacte von 1541, übersetzt und faksimiliert zum Teil in Gessner (AK) 1967.

tionen. Diesem Text hatte er als Anhang einige Briefe über alpine Naturerfahrungen beigefügt.[202]

Gessner, der einer der frühesten bekennenden Bergwanderer war, beschrieb sein Erleben darin mit großer Emphase: »Ich habe mir vorgenommen, [...] solange Gott mir das Leben schenkt, alle Jahre, wenn die Pflanzen blühen, mindestens einen Berg zu besteigen, um zu herbarisieren, meinen Körper zu üben und meinen Geist zu erfrischen. Welch ein Hochgenuss, nicht wahr, die gewaltige Masse der Berge zu bewundern und sein Haupt gewissermaßen bis in die Wolken zu erheben! Wie bedauernswert kommen mir doch die Leute vor, die ihr ganzes Leben zu Hause verbringen, statt mit ihren Augen das Schauspiel der Welt zu genießen, Leute, die wie Haselmäuse im Winter in ihrem Winkel verharren, ohne zu bedenken, dass unser Menschengeschlecht auf die Erde gesetzt wurde, um aus deren Wundern auf die Existenz einer höheren Macht, des allmächtigen Gottes zu schließen. [...] Diejenigen aber, welche den Durst nach Wissen empfinden, werden fortfahren, mit den Augen des Körpers und des Geistes die Köstlichkeiten dieses irdischen Paradieses zu betrachten. Zu dessen Wundern gehören zweifelsohne die hohen und schroffen Bergriesen, ihre unzugänglichen Schründe, die Wucht ihrer himmelsstrebenden Wände, ihre jähen Felsen, ihre dunkeln Wälder.«[203] In diesen Zeilen ist die Sehnsucht des Bibliotheksarbeiters nach Luft und Raum kaum zu überhören. Gessners Beschreibung der Schweizer Alpen als irdisches, aber majestätisches Paradies erwächst geradezu aus dem Kontrast zum introvertierten Bibliotheksalltag. Er setzt die Annäherung mit den »Augen des Körpers und des Geistes« an eine als Gotteslandschaft beschriebene Natur gegen eine Annäherung an Gott nur mit den »Augen des Geistes«. Mit der Begeisterung über die Majestät der Alpen und der Sensibilisierung gegenüber Sinneseindrücken: mit dem Geschmack und dem Geräusch, dem Geruch und den Farben und Mustern der Berglandschaft erschließt Gessner sich die Natur als metaphysischen Erlebnisraum. Dieses Erlebnis rechtfertigt sich aus der Intensität eines Eindrucks, der nicht in Proportionen und Harmonien aufgeht. Liegt darin eine Abgrenzung von klassischen Schönheitsidealen, so setzt sich diese neue Ästhetik von älteren ästhetischen Konzepten auch darin ab, dass sie erklärtermaßen das Vermögen der Sprache übersteigt.[204] Gessner stellt sie dementsprechend als alternative Art der Erfahrung im Vorwort zu den »Historiae« heraus. Hier schildert er die Naturwahrheit und das in den Dingen manifestierte Wirken Gottes als eine sprachlich nicht vollständig kodierbare Erkenntnis: »Wahrhaftig«, so schreibt Gessner, »diese Dinge können nicht angemessen in Worte gefasst werden, noch kann sie der menschliche Verstand erfassen. Dennoch wäre es falsch, davor zurückzuschrecken oder sie deswegen nicht zu bedenken. Vielmehr sollten wir Seine Macht anerkennen, indem wir die

---

202 Einem Ort, der auch durch die Abwesenheit von Menschen zu einem »Einsamkeitsort« wird. Seit Petrarcas Besteigung des Mont Ventoux sind Berge als Orte besonderer Wahrnehmung beschrieben worden. Vergleiche dazu Macho 2000a.

203 Conrad Gessner im »Libellus de lacte«. Zürich 1541, zitiert nach: Gessner (AK) 1967, S. 206.

204 Diese eher introspektive Haltung gehört darüber hinaus zur weit gefächerten Reflexionsgeschichte der Berge, die mit Petrarcas Besteigung des Mont Ventoux am 23. April 1336 beginnt und über die romantische Kunst bis zum Begriff des Erhabenen bei Kant führt, nicht ohne auch im Konzept des Sublimen und Pittoresken in der englischen Kunsttheorie ein Echo zu erzeugen. Diese Geschichte ließe sich bis heute weiterführen ließe. Einführend zum romantischen Bild der Berge mit weiterführender Literatur: Karentzos 2004.

Entwicklung, die sich überall vollzieht, betrachten, während wir unserer Schwäche gewahr werden.«[205] Gott offenbart sich demnach auch in der sprachlosen Natur, nicht nur in den Worten der Bibel und der Offenbarung. Die Dignität der Natur zeigt sich in der Ambivalenz des menschlichen Erkenntnisvermögens, der hier erlebten Grenzen des Verstandes und der Augen.

Gessners Naturphilosophie ist, wie Urs Leu verdeutlicht hat, auch eine Theologie der Natur, der zufolge das Telos der Natur in Gott als dem letztem Grund bestehe.[206] »Er ist«, so Gessner, »überall und in allem, er geht weit über die Dinge hinaus, und umschließt die ganze Welt und alle Himmelssphären.«[207] Gessner veranschaulicht diese von ihm erfahrene innige Verbindung von Gott und Natur anhand einer besonderen Bildmetapher: Die Natur in ihrer Gesamtheit sei eine Reflexion des unveränderlichen Gottes, sie trage in ihrer Vielfalt die Reflexion des mit sich selbst identischen Gottes in sich. In Körpern, die wie Spiegel sind: »in corporibus tanquam speculis«[208] offenbare sich Gott in immer neuen Erscheinungsbildern.[209] Die Natur stehe mithin in einem mimetischen Verhältnis zu Gott, da sie in ihrer Varietät und Vielzahl das Bild des Unveränderlichen und Undarstellbaren vermittelt. Die Bildmacht der Natur erwächst aus der nie identischen Vielfalt ihrer Naturformen. Hier kommt eine ganz neue, metaphysisch begründete Autorität des Bildes zur Geltung, deren Besonderheit auch anhand des Unterschieds zwischen Gessners »wahrhaftigen Bildern« und der christlichen »vera icon« veranschaulicht werden kann. Der singulären »vera icon« stellt Gessner seine multiplen naturhaften »icones« entgegen. Beruht die Macht des ersteren auf der authentisch kommunizierten, durch Abdruck entstandenen Form, so ersteht die Bildmacht der Natur aus ihrer Vielfalt. »Natur« funktioniert hier wie ein gewaltiger Akkumulator visueller Einzelerfahrungen, die immer wieder neu erlebt werden müssen. Die »verae icones« Gessners können daher bis zu einem gewissen Grade als der naturkundliche plurale Gegenentwurf zur »vera icon« verstanden

---

205 »Verũ[m] hęc nequ[e] verbis nequ[e] cogitatione humana, satis exprimi aut cogitanti possunt. nõ[n] ideo tamen ab omni cõ[n]templatiõ[n]e absterreri & abstinere nos cõ[n]venit. Quin potuis aliquousqu[e] cõ[n]templando progressos, potentiã[m] eius humiliter agnoscere, infirmitaté[m] nostram boni consulendo: sapientiã[m] eius admirari, nostram inscitiam emendando: dinqu[e] bonitati eius gratias agere, malitiã[m] nostram deprecando oportet.« Epistola nuncupatoria, Dignitas & nobilitas Animalium historiae ad contemplationem & admirationem operum Dei. Gessner 1551, ohne Seitenzählung. Bei Gemlig-Nijbor 1977, S. 154.

206 Leu 1990, S. 58–100.

207 Ausführliches Zitat in Anm. 208.

208 »Sic quidẽ[m] divinitas in res tum supra naturã[m] sitas tum naturales descendit: nos veró ad eius contemplationẽ[m] vice versa per eosdem gradus cõ[n]scendimus. Ipsa interim divinitas perpetuò una eademqu[e] & sibi nunquã[m] non similis perserverat, nec in se ipsa decrescit: sed in corporibus tanqu[e] speculis p[er] materiae fomarũ[m]qu [e] diversitate magis minúsque Iucidis aliter atque aliter refulget. Sic in corporibus nostris anima licet tota toti insit corpori, nec ulla pars ea careat, illustrius tamen facultates alias in alijs exercet partibus. Verũ[m] anima ita cõn[n]exa est corpori, idqu[e] movet ac perficit, ut aliquid ab eo vicissim[um] patiatur, & damna eius nõ[n]nulla sentiat, & corpore suo ceu loco & domicilio circũ[m]scribatur, quore nihil in Deũ[m] cadit: qui ita omnibus se com[m]unicat, ut nequ[e] substantia nequ[e] pars eorum nulla fit, nequ[e] afficiatur ab eis quicquã[m], nec includatur, sed fit ubiqu[e] & omnia in omnibus ut extra omnia emineat, et mundũ[m] universum ac coelos omnes superior ipse terminet ac cõ[n]cludat.« Epistola nuncupatoria, Dignitas & nobilitas Animalium historiae ad contemplationem & admirationem operum Dei. Gessner 1551, ohne Seitenzählung. Übertragung ins Englische bei Gemlig-Nijbor 1977, S. 154.

209 Baltrusaitis 1978 [1966]; Gessner beschreibt Natur also mit Hilfe einer Bildmetapher, die schon Alberti mit Verweis auf den Mythos von Narziss benutzte. Wolff 2002, ab S. 213.

werden. Sie bilden die immer wieder neuen, nie identischen Mosaikstücke eines naturhaften Gottesbildes.

Doch eignen sich die Assoziationen, die Gessner evoziert, nur bedingt, um die Funktionen der dokumentarischen Bilder analytisch zu erfassen, handelt es sich doch zunächst nur um eine theologische Absicherung des neuen Bildkonzepts, das in gewissem Sinne überdeterminiert wirkt. Dieser Eindruck entsteht auch deshalb, weil jedes seiner Argumente und Sprachbilder einen Widerspruch stärkt, der das gesamte Konzept der »Historiae« durchzieht. Wer sein Buch liest, wird über das Bild zu mannigfaltigen Meinungen vieler Autoren, in keiner Weise aber aus der Welt der Bücher hinaus geführt. Gessners Natur ist ein Wesen der Bibliothek. Damit deutet sich an, welche Rolle die Bilder beim oft beschriebenen Aufbruch der Naturgeschichte aus den Studierstuben unter anderem zu erfüllen hatten. Die große Systematisierung der Naturkunde, für die der Name »Conrad Gessner« steht, geht einher mit der systematischen Verknüpfung von Quellentexten an eine in Bildern kommunizierte Realität. Die Bilder wirken dabei wie Scharniere, über die der Leser die antiken Texte mit der Natur, respektive der Physis, verbinden konnte. Dank der Autorisierung der Bilder zu wahrhaftigen Abbildungen, die Gessner mit metaphysischen Argumentationen untermauert hatte, wurde ein alter Erkenntnisweg, die Lektüre, an eine neue Quelle von Erkenntnis, die Bildbetrachtung, gekoppelt. Einerseits wurden die Überlieferungen an der Realität der Bilder gemessen; dafür ist Gessner oft gewürdigt worden. Die Bilder waren andererseits auch die Verbindungsstelle, an der Textüberlieferungen auf Wahrnehmungen der Natur übertragen werden konnten.

»verae icones« und »simulacrae«

An die Frage, warum Bilder einen so hohen Stellenwert in der Naturphilosophie einnehmen konnten, schließt die Bestimmung ihrer epistemischen Funktionen unmittelbar an. Gessner hat die Bedeutung der Bilder und die in ihnen vermittelten Naturwahrnehmungen zwar metaphysisch begründet, die Gesichtspunkte, nach denen er Bilder zu Trägern visueller Tatsachen erklärte, sind dabei weniger klar. Nur selten sind die Bilder Aufzeichnungen unmittelbarer Naturbeobachtungen. Gessners Entscheidungen sind daher nur auf den ersten Blick objektiv nachvollziehbar, bei näherer Untersuchung scheinen sie eher intuitiv gefällt worden zu sein.[210] Gessner unterschied naturdokumentarische Bilder, die sichtbare Gestalten wiedergeben von allegorischen Darstellungen, Hieroglyphen, mythologischen Bildmotiven, Bilderfindungen oder Konstruktionen, die er unter dem Begriff der »simulacrae«[211]: »quaedam sunt rerum in natura non extantium, ut Tritones, Sphinges, Centauri, Suidas«[212] zusammenfasste. Das mythi-

---

210 Zu einer anderen Form der Verwissenschaftlichung von Bildern, der Geometrisierung, und zu Theorien der Perspektive sind hingegen viele Publikationen verfasst worden. Grundlegend sind dafür immer noch die Arbeiten von Edgerton 1975; Summers 1987; Lindberg 1987 und 1994.

211 Mit der lateinischen Übersetzung als Abbild, Puppe, Schatten, Traumbild oder mit Alberti, der den Begriff in der Bildtheorie gebrauchte, und nicht im modernen Sinne des »Simulakrum« zu übersetzen. Zu Albertis Wortwahl: Wolf 2002, S. 213.

212 Gessner 1551, »De Sphinge fabulosa«, S. 979.

sche Pferd des Neptun, das »equus neptuni«, bezeichnet er als »fabulosus«, also als Figur aus einer Fabel: »Permagna fuit antiquorum in suis fabulis libertas, quarum venustatem, dum obscura quadam veritatis umbra obtegere conarentur, verisimile quiddam efformaverunt, quod credulas hominum mentes fumosa quadam inanitate obtenebraret.«[213] Es bedurfte für Gessner keiner weiteren Argumentation, um das Nereidenpferd ins Reich der Fabel zu verweisen, so wie er auch fast alle Wesen der griechischen Mythologie als Fabeltiere bezeichnete.[214] Als Geschöpfe dichterischer Freiheit hatten sie und ihresgleichen keinen Platz in Gessners Arche.

Scharf kritisiert Gessner die Darstellung des Nereidenpferdes, welche im Fischbuch von Pierre Belon auftaucht. Dieser hatte nämlich das mythische Nereidenpferd, das Seepferdchen und das Flusspferd verwechselt. »De fabuloso equo neptuni, quem falso quibusdam hippocampum et hippopotamum appelare libuit, Bellonius.«[215] Gessner nutzt daher für seine Abbildung des Flusspferdes eine Darstellung aus Guillaume Rondelets Fischbuch, nicht ohne sich noch einmal deutlich von Belon abzusetzen: »Contra Bellonis iconem: Multó magis rediculè Hippocampum depinxit autor libri de aquatilibus.«[216] Eine solch deutliche Bildkritik ist typisch für Conrad Gessners Arbeit, durch sie unterscheidet sich seine Naturgeschichtsschreibung deutlich von früheren Naturenzyklopädien. Doch so einleuchtend seine Differenzierung auch anmutet, es bleibt zunächst offen, woraus seine scharfe Trennung von »simulacrae« und »verae icones« resultiert. Dass sie einer ebenso plötzlich wie unerwartet auftretenden Hellsichtigkeit eines wissenschaftlichen Pioniers zu verdanken wäre, darf bezweifelt werden. Näher liegt die Vermutung, dass diese, nun erstmals systematisch eingeführte Trennung ein Effekt einer minimalen Verschiebung in der Semiologie der Natur respektive ihrer Darstellung im Bild war.

Wie bereits im Kapitel II 2 »Das Ende der Naturgeschichte als Textkollage« angedeutet, vermittelten die Naturbeschreibungen des späten Mittelalters und der frühen Neuzeit vor allem die Deutungen und Interpretationen der Tiere. Maßgeblich für eine mittelalterliche »Tiergeschichte« war, dass sie mittelbar auf die »res tantum«, auf Gott, verwiesen.[217] Diese mittelalterliche Semiologie der Tiere konnte mit realen Tieren ebenso gut arbeiten, wie mit fiktiven. Das heißt jedoch nicht, dass den naturkundlichen Autoren vor Gessner dieser Unterschied nicht bewusst gewesen wäre. Isidor von Sevilla, der im »Etymologiarum« das Wesen eines Tieres aus der Etymologie seines Namens ableitete, erklärte das Wesen des Minotaurus aus der Etymolo-

---

213 Gessner 1553, S. 433.

214 Um noch einmal Gessners feine Differenzierungen zu zeigen, seine Meinung zum Satyr: »De Satyro: Quemadmodum cynocephali simiae occasionem fabulae dederunt, ut homines quidam tales putarentur: sic satyri rarius etiam & maioris admirationis simiarum genus, daemones quidam crediti sunt (ab aliqibus etiam homines, ut dicam in B.) quibus poëta & simij eorum pictores, plastaqu[e] caprinos pedes & cornua affinxerunt, ut admirationem ac superstitionem augerent, nam in satyris simijs nihil tale spectatur.« Gessner 1551, S. 974.

215 Gessner 1553, S. 433 und noch einmal ganz deutlich in den »Icones« von 1560: »Equus fabulosus Neptuni pro veterum pictorum arbitio depictus. Neptunū[m] tridente in signem (inquit Bellonius) fingebat veteres à quibusdam veluti Hippopotamis per aquas deduci praeventibus Nereidibus. Horum autem Hippopotamorum ac Nereidum formam pro pictorum libidine in magnam spectantium admirationem sic commenti sunt, ut Hippocampi cuiusdam potiùs, quàm Hippopotami rationem habuisse videantur.« Gessner 1560, S. 182.

216 Gessner 1553, S. 492.

217 Michel 1979, S. 84.

gie von »tauro« und »homine«. Er schreibt: »Porro Minotaurum nomen sumpsisse ex tauro et homine, qualem bestiam dicunt fabulose in Labyrintho inclusam fuisse.«[218] Dass der Minotaurus ein Fabeltier ist, war ihm also genauso bewusst wie Conrad Gessner oder einem heutigen Leser. Auch Albertus Magnus differenziert zwischen Fabeltier und realem Tier. In seinen Texten konfrontiert er die Aussage des Quellentextes immer wieder mit seinen eigenen Beobachtung.[219] Für den Autor des »Physiologus« waren hingegen Charaktereigenschaften und Verhaltensmuster der Tiere entscheidend, und weniger die Frage, ob es diese Tiere auch tatsächlich gab. Ähnliches gilt auch für Conrad von Megenberg.[220] Für beide Autoren war es sekundär, ob die beschriebene Gestalt einem lebenden Tier entspricht oder nicht. Ihre Tierbeschreibungen besaßen einen gleichnishaften Charakter.[221] Entsprechend schildert Megenberg den »Meermünch« als Gleichnis: »Monachus marinus haizt ain mermünch. daz ist ain merwunder. daz ist in der gestalt als ain visch und oben als ain mensch und hât ain haupt als ain newbeschorn münch« und interpretiert ihn mit Hilfe einer Analogie: »Pei dem tier verstên ich die gleichsnaer, die ander läut zuo in lockent und mit andaehtiger gepaerde und zuckent si in den winkeln zuo pôshait und in den êwigen tôt.«[222]

Diese ambivalente Gleichwertigkeit von visuellen und textlichen Realitäten zerbricht bei Gessner. Für ihn ist allein die sichtbare Gestalt eines Tieres das Kriterium für die Herstellung eines »wahren Abbildes« – denn die Gestalt des Tieres ist ein indirektes, im übertragenen Sinne ein gespiegeltes Abbild Gottes. Dabei werden alle Deutungsmuster: die Gleichnisse, die Etymologie, die antiken Fabeln und Mythen als »Historiae« dieser sichtbaren Realität untergeordnet. Die visuelle Erscheinung wird somit identisch mit dem Wesen von Natur; sie wird zur natürlichen Gestalt der Welt, während alle anderen Charakteristika als »simulacrae« davon ausgeschlossen sind und zu nicht-natürlichen Wesen, »quaedam sunt rerum in natura non extantium«[223] erklärt werden. Dabei ist es keineswegs immer eindeutig, wie unter den unzähligen Tierbildern »wahre Abbilder« praktisch von den »simulacrae« zu unterscheiden wären. Neben Fällen, in denen Gessner die Überlieferung als Fabel bezeichnete, obwohl viele und verlässliche Berichte über die Existenz eines Tieres vorlagen, war er mit Überlieferungen anderer Tiere konfrontiert, über deren Existenz nicht ganz so eindeutig geurteilt werden konnte. Zuweilen hatte zwar niemand das Tier in freier Wildbahn jemals beobachtet oder gar gezeichnet, aber zahlreiche materielle Fundstücke sprachen für seine physische Existenz. Darüber hinaus identifizierte Gessner zuweilen ihm unbekannte Wesen mit solchen, die er aus der textlichen und bildlichen Überlieferung kannte. In diesem Fall wurden bislang ausschließlich textlich überlieferte Inhalte als Teil der sichtbaren Welt verstanden.

---

218 Isodorus 1988, Zeile 25–28, S. 31.

219 Nach Michel 1979, S. 61.

220 Conrad von Megenberg (1309–1374), Theologe und Philosoph, sein »Buch der Natur« ist eines der ersten landessprachigen naturkundlichen Bücher.

221 Vergleiche dazu die von Paul Michel recherchierten möglichen Gestalten des Enhydros. Michel 1979, S. 35.

222 Megenberg 1994, S. 239.

223 Vergleiche Anmerkung 212.

Überlieferung und Beobachtung – Basilisk, Einhorn, Wilder Mann

Oft genug leitet Gessner die Unterscheidung zwischen physischen und mythischen Existenzen aus dem Kontext ab, wie anhand seiner Ausführungen zum Flusspferd deutlich wird. Er differenziert hier geradezu spielend die unterschiedlichen Bedeutungsebenen von Flusspferddarstellungen und unterscheidet die naturalistische Abbildung des Flusspferdes von allegorischen Darstellungen, die ersterer visuell gleichen, aber zur Repräsentation des Flusses »Nil« gehören.[224] Neben dem Kontext, in dem die Darstellung auftauchte, war ihre Quelle ein weiteres Beurteilungskriterium für Gessner. So zählt er fast alle Gestalten, die in der griechischen Mythologie vorkommen, zu den »simulacrae«. Darüber hinaus berücksichtigte er auch die Referentialität von Bildern. Manche Darstellungen nennt er falsch, weil sie nicht-sichtbare Eigenschaften eines Tieres (oder Tiernamens) visualisieren. Dies trifft im Fall des Salamanders zu, den er zuerst als Tier mit Sternen auf dem Rücken dargestellt hatte. Im Nachtrag des ersten Bandes korrigierte er dieses Bild, denn es visualisierte die Bezeichnung des Tieres: »Stellar«, aber nicht seine Gestalt.[225] Gessner trennt den visuellen und den allegorischen Sinn von Bildern so klar voneinander, als ob sie unterschiedlichen Welten angehörten. Ein gutes Beispiel dafür ist sein Umgang mit dem Nereidenpferd. So wies er anlässlich der Beschreibung des Nereidenpferds auf die dichterische Freiheit und die menschliche Fantasie hin, der diese Gestalt entsprungen sei.[226] Auch in dem folgenden Beispiel ist die Unterscheidung zwischen realen und fiktiven Bildern klar nachvollziehbar, auch wenn hier nicht die Fantasie, sondern die Etymologie als Bildreferenz diente.

Der Basilisk

Auch der Basilisk gehört seit Gessner nicht mehr zur Natur sondern zum Reich der Fabel.[227] Damit unterschied sich Gessners Meinung von der vieler anderer Zeitgenossen, die dem Basilisken eine natürliche Realität zusprachen. Diese Realität gehörte allerdings einem anderen Kontext an, sie war eine Realität der Kunst- und Wunderkammern, nicht des Naturalienkabi-

224 »Hippopotamus numismatis Adriani, cuius nobis copiam fecit Quaestor Grollerius: qui alia quod argenta & aerea numismata habet, in quibus eadem belua similiter expressa est. Facies est Adriani imperatoris, sphingi innititur sinistra, dextra tenet Cornu copiae: circa basim Crocodilus & Hippopotamus: in quibusdam etiam ibides adduntur. Figura a tota Nilum repraesentat.« Gessner 1553, S. 495.

225 Dort, unter der Abbildung auf der Seite 74 stand hingegen noch: »Figura haec vivum expressa est. Altera veró quae stellas in dorso gerit in libris quibusdam publicatis reperitur, conficta ab aliquo, qui salamandram & stellonem à stellis dictum, animal unum putabat, ut conijcio.« Gessner 1551, S. 54. In einem Nachtrag korrigiert Gessner diese Aussage. »Salamandra figura falsa. Nos veram salamandrae iconem suo loco dedimus, pagina 74 in Historia quadrupedum viviparorum: ubi falsam quoqu[e], represendendi tantum causa illos qui eam publicarunt, posituri eramus: se oblivione quadam factum est ut illic fit omisse. Apparet autem confictam eam esse ab imeritis quibusdam, salamandram/stellionem animal unim arbitris: & cum à stellis stellionem dictum legissent, dorsum eius stellis insignare voluisse.« Gessner 1554, Appendix historiae quadrupedum viviparorum & oviparorum; Topper 1996, S. 223.

226 Gessner 1553, S. 433; siehe auch Anm. 213.

227 Allerdings wurde im 18. Jahrhundert eine Gattung der Familie der Leguane nach dem Basilisken benannt. Zur Aktualität der Unterscheidung zwischen der zoologischen Bezeichung und dem Mythos lohnt sich die Lektüre von Brehms Tierleben. Brehm 1869, Band V, S. 222.

netts Gessners. Der Deutlichkeit halber sei hier die deutsche volkssprachige Ausgabe des Übersetzers Conrad Forer zitiert, der kursierende Basiliskenpräparate deutlich brandmarkt.[228] Dort heißt es: »Die Apotecker und andere landstreycher gestalten die leib der Roche in mancherley gestalt nach ire gefalle mit abscheyde / krümmen / zersperre in Schlange / Basilisken und / Trackengestalt. Solcher gestalt eine ist hieher gsetzt / damit hernach solcher trug und bschiß gemerckt werde. Ich hab ein langstreycher bey uns gesehen / der ein soelche form für ein Basilik gezeigt / so doch allein aus de Rochen gestaltet ist worden.«[229] Forer lässt keinen Zweifel an seiner Meinung. Die Gestalt, die er zeigt (Abb. 14), war eines der populärsten Kunstkammergeschöpfe, das noch heute in sehr vielen Sammlungen erhalten ist. Dabei handelt es sich um »Miniaturdrachen«, die durch Manipulation aus kleineren Rochenpräparaten hergestellt wurden. Das älteste erhaltene Präparat des Naturhistorischen Museums in Wien ist ein solches Basiliskenpräparat. (Abb. 15) Dieser Wiener Basilisk besteht, genau wie Forer es beschreibt, aus Rochenhaut, die durch Schnitte in die Flossen manipuliert wurde. Die Augen wurden in die Nasenöffnungen des Rochens gesetzt, durch die Manipulation der Geschlechtsorgane des Rochenmännchens entstanden die beinartigen Gebilde des »Basilisken«.[230] Im Inventar der Rudolfinischen Sammlung von 1611 ist belegt,[231] dass auch Rudolph II. ein Präparat dieses sagenhaften Tieres besaß.[232] Ähnliche künstliche Drachen oder Basilisken sind bis heute in einigen Kunstkammern erhalten, beispielsweise in den Universitätssammlungen in Bologna[233] oder den Frankeschen Stiftungen in Halle.[234] Abbildungen von Basilisken finden sich häufig in naturhistorischen Abhandlungen, wie etwa bei Ulisse Aldrovandi[235] und Pierre Belon.[236]

Ungeachtet der reichen textlichen Darstellungen und der physischen Präsenz von präparierten Basilisken in zahlreichen Sammlungen hat Gessner ihn als Fabeltier bezeichnet, da er seine Existenz der menschlichen Gestaltung verdankte.

Doch aus der Informationslage des 16. Jahrhunderts heraus betrachtet stellt sich die Lage nicht ganz so eindeutig dar. Viele Autoren berichteten vom Basilisk, dessen Gestalt das durch Christus besiegte »Böse« symbolisierte,[237] der aber auch bei Plinius[238] und Isidor von Sevilla[239]

---

228 In der lateinischen Ausgabe wird der Basilisk etwas ausführlicher behandelt. Gessner 1558, S. 545.

229 Gessner 1563, S. 73.

230 Naturhistorisches Museum Wien. Abbildungen auch unter http://www.nhm-wien.ac.at/Content.Node/wissenswertes/basilisken.html (Stand Januar 2009)

231 Rudolph II. (1552–1612), Kaiser des römischen Reiches deutscher Nation. In seiner Residenz in Prag besaß er unter anderem eine der bedeutendsten Kunst- und Wunderkammern Europas.

232 In dem von Daniel Fröschl geführten Register findet sich unter Nummer 128 ein Drachen und unter Nr. 129 ein Basilisk: «Nr. 128. 1 gepalsamirter trach, inn einer viereggeten grienen laden oder kästlin. 129 1 draco in dubium tunc temprois an basiliscus, in einem grienen viereggeten köstlin, inwendig mit klarem glas verschlossen.« Bauer und Haupt 1976, S. 9.

233 Aldrovandi (AK) 2001 und Guida Palazzo Poggi 2000.

234 Müller-Bahlke und Göltz 1989, S. 97.

235 Aldrovandi 1639.

236 Belon 1553, »Aquilla marina«, S. 97.

237 Vergleiche dazu auch Michel 1979, S. 65–66.

238 Plinius berichtet unter anderem, dass der Basilisk wie die Medusa durch Blicke töten könne. Plinius 1976, S. 65–66.

239 Nach dessen Beschreibungen ist der Basilisk einer Schlange ähnlich, ½ bis eine Elle groß, hat einen spitzen Kopf und weiße Flecken. Pauly 1979, Bd. 1, 837.

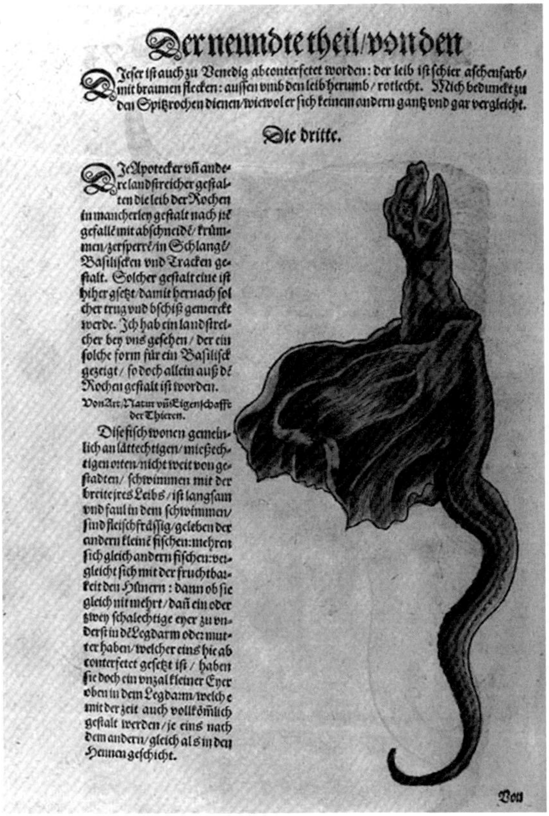

Der neundte theil/von den

Dieser ist auch zu Venedig abconterfetet worden: der leib ist schier aschenfarb/ mit braunen flecken: aussen umb den leib herumb/ rotlecht. Mich bedunckt zu den Spitzrochen dienen/wiewol er sich keinem andern gantz und gar vergleicht.

Die dritte.

Die Apotecker vñ andere landstreicher gestalten die leib der Rochen in mancherley gestalt nach jrẽ gefallẽ mit abschneidẽ/ krümmen/zersperrẽ/in Schlangẽ/ Basilisken und Tracken gestalt. Solcher gestalt eine ist hiher gsetzt/damit hernach solcher trug und bschiß gemerckt werde. Ich hab ein landstreicher bey uns gesehen/ der ein solche form für ein Basilisck gezeigt/ so doch allein auß dẽ Rochen gestalt ist worden.

Von Art/Natur vñ Eigenschafft der Thieren.

Dise fisch wonen gemeinlich an lättechtigen/ mießechtigen orten/nicht weit von gestadten/ schwimmen mit der breite jres Leibs/ ist langsam und faul in dem schwimmen/ sind fleischfrässig/ geleben der andern kleinẽ fischen: mehren sich gleich andern fischen: vergleicht sich mit der fruchtbarkeit den Hünern: dann ob sie gleich nit mehrt/ dañ ein oder zwey schalechtige eyer zu underst in dẽ Legdarm oder mutter haben/ welcher eins hie abconterfetet gesetzt ist/ haben sie doch ein unzal kleiner Eyer oben in dem Legdarm/ welche mit der zeit auch vollkõmlich gestalt werden/ je eins nach dem andern/ gleich als in den Hennen geschicht.

Von

14 Basilisk aus Conrad Gessners Historiae animalium, 1558.

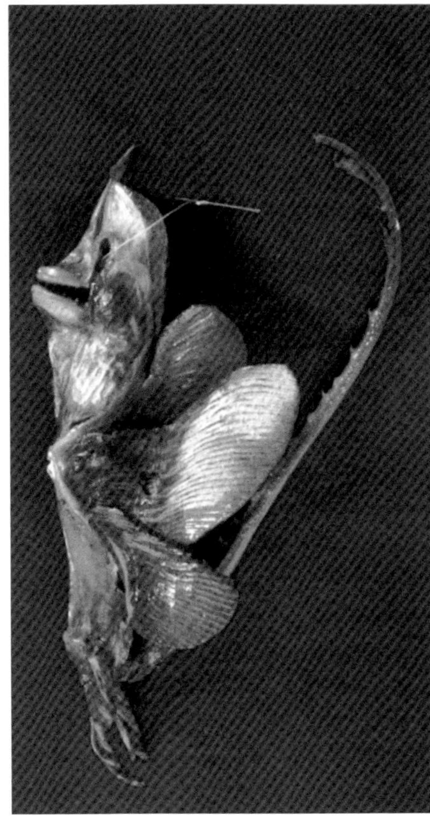

15 Historisches Basiliskenpräparat, Naturhistorisches Museum Wien.

beschrieben worden ist. Im »Physiologus« wurde das Wesen des Basilisken keineswegs symbolisch erläutert, sondern auch seine Entstehung wurde in geradezu naturalistisch zu nennender Weise mit der Lehre der »spontanen Generation« erklärt.[240] »Der Physiologus sagt vom Basilisken, dass oftmals zur Winterzeit in verschiedenen Gegenden die Schlangen sich an einem Ort sammeln und, weil sie wegen des Winters überhaupt nichts mehr zu fressen finden, sich gegenseitig beißen und anfressen und schließlich dort alle umkommen. Nachher aber, vom Gestank der verwesenden Gebeine und des Schlangengiftes hervorgebracht, wächst dort ein kleines Würmchen auf, das heißt Basilisk. Es hat aber jenes Tier diese Eigenart, dass an jedem Ort, wo es ist, sein Hauch das Gebüsch verdorren lässt. Sein Anblick bringt den Tod, so dass es ganze Städte veröden kann.«[241]

240 Vergleiche dazu Jahn 1998 und Wellmann 2003.
241 Physiologus 1987, S. 94–95.

Angesichts der deutlichen Art, in der sich Gessner und Forer zum Basilisken äußerten, drängt sich der Eindruck auf, dass alle anderen Sammler, wie Rudolph II., sich täuschen ließen – Gessner und Forer hingegen als Einzige den Betrug erkannten. Die damit verbundene Vorstellung von der rätselhaften Blindheit ganzer Generationen verfehlt jedoch den Kern des Problems. Der Unterschied zwischen Gessner und Rudolph II. liegt nicht in ihrem Zutrauen in Überlieferungen oder gar ihrer Blindheit gegenüber Betrug, sondern beide hegten vielmehr grundsätzlich divergierende Auffassungen über Naturerkenntnis und Naturwahrheit. Beide bewerteten daher manipulative Weiterverarbeitung von Naturobjekten völlig anders.

Sammler wie Rudolph II. schätzten bestimmte Exponate ausdrücklich wegen ihres künstlichen Charakters. Die Veredelung oder Bearbeitung von Naturalien zu immer neuen animalischen oder vegetabilen Gestalten stellte hier eine hoch bewertete Technik dar. Dazu gehört die Fertigung von Naturabgüssen feinster Strukturen, eine Kunst, in der sich Goldschmiede und Kunsthandwerker übertrafen und immer neue Hybriden aus Kunsthandwerk und Natur schufen.[242] Oft werden dabei auch Materialien animalischen Ursprungs verarbeitet: Nautilusschalen,[243] Straußeneier,[244] Bozoare, sogenannte Einhörner, Schildkrötenpanzer, Stoßzähne, Knochen oder Bälge. In der Kunstkammer Rudolph II. fanden sich auch andere präparierte Unwesen, wie ein Drachen, der aus dem Skelett einer Katze und den Strahlen der Flossen eines großen Fisches zusammengesetzt wurde.[245] Es handelte sich um Werke der Präparationskunst, die im wahrsten Sinne Verkörperungen mythischer Wesen darstellten.[246] Für Conrad Gessner gehörten derartige Kunstfertigkeiten eindeutig in das Reich der »simulacrae«. In dieser Distanzierung von Künstlichkeit liegt ein wichtiger Unterschied zwischen der Arbeit Gessners und den Prinzipien, die in den Kunst- und Wunderkammern gepflegt wurden. Diese Trennung bildete, neben der Unterscheidung von allegorischem und visuellem Sinn, ein zweites wichtiges Kriterium für die Trennung von Naturgeschöpfen und »simulacrae«. Wie unscharf diese Differenzierung jedoch ist, wird auch daran deutlich, dass es die Basilisken bis heute noch gibt. Der Name wurde auf eine wirklich existierende Tiergattung übertragen, er bezeichnet nun eine Gattung der Familie der Leguane, im Gattungsnamen lebt der Mythos weiter.[247]

Das Einhorn

Doch war auch die Unterscheidung von künstlichen und natürlichen Objekten nicht ganz verlässlich, wenn es darum ging, Natur zu definieren. Wenig verlässlich war das Kriterium vor allem, weil die Präparation und Rekonstruktion bereits zu Gessners Zeiten zur gängigen Praxis der Naturforschung gehörte. Gessners Ausführungen zum Einhorn zeigen, dass neben der Unterscheidung von allegorischem und visuellem Sinn, von künstlich erzeugten und natür-

---

242 Jamnitzer (AK) 1985; Klier 2004.

243 Mette 1995.

244 Bock 2005.

245 Bestaire 1990.

246 Über den besonderen repräsentierenden Status des Präparats schreibt Rheinberger 2003, in Bezug auf die Basiliskenpräparate spricht Marianne Sammer auch sehr treffend von Basilisken-Puppen. Sammer 1998, S. 20

247 Vergleiche dazu auch Anmerkung 227.

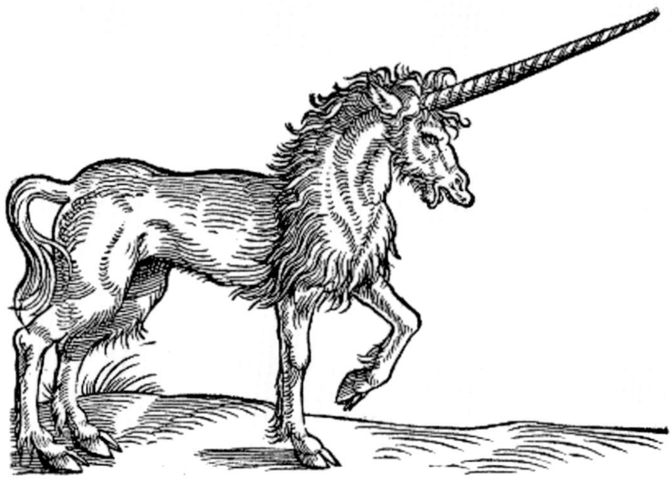

16 Einhorn aus den Historiae animalium Conrad Gessners, 1551.

lichen Gestalten, noch zahlreiche andere Kriterien zu Rate gezogen werden mußten, um Natur von »simulacrae« zu unterscheiden.

Das Einhorn war von zahlreichen Augenzeugen beschrieben worden und von seiner Existenz schienen zudem Fundstücke zu zeugen. Das vermeintliche Horn des Einhorns war in den meisten Sammlungen präsent und fehlte als wertvolles Pharmazeutikum in kaum einer Naturaliensammlung oder Apotheke. Dabei handelte es sich in der Regel um Narwalzähne. Auch Conrad Gessner hatte Stücke davon gesehen und offenbar therapeutisch angewendet.[248] Wie der Basilisk besaß das Einhorn eine lange Geschichte als spirituelles Symbol und als mythologisches Tier. Schon die antiken Autoren Megasthenes, Ktesias und Aelian berichten vom Einhorn. Erste neuzeitliche Nachrichten über das Einhorn stammten von Augenzeugen in Reiseberichten und gelangten aus der Mythologie Chinas, Indiens und Mesopotamiens in die antike europäische Überlieferung. Vom Einhorn ist in den Reiseberichten Marco Polos, dem Alexanderroman, in den Briefen des sagenhaften Priesters Johannes die Rede.[249] Der Bericht in der Reiseerzählung »Mirabilia Descripta« des Dominikanermönches Jordanes Catalani von 1330, der vom »Rhinoceros an der Malabarküste und von wahren Einhörnern in Ostafrika«[250] berichtete, ist von Marco Polo inspiriert. Einhornfiguren wurden bereits in den ältesten erhaltenen Musterbüchern dargestellt, wie auch auf den »imagines mundi«, zum Beispiel der Hereforder Weltkarte, deren Bildfundus sich vor allem an Solinus' und Isidors Weltbeschreibung orien-

248 So schreibt Gessner an Gasser in Bezug auf die therapeutische Anwendung dieser Substanz: »Das Horn des Einhorns habe ich wirklich gesehen und auch Teilchen und Streifen, wenn sie noch eine Oberfläche haben. Ich missbillige nicht, ein Hirschhorn dafür zu nehmen.« Burmeister 1975, S. 303.

249 Jürgen W. Einhorn nennt in seiner äußerst fundierten Geschichte des mittelalterlichen Einhorns zahlreiche weitere Quellen. Einhorn 1976, S. 118–134.

250 Einhorn 1976, S. 123.

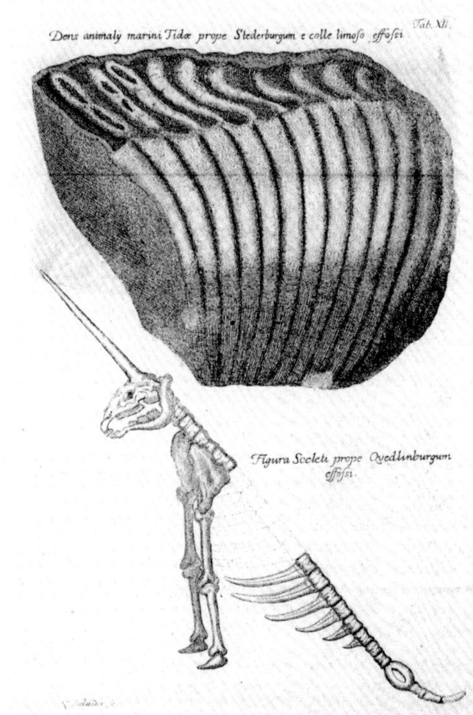

17 Figura sceleti prope Quedlinburgum efossi aus den Protogaea von Leibniz, 1749.

tiert.[251] Gessner war also mit der physischen Evidenz der »Einhornhörner« konfrontiert und den Berichten von Augenzeugen, als er dem Einhorn ein umfangreiches Kapitel widmete (Abb. 16).[252]

Ausgehend von den vermeintlichen Hörnern der Tiere und anderen physischen Relikten, die in den Kunst- und Naturaliensammlungen lagerten, haben auch später lebende Naturforscher versucht, die Gestalt des Einhorns zu rekonstruieren. So entwarf Otto von Guericke Ende des 17. Jahrhunderts ein Modell des Tieres, indem er fossile Mammutknochen und einen Narwalzahn, zwei für ihn nicht interpretierbare Fundstücke, zu einer möglichen Einhorngestalt zusammenfügte (Abb. 17).[253] Guericke nutzte also die Überlieferungen über die Einhorngestalten, um reale Knochenfunde zu interpretieren. Dabei entstand das Bild eines merkwürdig plumpen Wesens, das später von Leibniz veröffentlicht wurde.[254] Diese Versuche bezeugen ein

251 Einhorn 1976, S. 121–122.

252 Er macht dennoch seinen Zweifel daran geltend, ob das Einhorn tatsächlich so aussieht, wie auf seiner Abbildung. »Figura haec talis est, qualia a pictoribus feré hodie pingitur, de qua certi nihil habeo.« Gessner 1551, S. 781–786, Abb. S. 781.

253 Die Welt im leeren Raum (AK) 2002; Bredekamp 2004.

254 Guericke hatte Reste eines Mammuts und vielleicht eines eiszeitlichen Wollnashorns, die 1663 bei Quedlinburg gefunden wurden, verwendet. Einhorn 1976, S. 247; Métraux 2003.

Bemühen, die physischen Realitäten mit Hilfe historischer Quellen zu interpretieren. Anders als beim Nachbau des Basilisken wurden dabei jedoch Körperfragmente eines unbekannten Tieres mit der Überlieferung in Verbindung gebracht.

Die Trennung von »simulacrae« und »verae icones«, so lässt sich als vorläufiges Resümee der dargelegten Fälle festhalten, kam also nicht durch bloßes Hinschauen zustande. Sie ist sogar in den seltensten Fällen auf der Grundlage von Beobachtung vollzogen worden. Die naturhistorische Praxis um 1600 ging vielmehr über rein registrierendes Dokumentieren weit hinaus und konstruierte ihren Gegenstand in einem nie endenden Prozess, wobei materielle, bildliche und textliche Informationen miteinander abgeglichen wurden. Physische Befunde, wie Knochen- oder Hornfunde, textliche oder mündliche Überlieferungen von Augenzeugen dienten gleichermaßen als Grundlage für die Definition dessen, was Natur ist. Sie wurde in manchen Fällen auch mit Hilfe von Rekonstruktionen und Präparationen veranschaulicht. In diesem Sinne ist der Arbeit an den »verae icones« der Wissenschaft ein fiktionales und dynamisches Moment eigen, das aus dem Zusammenspiel von Erfahrungen, Fundstücken und Überlieferungen entsteht. Die textlich oder bildlich tradierten Zeugnisse boten dabei eine Interpretationsmöglichkeit für schwer einzuordnende Beobachtungen, während umgekehrt Beobachtungsergebnisse in die Überlieferungen einflossen und diese modifizierten.

Der wilde Mann

Anhand von Gessners Darstellung des »Wilden Mannes« lässt sich dieser Befund noch zuspitzen. Mythische Inhalte dienten in diesem Fall nicht nur der Interpretation von Fundstücken, die anders nicht zu deuten waren. Wie der folgende Fall zeigt, wurden Eigenschaften mythologischer Gestalten durchaus auch auf bekannte und lebende Wesen übertragen. In Gessners Kapitel über die Affen, einer um 1600 besonders faszinierenden Tierart,[255] begegnen dem Leser eine große Fülle fabulöser Wesen, denn Gessner hatte in diesem Kapitel alle ihm bekannten humanoiden Gestalten untergebracht.[256] Hier tauchen mythische Wesen wie der Cynocephalos, ein hundsköpfiges humanoides Wesen, aber auch der Satyr[257] aus der antiken Mythologie oder die ägyptische Gestalt der Sphinx auf.[258] Hier wird auch von eher sagenhaften Gestalten, wie dem »rauen Waldmännlein« oder dem »Forstteufel«, berichtet. Sie alle werden von Gessner dem Reich der »simulacrae« zugeschlagen. Eine Ausnahme bildet dabei aber der Cynocephalos,[259] wobei sich Gessner vor allem auf Megasthenes und dessen Bericht über den indischen Cynocephalos berufen kann. Das Bild dieses Wesens, so schließt das Kapitel, sei aber aus einem Buch über eine Reise ins heilige Land entnommen, dabei handelte es sich um Bernhard von Breyden-

255 Gessner 1551, De Simijs diversis, S. 966–981; Janson 1952 ; Topper 1996, S. 224.

256 In der Rubrik »De simiis certophithecis«. Zur Familie der Cercopithecidae (Tieraffen) ordnen Zoologen heute die Gattung der Meerkatze oder des Mandrill, zu den Pongidae (eigentliche Menschenaffen) gehören unter anderem die Familie der Gorillas, der Schimpansen oder der Bonobos.

257 Vergleiche Anmerkung 214. Gessner 1551, S. 974.

258 Gessner 1551, S. 979 und 980.

259 Hier zitiert nach Forers deutscher Ausgabe. Gessner 1563, S. 8r.

bachs Reisetagebuch »Peregrinatio in terram sanctam«.[260] In der deutschen Ausgabe der »Historiae« wird diese Information in den Vordergrund gestellt. Die Figur des Cynocephalos heißt hier »Strobelkopf« oder »Babe« und wurde auch abgebildet (Abb. 18): »Von der Baben / Babwynen oder Strobelköpfen: Die bilger so zu dem Heiligen grab ziehen / und ir fart in die wüstin Sinai verbringen / schreyben von einem Affen / den sy Babuin nennen: und Hieronymus Cardanus beschreybt einen Affen / desse gstalt der sag genannter Bilger vast zustreycht. Dan er sagt / er sey in der groesse eins mensche / an schencklen mannlichem glid / unnd im angesicht wie ein wilder mann / der gantz durch unnd durch haartig: ausserhalb des menschen ist kein thier / das lenger aufrecht stande. Es hat weyber und knaben lieb / die frömbden eben wie seine landleiit: dann so bald und es ledig worden / reyßt es alles nider / unnd will seinen mutwillen mit im treyben / offentlich und unverschampt. Es ist auch ein wild thier / doch so schampar und geschickt / daß man wol etlich menschen finden moecht die nit so sinnreych / vorab in Ethiopien / Morenlanden / in Tartary / und bay den Pilappen.«[261]

Die Figur wurde bei Gessner also mit Breydenbachs »Peregrinatio« sowie mit anderen schriftlich überlieferten Informationen, etwa Cardanos Beschreibung eines Affen, in Zusammenhang gebracht.[262] Zugleich passt seine Charakterisierung als gefährlich, mutwillig und intelligent zur Beschreibung einer anderen halb-legendären Figur, dem »Wilden Mann«.[263] Diese Figur besitzt eine von der Antike über das Mittelalter bis in die Gegenwart zu verfolgende Geschichte. Bereits Plinius, der Kronzeuge aller neuzeitlichen Naturhistoriker, berichtet von menschenähnlichen Gestalten, die in den Wüsten Afrikas, vorzugsweise in »Libyen«[264] gesichtet wurden. Auf den Weltkarten des Mittelalters wurden sie an den Rändern des Erdkreises dargestellt.[265] Dort, wie auch in den antiken Mythen, wird der »Wilde Mann« neben anderen sogenannten Erdrandbewohnern, wie den Zyklopen, den Skiapoden mit nur einem Fuß oder den Antipoden mit nach hinten gekehrten Füßen, dargestellt.[266] Im Mittelalter tauchten neben diesen antiken Legenden die Geschichten von wilden Männern und Frauen auf,[267] die als eine potentielle sittliche und physische Gefahr für Frauen wie für Männer geschildert werden. Sie leben abseits der Zivilisation in Wäldern und Wüsten, ihnen wird eine brutale Sexualität nachgesagt, sie sind Schreckbilder einer seit dem Sündenfall degenerierten Menschheit. Manchmal

---

260 Breydenbach 1486.

261 Gessner 1563, 7r.

262 Dabei ist eine große Ähnlichkeit mit dem Dämon der ägyptischen Mythologie »Babon« (auch Baby, Baba, Babjj) auffällig, besonders Forers Bezeichnung »Babe« und die Identifikation mit einem Affen deutet darauf hin. »Bebon« bezeichnet eine im Pavian naturierte Gottheit des alten Ägypten. Sie wird als Pavian mit erigiertem Glied dargestellt. Doch auch der ägyptische Gott Anubis wird als eine hundsköpfige Gestalt mit erigiertem Glied dargestellt.

263 Spätere Reisende identifizierten ähnliche Eigenschaften bei den Einwohnern Amerikas, Afrikas und anderer, später kolonialisierten Weltgegenden. Die von Pigafetta beschriebene Weltumsegelung des Magellan aus dem sechzehnten Jahrhundert enthält solche Schilderungen, ebenso wie Darwins Reisetagebücher. Pigafetta 2001 [1519–1522]; Darwin 1988. Vergleichbare Fälle beschreibt auch Hildegard Frübis in: Frübis 1995.

264 Libyen bezeichnet hier einen Ort, der nicht mit dem heute so bezeichneten Land identisch ist.

265 Hintz 1999; Habiger-Tuscay 1999.

266 Die Weltkarte in Hartmann Schedels »Chronica« ist das heute bekannteste Beispiel. Schedel 2001 [1493].

267 Zum Beispiel in Sagengestalten der Perchten.

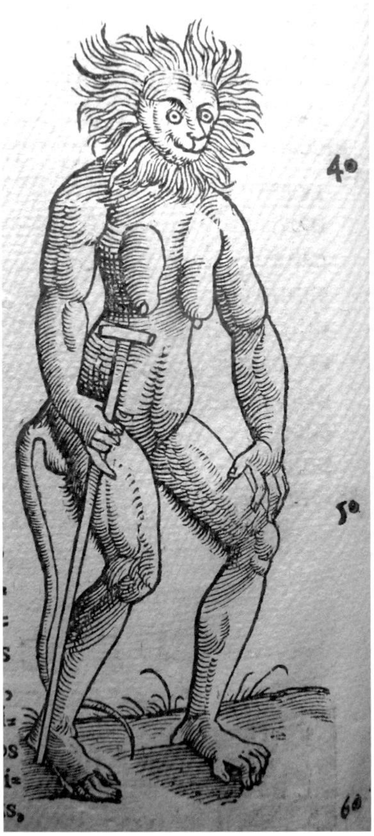

18 Babe aus den Historiae animalium von Conrad Gessner, 1563.

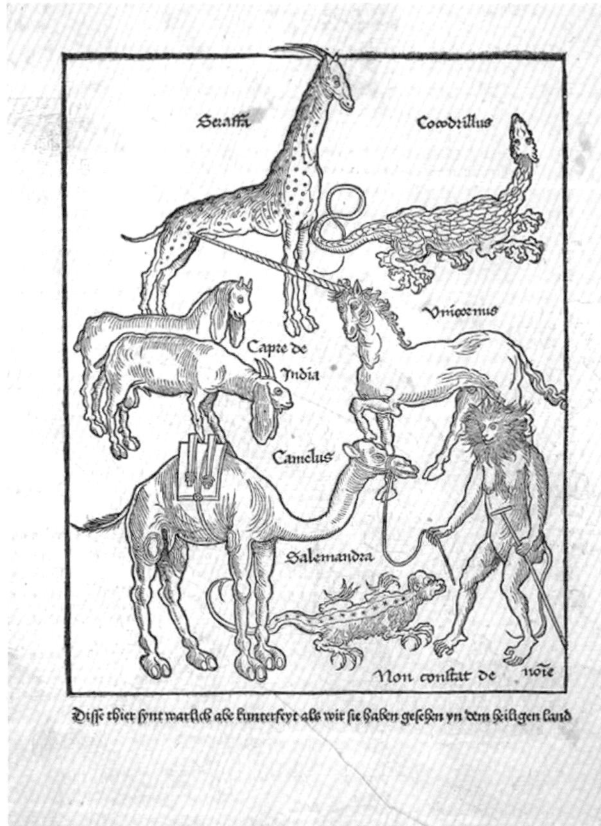

19 Tierdarstellungen aus Bernhard von Breydenbachs Peregrinatio, 1486.

allerdings erweisen sich haarige, unbekleidete und sprachlose Männer in den Legenden der Spätantike und des Mittelalters auch als potentiell Heilige. Es handelt sich dann meist um Einsiedler, die in der Nachfolge des heiligen Johannes in Askese leben und nur der äußeren Erscheinung nach unkultiviert wirkten.[268] In den Legenden von wilden Frauen tauchen dagegen öfter dämonische Gestalten auf, wie die »Raue Else« oder die »Fraennge«. Von letzterer wird in Süddeutschland und in Alpenregionen berichtet, wo sie als menschenfressender Dämon umgeht.[269] Gessner hat mit der Gestalt des »Cynocephalos«, der in der deutschen Übsersetzung »Strobelkopf« genannt wurde, eine neue, naturalisierte und präzise lokalisierbare Variante des »Wilden Mannes« geschaffen. Sie sollte noch lange nach Gessner und Forer für Aufsehen sorgen. In ihr wurde der Charakter einer mythologischen Figur auf die Beschreibung lebender, von Augenzeugen gesehener Wesen übertragen. Von »Wilden« und »Wilden Völkern« berichteten fast alle

268 Dazu speziell Hintz 1999, S. 621–625.
269 The wild man within 1972; Wittkower 1996a; Bartra 1994; Hintz 1999, S. 622–623; Douthwaite 2002.

Seefahrer und Kolonialisten der nächsten Jahrzehnte und Jahrhunderte. Pigafetta, der Reisegefährte Magellans, glaubte ihnen begegnet zu sein, wie auch Charles Darwin auf der Beagle in den von ihm beobachteten Ureinwohnern »Wilde« erblickte, die auf der Grenze zwischen Mensch und Tier standen. Indem Gessner und alle nach ihm folgenden Naturforscher den mythologischen »Wilden Mann« in einem konkret lokalisierbarem Lebewesen wiedererkannten, naturalisierten sie dessen Eigenschaften und übertrugen sie in der Folge auf die jeweiligen Ureinwohner entfernter Gegenden, die dann als »Wilde« deklariert wurden.

Die stereotyp wiederholte Aussage, Gessner habe in seiner »Historiae« durch bloße Beobachtung antike und mittelalterliche Mythen aus der Naturgeschichte getilgt, kann mit Rücksicht auf dieses Beispiel präziser und zutreffender formuliert werden. Gessner unterscheidet zwar mit aller Deutlichkeit und mit oft großem Feingefühl zwischen »simulacrae« und Bildern, die die sichtbare Natur repräsentieren, diese Unterscheidung ist jedoch nicht durch eine bloße Korrektur von Lektüre durch Beobachtungen zustande gekommen. Vielmehr gibt es zwischen beiden Ebenen zahlreiche Übertragungs- und Berührungspunkte. Einerseits wurden viele mythische Figuren mit dem Argument, dass sie ein Produkt dichterischer und handwerklicher Freiheit wären, aus der Naturgeschichte verbannt. Andererseits dienten Naturalia als Vorbild für die Rekonstruktion mythischer Figuren, wie im Fall des Einhorns. Darüber hinaus wurden Eigenschaften mythologischer Figuren durch die Verwendung dokumentarischer Bilder in den Bereich der »verae icones«, und somit der sichtbaren Welt, übertragen. Vermittelt durch die Autorität der naturauthentischen Bilder, wurden sie nicht nur im Bild, sondern in der Folge auch mit sichtbaren, physischen Wesen identifiziert. Einen solchen Übergang markiert Gessners Identifikation des »Wilden Mannes« mit Cardanos Affen.[270] Er verlor dabei seine Dimension als Halbgott, nicht aber seine beunruhigende Ähnlichkeit mit dem Menschen.[271]

Die Trennung von »wahrhaftigen Abbildungen« und »simulacrae« ist also nicht mit der Unterscheidung von beobachtbaren und nicht beobachtbaren Wesen gleichzusetzen, sie erfolgt auch nicht anhand des Unterschieds von manipulierter oder nicht manipulierter Natur. Umgekehrt können mythologische Vorstellungen leicht auf Naturbeobachtungen übertragen und lebende mit mythischen Gestalten identifiziert werden. Dabei erfährt allerdings nicht nur Natur, sondern auch der Mythos eine neue Interpretation.

4 Das naturdokumentarische Bild als Vermittler der Beobachtung

»wahrhaftig abkunterfyte Bilder« als neues Bildgenre

Die Bilder, die Gessner in seinen »Historiae« abdruckte, besaßen oft eine lange ikonografische Tradition, bevor sie den Status einer Naturdokumentation erhielten. Sie repräsentieren hier jedoch die Natur selbst. Dabei konnte Gessner bei der Charakterisierung von Bildern als

270 Wittkower 1996a, S. 135–136. Über die Geschichte des Affen in der Biologie bis ins 20. Jahrhundert haben Voss 2007 und Lange 2006 geforscht.

271 Dazu auch Macho 2000, S. 65.

»wahrhaftige Abbildungen« oder »verae icones« auf einen in der Naturkunde bereits etablierten Bildmodus zurückgreifen. Schon in Bernhard von Breydenbachs »Peregrinatio in terram sanctam«,[272] die 64 Jahre vor Gessners Naturgeschichte publiziert und in diesem Kontext bereits erwähnt wurde, wird dieser Bildmodus verwendet. Anhand dieses Buches wird besonders deutlich, dass »wahrhaftige Abbildungen« nicht zwingend solche Bilder darstellten, die Beobachtungen in der freien Wildbahn dokumentierten. Der Reisebericht, 1486 in Mainz veröffentlicht, gilt dennoch als das Initialdokument einer dokumentarischen Bildpraxis.[273] Er enthält das bildliche Protokoll einer Reise, die zugleich Pilgerreise und Expedition war. Das Unternehmen wurde von Beginn an für die Veröffentlichung des gedruckten Reiseberichtes geplant. Der Initiator der Reise, Bernhard von Breydenbach, war Mainzer Patrizier. Er reiste mit großer Gefolgschaft,[274] in der sich auch der Maler Erhard Reuwich befand. Dieser war verpflichtet worden, vor Ort Bilder der Architektur, der Landschaft und der Kultur anzufertigen. Es ist nicht bekannt, dass jemals zuvor eine Reise und die Aufzeichnung eines bildlichen Berichtes so unmittelbar aneinander gekoppelt worden wären. Diese, hier zum ersten Mal praktizierte Koordination von Expedition und ihrer zeichnerischen Dokumentation sollte später in der naturwissenschaftlichen Praxis zum Prinzip werden. Reuwichs elegante und zu großen Formaten auffaltbare Stadtansichten zeigen alle wichtigen und mächtigen mitteleuropäischen Städte. Er entwarf Überblicksansichten der durchquerten Länder und Landschaften, er dokumentierte Lebensweisen, Trachten, Bräuche, er legte Tabellen der Buchstaben und Zahlen verschiedener Sprach- und Notationssysteme an, dokumentierte heilige Stätten und deren Architektur am Ziel der Reise. Jedes seiner Bilder ist dokumentarisch, dennoch hat diese Art der Dokumentation wenig mit optischem Realismus zu tun.[275] Mit Reuwichs Stadtansicht kann man keine Wege finden und Entfernungen messen, sein Realismus richtet sich nicht nach den Regeln der Geometrie und der Perspektive. Dies gilt auch für die Dokumentationen der Flora und Fauna, die ohnehin einen geringen Raum im Buch einnehmen. An leicht zu übersehender Stelle, auf der Rückseite der Palästinakarte, gibt es jedoch eine Bildtafel mit Tierbildern (Abb. 19), die, obwohl sie an unscheinbarer Stelle liegt, zu den meistreproduzierten Darstellungen des Buches gehört. Sie zeigt, wie in der Bildunterschrift angegeben, verschiedene Tiere, eine Giraffe, ein Krokodil, zwei indische Ziegen, ein Einhorn, ein Kamel, einen Salamander und ein anthropoides Wesen, das Reuwich nicht namentlich benennt: den »Strobelkopf« Gessners. Auch wenn man in Erwägung zieht, dass diese Tierzeichnungen nicht dokumentarisch im heutigen Sinne eines visuellen Realismus sind, so bleibt die Bildunterschrift Reuwichs doch irritierend. Denn hier behauptet

272 Wobei Breydenbach, der Initiator der Reise, einen Ghostwriter verpflichtete. Kunze 1975, S. 332–343.

273 Breydenbach 1486; Geck 1977 und Broszinski 2002.

274 Zusammen mit Graf zu Solms-Lich und Ritter Philipp von Bicken. Bernhard von Breydenbach 1977 [1483].

275 Keine der Stadtansichten bei Breydenbach ist in einer perspektivisch oder topografisch präzisen Ansicht gezeichnet worden. Um der besseren Ansicht willen hat Reuwich die Gebäude zuweilen »gedreht«, das heißt er hat sie von der Schauseite her dargestellt, auch wenn sie von dem Standpunkt, von dem die Stadt aus aufgenommen worden ist, nicht von dieser Seite her zu sehen gewesen wären. In der Venedig-Ansicht hat er zuweilen spitze Fenster als Rundbogen gezeichnet, weil das moderner aussah. Spruchbänder mit Beschriftungen umflattern die wichtigsten Gebäude von Städten, die in Landschaften eingebettet wurden, die nicht den geografischen Gegebenheiten vor Ort entsprechen. Kunze 1975, S. 337.

Reuwich: »Disse thier synt warlich abkunterfeyt als wir sie haben gesehen yn dem heiligen land.«[276] Reuwichs Bild ist bei weitem nicht das einzige Beispiel eines solch verwirrenden Gebrauchs von verifizierenden Bildunterschriften.[277] Die Bezeichnung eines Bildes als »warhaftig abkunterfyt, als wir sie haben gesehen« ist offenbar nicht zwingend mit der Arbeit vor einem lebenden Modell zu verbinden. Diesen Eindruck bestätigen vergleichbare Bildunterschriften, die kurz danach auftauchten. Um 1490 nutzte der Drucker Israel von Meckenem eine ähnliche Bildunterschrift für den Abdruck einer Pietà, die er als »wahrhaftige contrafakturen« vertrieb.[278] Vierzig Jahre später ist eine ähnliche Unterschrift unter Porträts zu finden, wie etwa unter einem posthum angefertigten Porträt Albrecht Dürers von Erhard Schön aus dem Jahre 1528: »Albrecht Dürer conderfeyt in seinem alter des LXVI Jars«. Für das Bildnis hatte aber nicht Dürer selbst, sondern sein Porträt von Mathes Goebel aus dem Jahre 1527 als Vorbild gedient. Das Bild ist dennoch als »conderfeyt« ausgeschrieben, auch wenn Schön es nicht vor dem lebenden Modell anfertigen konnte. Beide Bilder, das Porträt und das Heiligenbild Meckenems, wurden durch die Bezeichnung verifiziert und das, obwohl weder das eine noch das andere den unmittelbaren visuellen Eindruck eines Beobachters wiedergibt. Auch die Bildunterschriften, die Gessner verwendete, sagen wenig über die Art und Weise der Bildherstellung aus.[279] Sie sind jedoch als Interpretationsvorgabe sinnvoll und kennzeichnen den Status der Bilder. Die so bezeichneten Bilder sollen weder als Sinnbilder noch Symbole gedeutet werden, sondern als Darstellungen, die den Anspruch haben, eine sichtbare Realität wiederzugeben. Verifizierende Bildunterschriften sind aus dieser Perspektive vor allem als eine Lese- und Interpretationsanleitung sinnvoll. Dies steht in offenem Widerspruch zu ihrer Aussage, die ja ausdrücklich auf die Herstellung des Bildes verweist, ähnlich vergleichbaren Bildunterschriften wie »wahrhaftige contrafactur«, »near het leven«, »ad vivum« oder auch Gessners »icones, ad naturam factae«. Die »abkunterfeyten« Abbildungen des 16. Jahrhunderts konfrontieren uns somit mit einem grundsätzlichen Widerspruch, der dokumentarischen Bildern zu eigen ist: dem Anspruch, eine rein visuell begründete Beobachtung darzustellen, und der Tatsache, dass diese Beobachtungen immer medial vermittelt werden müssen und von Konventionen und Traditionen geprägt sind. Daraus erwächst ein Konfliktpotential, das dokumentarische Abbildungen bis heute prägt.[280] Zuweilen wurden Gessners Bilder aus heutiger Perspektive mit dem milden

---

276 Zu Breydenbach siehe Kunze 1975, S. 332–343; Tomasi 1997, S. 94–95.

277 Diese Formel gehört zum Beispiel zum Standardrepertoire von Flugblättern und Einblattdrucken. Harms 1997; Holländer 1922; Coupe 1966; Illustrierte Flugblätter (AK) 1983; Ewinkel 1995; Faust 1999.

278 Dabei handelt es sich um die Vision von Papst Gregor dem Großen (540–604), dem anlässlich einer Messfeier Christus selbst auf dem Altar erschienen sein soll. Parshall 1993, S. 560.

279 Claudia Swan drückt sich etwas anders, aber mit ähnlicher Argumentationsrichtung aus: »Among other things, images done ad vivum bear witness to what they represent, and their mimetic promise came to be negotiated for artistic as well as scientific ends: from 1530 onward, we find a concentrated dependence on this qualifying term in the context of illustrated natural history; by 1604 the phrase ›near het leven‹ had been integrated into dutch art theory.« Dabei wird, so erläutert Swan, der Terminus ›near het leven‹ oft mit dem Terminus ›uyt den gheest‹ in Zusammenhang gestellt. Innerhalb der Kunsttheorie des sechzehnten und siebzehnten Jahrhunderts werden beide Begriffe auseinander entwickelt. Swan 1995, S. 354. Zur Nachahmung in der Kunsttheorie und -praxis der Renaissance siehe auch Gramaccini 1986.

280 Vergleiche dazu besonders die Beiträge in: Das Technische Bild 2008.

Hohn einer sich überlegen wähnenden modernen Sicht geschildert: »Jene wahrhaftigen Einhörner« seien Übergangsphänomene aus einer Zeit, in der sich noch keine festen Gattungserwartungen herausgebildet haben. Später trenne man dann klarer zwischen den realistischen Darstellungen von »möglichen Welten und jenen tatsächlich nach Prinzipien gesehenen.«[281] Erstere würden zum Bestandteil der Kunst, letztere der Wissenschaften. Ob eine solch grundsätzliche Trennung von Fakten und Fabeln, Wissenschaft und Kunst sinnvoll ist, steht angesichts einer genaueren Untersuchung der Wissenssysteme der frühen Neuzeit bis zur Gegenwart mehr denn je zur Debatte. So etabliert die frühneuzeitliche Naturkunde nicht nur eine programmatischen Trennung zwischen Mythos und Realität, sondern auch Kontinuitäten zwischen antiken Quellen und damaligen Beobachtungen. Es handelt sich bei den »wahrhaftigen Einhörnern« also nicht um bloße Irrtümer Gessners, sondern um Dokumente einer neu orientierten Bildwissenschaft »Naturgeschichte«. Umgekehrt ist die Geschichte des »Wilden Mannes« kein reines »Konstrukt« geblieben, sondern sie gehört zur rassistisch geprägten Realität der modernen Weltordnung. Den naturdokumentarischen Bildern kommt hier eine Brückenfunktion zu, die Übergänge in beide Richtungen erlaubt.

So widersprüchlich Gessners und besonders Breydenbachs Bildunterschriften heute scheinen, sie konfrontieren uns mit dem Umstand, dass dokumentarische Bilder nicht zwingend unmittelbare visuelle Eindrücke wiedergeben.[282] In ihrer vermittelnden Funktion zwischen textlicher Überlieferung und visueller Beobachtung ist den Bildern eine relativ hohe Flexibilität zu eigen, sie sind keine statischen Größen. Ihre Funktion war es vielmehr, einen *Austausch* zwischen Wahrnehmung und Überlieferung zu ermöglichen, sie wurden ständig aktualisiert und kritisiert. Sobald eine Darstellung sich als falsch herausstellte, wurde sie, wie Belons Nereidenpferd oder Breydenbachs Salamander, verworfen. Die Bildkritik ist dementsprechend ein Charakteristikum für die Bildpraxis in der Naturwissenschaft.

Der visuelle Gemeinsinn der Naturphilosophen

Gessners Bildfundus ist, wie an seinen Briefen deutlich wurde, nicht nur das Ergebnis individueller beobachtender Arbeit, sondern einer kollektiven, von seinen Mitstreitern und Briefpartnern, anderen Buchautoren und Naturphilosophen gemeinschaftlich geleisteten Anstrengung, wobei Informationen und Beobachtungen ausgetauscht und einem steten kritischen Vergleich unterzogen wurden. Erst aus dieser Kollektivität entsteht die Autorität naturdokumentarischer Bilder. Kollektiv ist auch die Art und Weise ihrer Wirkung. Sie wurden zu Beobachtungsgegenständen für Leser und Bibliotheksnutzer, welche ihr naturhistorisches Bildgedächtnis an der

281 Giesecke 1991, S. 680. Gerade die Heftigkeit der Diskussionen von Naturwissenschaftlern zeigt, dass diese Frage aktueller denn je ist und zugleich an die Basis unserer Erkenntnissysteme rührt. Diese Frage wird auch berührt in der Diskussion der Neurowissenschaftler David Poeppel und Randolph Menzel über Bilder der Neurowissenschaften. Menzel und Poeppel 2004.

282 »Once again«, wäre mit dem Kunsthistoriker Parshall zu schlussfolgern, »it is not the objective truth of the portraits as witness that concerns here, but rather the significance of its claim to legitimacy.« Parshall 1993, S. 561.

Lektüre Gessners bildeten. Die »Historiae«, die viel zu schwer und wertvoll waren, um jemals außerhalb der Bibliothek benutzt zu werden, prägten und kanonisierten die visuelle Vorstellung von der Natur. Denn wer wissen wollte, wie ein bestimmtes Tier, etwa ein Elefant, aussah, griff zu den »Historiae«. Ähnlich verhält es sich auch mit dem »Thierbuch«, der von Conrad Forer übersetzten deutschen Ausgabe der »Historiae«, die explizit als *Vorlagenbuch* für Handwerker und Künstler gedacht war.[283] Als Buch für »liebhaber der künsten / Ärtzten / Malern / Bildschnitzern / Weydleüten und Köchen« hat auch diese nicht-lateinische Ausgabe, wie auch alle anderen sogenannten volkssprachigen Ausgaben und die »Icones«, das naturhistorische Bildgedächtnis Europas über Jahrhunderte geprägt. An Gessners »Historiae« lernten Schüler, Studenten, aber auch Künstler und Bildschnitzer die Gestalten der Natur kennen – eine der nachhaltigsten Bedeutungen dieses Buches. Die Bilder haben die Funktion, eine kollektive Wahrnehmung der Tierwelt zu erzeugen sowie die Kommunikation und den Vergleich von Wahrnehmungen zu ermöglichen. Dies geschah auf der Grundlage einer minimalen bildsemantische Verschiebung: durch die widerspruchsvolle und problematische, aber immer wieder neu behauptete Trennung des allegorischen vom visuellen Sinn der Bilder.

Naturgeschichte und dokumentarische Bilder

Mit diesem Umbruch verbanden die Humanisten des sechzehnten Jahrhunderts auch das revolutionäre Versprechen des Neuen, die Suche nach alternativen Wegen der Erkenntnis, den Ausbruch aus der sprichwörtlichen Enge von Studierzimmern und Bibliotheken hin zur Unmittelbarkeit von Anschauung und Naturbetrachtung. Ohne seinen universalen Resonanzraum, die Bibliothek, wäre dieser Ruf jedoch weder ergangen, noch wäre er erhört worden. Der Effekt der wissenschaftshistorischen Verschiebung, die sich im Schaffen Gessners abzeichnete, lässt sich als Ausgangspunkt von unterschiedlichen Entwicklungen beschreiben.

Die eine führt zur Konstruktion einer natürlichen Ordnung der animalischen Welt, die im 18. Jahrhundert von Carl von Linné entworfen wurde. Gessners Kombination dokumentarischer Bilder und lateinischer Bezeichnungen war dafür Vorraussetzung. Sie half entscheidend, das babylonische Sprachengewirr der Tiergeschichten zu entwirren und auf eine neue Größe auszurichten. Das Ergebnis dieser Bemühung war eine international einheitliche Nomenklatur der in Bildern definierten Tierwelt.[284]

Die andere führte zur Etablierung eines neue Naturbildes in der Naturwissenschaft. In den Studioli der Humanisten kursierten neben Texten auch Bilder und Objekte. Die hier gesam-

---

283 Gessner 1563. »Thierbuch. Das ist ein krutz beschreybung aller viefüssigen Thieren / so auff der erde und in wassern wonend / sampt irer waren conterfacutc: alles zu nutz un gutem allen liebahbern der künsten / Ärtzeten / Malern / Bildscnitzern / Weydleüten und Köchen gestelt. Erstlich durch den hochgeleerten herren D. Cunrat Geßner in Latin beschriben / yetzunder aber durch D. Cunrat Forer zu mererem nutz aller menglichem in das Teütsch gebracht / und in ein kurtze komliche ordnung gezogen.«

284 Obwohl Gessner die Vokabeln »Species« und »Genus« benutzt, ist diese Zuordnung jedoch lose und kein frühes Modell der späteren Ordnung in Gattung, Art und Spezies. Siehe Riedl-Dorn 1989, S. 2.

melten naturdokumentarischen Zeichnungen wurden aus jeglicher Geschichte und aus dem Kontext der Geschichten isoliert; sie wurden nicht als Werke eines Autors verstanden, sondern als von Augenzeugen erstellte Dokumente. Auf diese Weise wurden sie kontextuell freigestellt und zugleich auch naturalisiert, um zwischen Wissenschaftlern und ihren unterschiedlichen Forschungskonzepten zu kursieren. Als sprach- und geschichtslose Dokumente konnten sie daher in immer neue Kontexte integriert werden. Sie repräsentieren deren neuen Gegenstand, die »res ipsa« der Naturgeschichte. Zugleich sind diese »verae icones« Ausdruck eines neuartigen Vertrauens in die Wahrheit der Bilder. Dieser spezifisch wissenschaftliche Umgang mit Bildern ist mit einer neuen Form von Bildkritik verbunden, die alle »simulacrae«, im weitesten Sinne also die von Menschen gemachten Bilder, aus der Naturgeschichte ausschließt. Der Status der naturdokumentarischen Bilder ist also höchst prekär: sie müssen permanent korrigiert, kritisiert und aktualisiert werden. Sie bilden das sprachlose Zentrum, um das in Zukunft die naturhistorischen Texte kreisen.

Mit dem dokumentarischen Bild verbinden die Humanisten und Naturforscher des 16. Jahrhunderts ihre Suche nach neuen, unmittelbaren und modernen Wegen der Natur- und Gotteserkenntnis. Dazu entwickelten sie eine neue Metaphysik des Bildes, die insbesondere bei Gessner grundlegend für die Wissenschaftspraxis wurde. Natur wird dabei als multiple Reflexion des selbst unsichtbar bleibenden Gottes verstanden, wie Gessner es beispielhaft formuliert hatte.

Gerade in diesem Punkt, also der Vorstellung, dass Bilder eine Art Natursprache darstellen, die eine ursprüngliche Artikulation von göttlicher Wahrheit repräsentieren, ist die naturkundliche Bildarbeit Gessners mit der Bildsprache der Emblemantik vergleichbar. Diese Ähnlichkeit ist bereits von Wolfgang Harms dargestellt worden.[285] Dennoch sind Gessners Bilder nicht wie Embleme zu verstehen.

Wie bei Emblemen beziehen sich die Texte der »Historiae« nicht unmittelbar auf die Bilder. Wie bei Emblemen entsteht daraus eine, wenn auch nicht unbedingt poetische, Spannung, die nicht ganz aufgelöst ist. Die Hieroglyphik der frühen Neuzeit, welche in den antiken Monumenten, aber auch in der 1419 nach Italien gelangten Handschrift der »Hieroglyphica« des Horapollo,[286] ihre wichtigsten Inspirationsquellen hatte, sieht in der Bildersprache der Hieroglyphen »Relikte einer Ursprungsweisheit«.[287] Sie repräsentierten »natürliche Lettern«,[288] die direkter auf Gott verweisen, als jede von Menschen überlieferte Schrift. Genau diese Gedanken der Hieroglyphenkunde werden in der frühneuzeitlichen Naturkunde auf die Dignität der Natur als materieller Schöpfung übertragen. Auch der umkehrte Gedanke, dass die Kenntnis

285 Harms 1975; 1987; 1989.

286 Der spätantike, nicht illustrierte Text Horapollos wurde im Jahre 1505 bei Aldus Manutius in Venedig publiziert. Seit der französischen Ausgabe von 1551 wurden zudem einige Hieroglyphen der »Hypnerotomachia Poliphili« in einem Appendix den »Hieroglyphica« angefügt und in derselben Form wie die Hieroglyphen Horapollos präsentiert. Lailach 2000, S. 6.

287 Friedrich 1995.

288 Assmann 1995, S. 244.

der Natur die Lektüre der Hieroglyphen ermöglichen könne, war zu Gessners Zeiten präsent und wurde von Erasmus formuliert.[289] Im naturhistorischen Kontext wird diese emblematische Lektüre der Natur als heiliger »Schrift« jedoch sehr dezidiert von der visuellen Wirklichkeit der Natur unterschieden. Dementsprechend weist auch der dokumentarische Status der naturkundlichen Bilder weit über den Kontext der Emblematik und der Hieroglyphik hinaus. Sie repräsentierten dem Anspruch nach visuelle Realitäten und keine verschlüsselte Bildsymbolik. So ging es Gessner bei seinen Darstellungen »ad vivum« um eine deutlich von der sprachlichen Bedeutung zu trennende Ebene der Dinge. Die Präsenz Gottes in den Werken der Natur könne »nicht angemessen in Worte gefasst werden, noch kann sie der menschliche Verstand erfassen.«[290] Diese metaphysische Bestimmung zieht eine Umdeutung der Natur nach sich. Sie wird zu einer Größe, die nicht mehr mit den Instrumenten der Grammatik: also im Sprachsinn etymologisch oder allegorisch zu deuten wäre. Gessner ordnet alle in Schrift und Text kodierten Kenntnisse unter die Macht einer in Bildern konstruierten Natur, die die sichtbare Welt repräsentiert.

289 So schreibt Erasmus von Rotterdam, man könne hieroglyphische Zeichen auch aus der Kenntnis der natürlichen Eigenschaften eines Objektes her lesen. Erasmus begründet im Adagium »Festina lente« seine Übersetzung einer Hieroglyphe mit den »natürlichen« Eigenschaften des Kreises, des Ankers und des Delphins und entschlüsselt so die Bedeutung der Bilder. Er zitiert an späterer Stelle des Adagium einige Belege für die »hieroglyphische« Interpretation aus der »Physik« des Aristoteles, aus den »Halieutica« des Oppian und der »Historia naturalis« des Plinius. Erasmus 1540, S. 349; Dank an Michael Lailach für diesen Hinweis.

290 Siehe Anmerkung 205.

III Ulisse Aldrovandi und die Gestaltungen der Natur

1 Die visuelle Beschreibung der metamorphotischen Natur

Aldrovandi zwischen hermetischer und empirischer Wissenschaft

Das Werk Aldrovandis ist in Vielem durch die kritische Auseinandersetzung mit dem Werk Conrad Gessners geprägt. Nicht nur der strukturelle Aufbau seiner gedruckten Werke besitzt große Ähnlichkeiten mit Gessners »Historiae«, auch seine Bildarbeit ist ähnlichen Prioritäten verpflichtet. Seine schon zu Lebzeiten berühmte Naturalienkammer enthielt als einen ihrer Höhepunkte eine große Zahl naturhistorischer Zeichnungen. Diese sind jedoch im Gegensatz zur Zeichnungssammlung Gessners fast vollständig erhalten und ermöglichten einen direkten Einblick in die Struktur einer naturhistorischen Bildsammlung um 1600. Obwohl außer Zweifel steht, dass Aldrovandi der visuellen Aufzeichnung besondere Bedeutung beimaß, ist der spezifische Zusammenhang seiner Verwendung von Bildern zu den von ihm behandelten Themen und sein wissenschaftliches Konzept von Bildverwendung und Naturerkenntnis noch nicht ausreichend geklärt. Gerade weil Aldrovandi sowohl moderne Erkenntnistechniken wie die Beobachtung propagierte, als auch die eher traditionelle Quellenarbeit pflegte und beides sogar miteinander verband, ist eine Untersuchung seiner Bildpraxis besonders vielversprechend. Sein umfangreicher und fast vollständig erhaltener wissenschaftlicher Apparat bietet eine einzigartige Grundlage, um den Zusammenhang zwischen Beobachtung, Aufzeichnung und Wissenschaft in der frühen Neuzeit anhand eines zweiten, ausgesprochen bildorientierten Naturphilosophen zu untersuchen.

Die historische Figur »Ulisse Aldrovandi« verkörpert seit Michel Foucaults »Ordnung der Dinge«[291] den Prototyp des vormodernen, humanistischen Gelehrten und Sammlers, der in einem, dem heutigen Verständnis grundsätzlich fremden, geradezu exotischen Wissenssystem operierte. Foucault zufolge untersuchte Aldrovandi allein die »legenda« der Dinge,[292] die Menge sämtlicher sprachlich und textlich überlieferten Informationen.[293] Foucault, der sich zu Beginn seiner Studie zur »Archäologie der Humanwissenschaften« auf Aldrovandi bezieht, erläutert

291 Foucault 1993 [1966].

292 Die aus der Übersetzung von »Les mots et les choses« stammende Wortwahl der »Dinge« hat sich inzwischen eingebürgert, auch wenn sie in unserem Zusammenhang nicht besonders aufschlussreich ist. Zur »legenda« genauer siehe Foucault 1993 [1966], S. 73.

293 Mit dem Terminus »legenda« bezeichnete Foucault die Gesamtheit aller Berichte und Deutungen über ein Tier, »die zu lesen sind.« Foucault 1993 [1966], S. 73.

an seinem Beispiel die möglichen Variationen und Anwendungen der Sympathienlehre.[294] Seine prägnante Beschreibung diente jedoch weniger der Erläuterung von Aldrovandis spezifischem Wissensmodell, als der Entwicklung eines Gegen- und Kontrastbildes zur Humanwissenschaft der Moderne, seinem eigentlichen Thema. Diese Beschreibung ist angreifbar, denn Aldrovandi war keineswegs ein strikter Verfechter der analogischen Deutung der Natur. Doch entwickelt diese Beschreibung von Aldrovandis Wissenschaft eine poetische und inspirierende Dimension; Foucault entwirft ein Bild der frühneuzeitlichen Wissenschaft als quasi ganzheitlicher, welche die heute streng getrennten Bereiche der Naturwissenschaft und Geisteswissenschaft in *ein* System des Wissens bindet.[295]

Diese Darstellung Aldrovandis wurde durch zahlreiche Einzeluntersuchungen der jüngeren Zeit relativiert. Aldrovandi wurde dabei oft, ähnlich wie Conrad Gessner, als ein Initiator und Gründungsvater der modernen Naturwissenschaften dargestellt. Dass zwei so widersprüchliche Interpretationen einer einzigen historischen Figur nebeneinander aufgestellt werden konnten, ist in Aldrovandis spezifischem wissenschaftshistorischem Profil begründet. Bereits in den 1980er Jahren hat Sandra Tugnoli Pàttaro Aldrovandi als Figur zwischen dem vermeintlich konservativen Aristotelismus und moderner Wissenschaftspraxis positioniert. Sie untersuchte im Speziellen die Methodik Aldrovandis, worunter auch sein spezifischer Begriff von »Methodik« selbst zu verstehen ist. Wie sie unterstreicht, propagierte und praktizierte Aldrovandi eine Methode, die empirisch zu nennen ist; sie unterscheidet diese Wissenschaftspraxis des an Aristoteles geschulten Aldrovandi aber deutlich von den mathematisch dominierten wissenschaftlichen Methoden eines Galileo, der Beobachtungsinstrumente einsetzte. In Aldrovandis enzyklopädischer Naturgeschichtsschreibung spielte seine linguistische und humanistische Ausrichtung eine wichtige Rolle, diese wird aber neben neue empirische Zugänge, wie etwa der Sinneserfahrung: die Analyse von Geruch, Geschmack, Sehsinn und Tastsinn gestellt. Vorrang gegenüber der textlichen Überlieferung als Quelle der Naturerkenntnis hatte die Wahrnehmung der Sinne. Zu den modernen wissenschaftlichen Methoden, die Aldrovandi perfektioniert hatte, gehören das systematische Sammeln von Text- und Anschauungsmaterial, das Zusammentragen und die Koordination von Informationen, die Anwendung aller verfügbaren Reproduktionstechniken. Vor diesem Hintergrund wirkt das von Foucault entworfene Bild des textorientierten Kompilators zu einseitig. Doch auch die Vorstellung von Aldrovandi als Pionier moderner Naturwissenschaft vermag nicht zu überzeugen. Die Schilderungen der historischen Figur Aldrovandis als einen Naturhistoriker der »legenda«, der eine Natur betrachtete, die »durch und durch geschrieben war«,[296] und andererseits als modernen Empiriker, der Erfahrung und Autopsie in der Naturforschung etablierte, beruhen auf Gemeinplätzen, die sich nur deshalb auszuschließen scheinen, weil ihre Widersprüchlichkeit unverzichtbar zum Selbst-

294 Foucault 1993 [1966], S. 46–74.

295 Also als Verbindung der heute streng getrennten Kulturen der Naturwissenschaft und der Geisteswissenschaft, wie Snow bereits 1967 kritisiert hat. Snow 1967.

296 Foucault 1993 [1966], S. 72.

verständnis der modernen Wissenschaft gehört. Aus der Perspektive des 16. Jahrhunderts bilden textlich vermitteltes und auf Erfahrung beruhendes Wissen jedoch keinen Widerspruch. Aldrovandi war zu Lebzeiten als Gelehrter, Lehrer, päpstlicher Berater und Wissenschaftler eine unumstrittene Autorität, die den neuen gesellschaftlichen Stand des Sammlers repräsentierte. Paula Findlen hat dieses Phänomen exemplarisch anhand der Naturalienkammern von Aldrovandi, Athanasius Kircher und der Sammlungen der Accademia dei Lincei analysiert. Sie stellt dar, wie Aldrovandis Museum Schauplatz hochspezialisierter Fertigkeiten und Handhabungen wird. Dazu gehörte das Sammeln, Konservieren und Tauschen von Exponaten, das Herbarisieren und Zeichnen sowie die Beaufsichtigung der Zeichner, das Sortieren der Zitate und Bilder in Konvolute. Findlen führt diese minutiöse Akkumulation von Objekten, Bildern und schriftlichen Informationen treffend mit dem sozialen und politischen Aufstieg des Sammlers zusammen: Für den aus gehobenen, aber bürgerlichen Verhältnissen stammenden Aldrovandi war das in seiner Sammlung repräsentierte Wissen gleichbedeutend mit akkumulierter sozialer und politischer Autorität. »Collecting«, so formulierte Findlen, »was not just a recreational practice for sixteenth- and seventeenth century virtuosi, but also a precise mechanism for transforming knowledge into power.«[297]

Die systematische Publikation der textlichen und anschaulichen Details der Sammlungen in gedruckten Büchern bildete den Zielpunkt von Aldrovandis Forschungsarbeit, dessen Ort, das Museum, von Paula Findlen sowie von Horst Bredekamp als ein Labor beschrieben worden ist.[298] Es ist auch der Ort einer naturkundlichen »Inventarisierung der Welt«, wie der Kunsthistoriker und Aldrovandispezialist Giuseppe Olmi diesen Vorgang nannte. Er erforderte einen ganzen Mitarbeiterstab, der um den Forscher Aldrovandi tätig war. Dazu gehörten auch Zeichner, die, oft auf eine bestimmte Tierart oder eine bestimmte Technik spezialisiert, über längere Zeiträume für Aldrovandi arbeiteten, wie Giuseppe Olmi recherchiert hat.[299] Die bis heute sorgfältig aufbewahrte Zeichnungssammlung Aldrovandis ist vollständig digitalisiert und online einsehbar.[300] Aus Aldrovandis Nachlass sind zahlreiche Bücher, Kataloge und Texte, davon allein 200 Bände mit handschriftlichen Aufzeichnungen erhalten.[301] Die meisten dieser in der Universitätsbibliothek Bologna aufbewahrten Bände enthalten Abschriften von Korrespondenzen, Exzerpte, Traktate und Schemata. Sorgenvoll darum bemüht, dass das begonnene Werk und sein damit verknüpfter Name nicht im »Dunkel des Vergessens«[302] versinke, beschäf-

297 Dazu auch Olmi 1994; Findlen 1994, S. 23.

298 Findlen 1994; Bredekamp 1993.

299 In seinem Testament erwähnt Aldrovandi die Schreiber, die Zeichner und Maler. Einige nennt er namentlich im Vorwort zur Ornithologia. Giuseppe Olmi hat die Zeichner und Künstler, die an Aldrovandis Projekt beteiligt waren, genauer dargestellt. Fantuzzi 1774, S. 77; Olmi 1992. Zu Aldrovandi siehe außerdem Olmi 1982; 1982a; 1976; 1992.

300 http://www.filosofia.unibo.it/aldrovandi/ (Stand Januar 2009).

301 »Come si potrá vedere per la mia Biblioteca manuscritta per ordine alfabetico con il numero delle mie Opere posto in catalogo sotto la lettera Ulissis Aldvrovandi de Abrotan.,& finisce de Vimerva methodo eiusdem.« Fantuzzi 1774, S. 76. Verzeichnisse der Manuskripte Aldrovandis bei Fantuzzi 1774, S. 114–145 sowie bei Frati 1907.

302 Aldrovandis Ordnungssinn umfasste auch seine eigene Korrespondenz, die wie jedes andere naturhistorische Werk, katalogisiert und indiziert wurde.

tigte er allein für diese Aufzeichnungen drei professionelle Schreiber.[303] In einem Besucherbuch verzeichnete er jeden durchreisenden Gelehrten.[304]

Ulisse Aldrovandi war hauptsächlich an der Universität Bologna tätig[305] und hatte Rechtswissenschaft, Philosophie und Medizin in Bologna, Padua und Rom studiert. In Rom verfasste er nicht nur einen Führer über die antiken Denkmäler der Stadt,[306] er lernte hier auch Guillaume Rondelet kennen, Naturforscher aus Montpellier und Autor eines der ersten monografischen Tierbücher im neuen deskriptiven Stil der Zeit.[307] Seit seinem Amtsantritt an der Universität Bologna, wo er vor allem Aristoteles lehrte, hatte Aldrovandi das Profil dieser Universität entscheidend geprägt.[308] Dank seiner engen Kontakte zum Vatikan gehörte er zu den auch politisch einflussreichsten Wissenschaftlern seiner Epoche.[309] Er erneuerte die universitäre Lehre, unternahm Exkursionen mit seinen Studenten, bezog Anschauungsunterricht in die Lehre ein.[310] Seine Naturaliensammlung, deren Kern die Zeichnungen darstellten, bildete den Grundstock zu den Sammlungen der Universität.[311] Das Bild spielte als Instrument der Lehre und Forschung eine zentrale Rolle in seiner Arbeit. Um Natur zu studieren, nutzte er jedoch auch ältere Kulturtechniken. Aldrovandi war der Begründer des botanischen Gartens in Bologna (1567), der zu den ältesten botanischen Gärten Italiens gehört.[312]

Vor allem die posthum publizierten Schriften Aldrovandis bieten Einblick in die Grundzüge seiner Wissenschaftsmethodik und in seine Bildtheorie. Erst in jüngerer Zeit sind drei wichtige natur- und kunstphilosophische Texte aus dem Nachlass Aldrovandis publiziert worden. Dass alle drei Texte sich im Kern mit Bildfragen beschäftigen, zeigt, welch hohen Stellenwert er dieser Frage beimaß. Der »Discorso naturale«, Aldrovandis bedeutendster naturphilosophischer Text, wurde bereits 1572/73 geschrieben.[313] Die »Avvertimenti del Dottore Aldrovandi sopra le pitture mostrifiche et prodigiose« schrieb Aldrovandi 1581.[314] 1582 entstand das Traktat »Modo di esprimere per la pittura tutte le cose dell'universo mondo. Enarrazione di tutti i generi principali delle cose naturali et artificiali che ponno cadere sotto la pittura per

303 Aldrovandi erwähnt in seinem Testament »tre scrittori intelligenti«. Fantuzzi 1774, S. 76. Vergleiche auch Rodriquez 1956, S. 1.

304 Beschrieben im Testament von Aldrovandi in Fantuzzi 1774, S. 75–86.

305 Vergleiche die biografischen Angaben über Aldrovandi in Fantuzzi1774 und Tugnoli Pàttaro 1981.

306 Aldrovandi 1556.

307 Rondelet 1553. Dieses überaus einflussreiche Buch setzte Standards für alle nachfolgenden naturhistorischen Abhandlungen des 16. Jahrhunderts.

308 Tugnoli Pàttaro 1981.

309 Findlen 1996.

310 Auch die Lehre ist zur Methodik Aldrovandis zu zählen. Aldrovandis Vorstellung von Methodik als Forschungsinstrument, als didaktisches Instrument sowie als memorative Technik hat Sandra Tugnoli Pàttaro genau untersucht. Tugnoli Pàttaro 1981.

311 Aldrovandi 1556.

312 Crea 1992.

313 Publiziert bei Tugnoli Pàttaro 1981.

314 Dabei handelt es sich um einen bildtheoretischen Text, der sich vor allem mit den Erscheinungen des Monströsen auseinander setzt. Ulisse Aldrovandi: Avvertimenti del Dottore Aldrovandi sopra le pitture mostrifiche et prodigiose. All«Ill.mo et Rev.mo Mons. Il Cardianle Paleotti, Sig.r et Patron suo Colendissimo. 21. augusto 1581. BUB, MS Aldrovandi, 6, vol. II. ks. 129–137. Publiziert bei Olmi 1992.

Ulisse Aldrovando Proffessore Publico all'Ill.Mo e Rev.Mo Mons. Il Cardinale Paleotti«.[315] Mit Paleotti[316] pflegte Aldrovandi intensiven Austausch, gerade in Bezug auf die Bilderfrage, ihre Bedeutung für die religiöse Unterweisung und die wissenschaftliche Erkenntnis der Welt. So stellt Aldrovandis Abhandlung »Avvertimenti dell dottore Aldrovandi All'Ill.Mo e R.mo Cardinale Paleotti sopra alcuni Capitoli della pittura« von 1581 eine direkte Replik auf die bildtheologischen Überlegungen Paleottis dar. Paleotti ließ sich seinerseits bei der Entwicklung seiner Bildtheorie von Aldrovandis Umgang mit Bildern inspirieren.[317]

Immer wieder werden neue Manuskripte aus Aldrovandis Nachlass veröffentlicht. Als jüngste posthume Publikation wurde im Jahr 2000 Aldrovandis Schrift »De observatione foetus in ovis«, verfasst 1564, veröffentlicht. Ein Bildband zu den Zeichnungssammlungen Aldrovandis erschien im Jahr 2004.[318]

Das persönliche Ziel seiner Arbeit war indessen die Drucklegung der allumfassenden Geschichte der Natur. Doch dieses Projekt blieb neben seiner Lehr- und Sammeltätigkeit unvollendet. Als er 1605 starb, waren nur die Bände der »Ornithologia« (1599–1603) sowie die Insektenkunde »De animalibus insectis« (1602) erschienen. Nach seinem Tod wurde die Veröffentlichung der Naturgeschichte sowie die Verwaltung seines Nachlasses von der Universität Bologna unter der Federführung wechselnder Kuratoren fortgesetzt. Es erschienen daher nach dem Tod des Naturforschers eine nicht abbrechende Kette von neuen »Aldrovandis«: »De reliquis animalibus exsanguinibus« 1606, »De piscibus« 1612 und 1613, »De quadrupedibus solipedibus« 1616, »De quadrupedibus omnius bisulcorim historia« 1621, »De quadrupedibus digitatis viviparis« 1637 sowie »De quadrupedibus digitatis oviparis« im gleichen Jahr, »Serpentium et Draconum historiae libri duo« erschien 1639. Erst 37 Jahre nach seinem Tod, 1642, erschien die »Monstrorum historia«, weitere sechs Jahre später erschien das »Museum Metallicum« und schließlich ganze zweiundsechzig Jahre post mortem, 1667–71, gingen Aldrovandis »Dendrologiae« in Druck.

Bereits zu Beginn des 17. Jahrhunderts, als Aldrovandis letzte Bücher noch nicht erschienen waren, waren seine wissenschaftlichen Methoden und Fragen überholt. So waren in Italien wissenschaftliche Instrumente, vor allem durch Galileo Galilei, eingeführt worden. Mit dem Einsatz von Instrumenten aber ging ein methodischer Wechsel in der Naturforschung einher. In Europa wurde eine wissenschaftliche Revolution gefeiert, die sich am »Novum Organum« Francis Bacons orientierte und in der Gründung wissenschaftlicher Akademien gipfelte.[319] Aldrovandi, dem als Lebensziel die Rekonstruktion der universellen Geschichte der Natur vor Augen gestanden hatte, hatte sich sein Nachleben zwar selbst gesichert. Er ahnte jedoch nicht,

---

315 Publiziert in Barocchi 1981.

316 Gabriele Paleotti (1522–1597), Kardinal und Erzbischof von Bologna. Teilnehmer am Konzil von Trient und unter anderem Verfasser der bildkritischen Abhandlung »De sacris et profanis imaginibus libri V« (Bologna, 1582; Ingoldstadt, 1594).

317 Aldrovandi 1581a, publiziert in Barocchi 1961. Zur Beziehung von Aldrovandi und Paleotti äußert sich Holger Steinemann ausführlich. Steinemann 2006.

318 Antonino 2004.

319 Exemplarisch zu diesem Vorgang: Hans Blumenberg in Galileo [1610] 1980; Shapin und Schaffer 1985; Science 1999; Bredekamp 2000; History of Modern Science 2002; Kusukawa und McLean 2006; Bredekamp 2007.

dass sein Forschungsziel bereits wenige Jahre nach seinem Tod kaum noch von Interesse war. Eine experimentell operierende Naturforschung, die an den wissenschaftlichen Akademien in Frankreich und England praktiziert wurde, stellte die Naturforscher des 16. Jahrhunderts ins Abseits des Interesses.

Die »Historia naturalis« Aldrovandis ist ein zwölfbändiges Opus. Es ist aber gerade darin typisch für die frühneuzeitliche Naturgeschichte. Der Anspruch, den die Naturhistoriker jener Zeit stellten, überstieg fast immer das menschenmögliche Maß. Auch darin könnte man eine Ähnlichkeit zwischen Gessner und Aldrovandi entdecken. Schon bei Conrad Gessner erwiesen sich der Umfang des Forschungsvorhabens und die eigene Lebensspanne als unvereinbare Größen. Ulisse Aldrovandi wurde jedoch, anders als Gessner, in der Wissenschaftsgeschichte sehr widersprüchlich beurteilt. Besonders das kritische Urteil über Aldrovandi mag dem Eindruck geschuldet sein, der aus der Lektüre der Naturgeschichte entsteht. Sie ist grundsätzlich nach dem Vorbild von Gessners »Historiae« geordnet. Doch hielt er es für notwendig, Gessners ohnehin schon komplexe Systematik noch einmal zu erweitern. Hatte Gessner alle Informationen in acht thematische Gruppen von A bis H sortiert, so sprengt Aldrovandi dieses Schema, indem er diese acht Gruppen weiter differenziert. Manche Tiere werden anhand von 50 Unterkapiteln beschrieben, deren Überschriften jeweils wie Spezifizierungen der Rubriken Gessners klingen. So differenziert Aldrovandi »Aequivoca«, »Synonyma, eorumque Etymologia«, »Descriptio«, »Anatomia«, »Differentiae«, »Locus«, »Aetas«, »Temperamentum«, »Natura«, »Mores«, »Ingenium«, aber auch Aspekte wie »Sympathia & Antipathia«, »Physiognomica«, »Denominata«, »Auguria«, »Praesagia«, »Prodigia«, »Visiones & Somnia«, »Mystica & Allegorica«, »Moralia«, »Hieroglyphica«, »Emblemata«. Schon die Titel der Rubriken verdeutlichen, dass Aldrovandis Naturgeschichte tatsächlich eine kritische Enzyklopädie des textlich überlieferten Naturwissens war, wie Foucault dargestellt hatte.[320] An Aldrovandis gedruckter Naturgeschichte erläutert Foucault auch das semantische und semiotische System, das dieser Naturforschung zugrunde liegt. Dieses sei im Unterschied zu modernen Zeichensystemen ein ternäres, also dreiteiliges, da es drei Elemente miteinander in Verbindung stelle. Das bezeichnende Element, die Konjunktion und das Bezeichnete. So erläutert er die »convinentia« als die Verknüpfung von im »Raum unmittelbar benachbarten Ähnlichkeiten«, eine universelle Struktur der Welt, der zufolge jede Ebene oder Sphäre der Welt mit einer anderen korrespondierte.[321] Weiterhin nennt er die »aemulatio« als Affinität räumlich getrennter Dinge,[322] die »analogia« als »subtilere Ähnlichkeit der Verhältnisse«, die es erlaube, vom Äußeren auf das Innere zu schließen.[323] Die »Sympathie« beschreibt mit ihrem Komplementärbegriff »Antipathie« die Ursachen

320 So etwa bei Bodenheimer, der eine zwiespältige Haltung Aldrovandi gegenüber einnimmt, der ihn als »gelehrten Eklektiker« unter aristotelischem Einfluss beschreibt. Bodenheimer 1928, S. 249.

321 »Es gibt ebenso viele Fische im Wasser wie Tiere oder von der Natur oder den Menschen hervorgebrachte Objekte auf dem Lande; im Wasser und auf der Erdoberfläche gibt es ebenso viele Wesen wie am Himmel, und jenen entsprechen sie.« Foucault 1993 [1966], S. 47.

322 Foucault meint die Vergleichbarkeit von Ebenen, die nicht unmittelbar verknüpft sind. So ließen sich die Augen mit der Sonne, der menschliche Verstand mit der Weisheit Gottes in ein Verhältnis zueinander stellen. Foucault 1993 [1966], S. 48.

323 Foucault 1993 [1966], S. 50.

für Annäherung und Abstoßung, Bewegung und Transformation.[324] Foucaults kurze und griffige Beschreibung der neuzeitlichen Sinngebung ist heute nicht zu Unrecht selbst kanonisch geworden. Denn in der Tat besteht Aldrovandis Naturgeschichte aus der Dokumentation solcher Beziehungen. Seine Binnengliederung beruht oft auf der Benennung von Konjunktionen wie der Antipathie oder der Sympathie. Doch erfasst diese Beschreibung nur einen Teil von Aldrovandis naturphilosophischem System. Denn Aldrovandi hat die Fülle der Beziehungen einer gemeinsamen Metastruktur untergeordnet, die nicht mehr hermetischen Ähnlichkeitssystemen verpflichtet, sondern vor allem an phänomenalen Eigenschaften, wie den anatomischen Merkmalen der Tiere, orientiert war.[325] Das heißt, Aldrovandi bringt seine Naturgeschichte der Tiere, die in der Tat »durch und durch geschrieben war«[326], in eine an den Phänomenen orientierte Ordnung, eine Ordnung, die auf Anschauungs- und Beobachtungswerten beruhte. Denn Aldrovandi hat nicht nur Gessners Systematik erweitert, sondern er hat auch dessen strikt alphabetisches Regime durch eine neue, an der Anatomie und an den Lebensgewohnheiten orientierte Ordnung ersetzt. Diese übergeordnete Struktur des Buches sprengt den Rahmen von metaphysisch begründeten Ähnlichkeiten, Sympathien und Konjunktionen und wendet sich einem System der physischen Charakteristika zu, die in dichotomen Begriffen erfasst werden. Dabei werden körperliche Merkmale, aber auch Lebensgewohnheiten und -räume berücksichtigt. In der »Ornithologia« unterscheidet er unterschiedliche Gruppen wie die Rabenvögel, körnerfressende Vögel oder Wasservögel und verlässt somit den streng alphabetischen Ansatz, den Gessner verfolgt hatte.[327] Am erfolgreichsten war Aldrovandis Systematisierung der Insekten, die das erste, nach einem dichotomen Muster organisierte System zur Bestimmung von Tieren darstellte und in Grundzügen bis heute gültig ist.[328] Es ist dieser Akt der Ordnung, der Aldrovandis von Gessners und zugleich von allen anderen früheren Ordnungsversuchen unterscheidet.[329]

---

324 So war das Aufsteigen der Wärme aufgrund sympathischer Bezüge zu erklären. Feuer steigt auf, weil es seinem Charakter nach leichter als Luft ist und zum Äther aufstrebt. Foucault 1993 [1966], S. 53.

325 Bäumer 1991–1996, Bd. 2, S. 90.

326 Foucault 1993 [1966], S. 73.

327 Riedl-Dorn 1989, S.37–38.

328 Bodenheimer 1928; Riedl-Dorn 1989. Dichotome Begriffe entwickelte Aldrovandi jedoch auch generell zur Bildung von naturhistorischen Ordnungssystemen. So differenziert er das gesamte Universum in ein Netz von Begriffspaaren. Er unterscheidet beispielsweise die zeitlose Schöpfung, also die Sphäre der Planeten, von der zeitlich bedingten und somit veränderlichen irdischen Welt, die Gruppe der reinen Elemente von den Gemischen, die unbelebte Welt von der belebten Welt oder differenziert lebendgebärende von eierlegenden Tieren. Diese Gruppen nennt Aldrovandi in seinem Traktat »Modo di esprimere per la pittura tutte le cose dell' universo mondo« von 1582. In: Barocchi 1981, S. 923–930.

329 In der Bildung seiner dichotomen Gruppen lehnt sich Aldrovandi an Aristoteles an und setzt sich damit auch bewusst von der alphabetischen Ordnung Gessners ab. Er folgt jedoch keinem durchgängigen Prinzip bei der Bildung seiner Gruppen. Aldrovandis Ansatz stellte jedoch keinen Gegenentwurf zu Gessner dar, sondern er konnte nur auf der Grundlage der Nomenklatur Gessners entstehen. Erst mit Conrad Gessners Nomenklatur, welche das Erscheinungsbild eines Tieres untrennbar mit einem lateinischen Namen verknüpfte und somit Anschauung und Lektüre in ein Wissenssystem band, war die Grundlage dafür geschaffen, diese nunmehr fest benannten Tiere nach ihren Eigenschaften zu sortieren. Riedl-Dorn 1981, S. 35–41.

Aldrovandis Mikrokosmos

Neben dem schriftlichen Nachlass hat Aldrovandi eine der bedeutendsten Naturaliensammlungen des 16. Jahrhunderts hinterlassen, deren Relikte bis heute in Bologna gepflegt werden. Zur Sammlung Aldrovandis gehörten eine Bibliothek,[330] eine Sammlung mit Naturobjekten und Präparaten sowie umfangreiche Herbarien aus getrockneten und gezeichneten Pflanzen.[331] Aldrovandi selbst hat seine Naturalien- und Zeichnungssammlung immer wieder geschildert, so auch in einem weiteren bis heute unpublizierten Text, dem »Trattato naturale«.[332]

Aldrovandi beziffert hier den Umfang seiner Naturaliensammlung auf insgesamt 18000 Sammlungsobjekte.[333] Dazu zählt er allein 7000 getrocknete oder gezeichnete Pflanzen sowie eine ebenso große Zahl von gezeichneten Darstellungen der animalischen und mineralischen Welt: »di animali sanguigni et esangui, sí terrestri come aerei et aquatili, et altre cose sotterranee, come terre succi concreti magri e grassi, pietre, marmi, sassi, metalli, et altri misti.« 5000 dieser Darstellungen hat Aldrovandi in Holz schneiden lassen. Diese Sammlung von Druckstöcken nennt er seine »Pinakothek«.[334] Mit der Anfertigung dieser Druckstöcke hatte Aldrovandi das Fundament für die posthume Veröffentlichung seiner Werke gelegt, welche er in seinem Testament ausdrücklich verfügt hatte.[335] Die Schilderung der Naturalienkammer in Aldrovandis eigenem, nicht ganz unkomplizierten Wortlaut lässt keinen Zweifel über die Größe und Erhabenheit dieses »Mikrokosmos«, hier in einer leicht geglätteten Übersetzung: »Heute kann man in meinem Mikrokosmos 18 000 verschiedene Objekte sehen, darunter 7000 getrocknete und eingeklebte Pflanzen in fünfzehn Bänden, die ich zum Teil nach dem Leben zeichnen ließ. Die Anzahl der Zeichnungen, ob von den Antiken oder den Modernen, erreicht noch nicht die Zahl von 3000 Stück. Der Rest, das sind Darstellungen von Bluttieren und blutlosen Tieren, ob sie auf der Erde, der Luft oder im Wasser leben und anderer unterirdischer Dinge, wie feuchte Erde, feste, magere und fette, Steine, Marmor, Felsen, Metalle und andere Gemische, vollenden die oben genannte Zahl. Von diesen habe ich eine Auswahl von 5000 Naturalien gemacht, wie Pflanzen, Tiere verschiedenster Art und Steine, die eine Figur haben können und die von anderen Autoren noch nicht publiziert wurden. Diese habe ich auf Birnenholz reißen lassen, ein Teil davon ist (in Holz) geschnitten. Diese kann man in 14 Schränken sehen, die ich meine ›Pinakothek‹ nenne. Zwei davon sind in meinem Museum – sie werden von mir ›Pandechion, oder

330 Ventura Folli 1993.

331 Zu Aldrovandi als Sammler: Tagliaferri, Tomasini und Tugnoli Pàttaro 1994, S. 265–282; Teatro del Mondo 2001 (AK); Guida Palazzo Poggi 2002.

332 Erwähnt bei Sandra Tugnoli Pàttaro 1981. Anhand seines Adressaten, den Kardinal Gabriele Paleotti, seiner durchstrukturierten und engagierten Argumentation kann der offizielle Charakter dieser Schrift bemessen werden. Sandra Tugnoli Pàttaro zitiert den Trattato in längerer Form. Aldrovandi: Trattato naturale, cc. 50v–51r. In: Tugnoli Pàttaro 1981, S. 134–135. In kürzerer Form beschreibt Aldrovandi seine Sammlungen auch in seinem Testament, das bei Fantuzzi 1774, S. 67–85 veröffentlicht wurde. Referiert nach Tugnoli Pàttaro 1981, S. 70.

333 Trattato naturale, cc. 50v–51r. In: Tugnoli Pàttaro 1981, S. 134–135.

334 Trattato naturale, cc. 50v–51r. In: Tugnoli Pàttaro 1981, S. 134.

335 Damit, wie er selbst schreibt, seine Arbeit nach seinem Tode nicht im Dunkel versinke. »[...] accioche le tante fatiche, & spese nei studij miei non abbiamo andar in sinistro«. Fantuzzi 1774, S. 75.

Chimiliarchio der Dinge, die auf diese untere Art entstandenen sind‹ genannt – die 66 Kassetten, unterteilt in 4500 Kästchen enthalten, in denen sich 7000 unterirdische Dinge, einige Früchte, Gummi und andere wunderschöne Dinge aus Indien befinden. Sie wurden mit ihren Namen versehen, damit man sie leicht finden kann; sie sind zum Teil beschrieben, zum Teil wird man ihre Geschichte schreiben, der Rest von den (oben genannten) 18000 Objekten sind Beispiele der Arten, die Gott zum Nutzen des Menschen geschaffen hat, von diesen habe ich, wegen der sehr großen Kosten, keine Holzschnitte schneiden lassen. Man kann sie nicht nur in meinem Museum gemalt finden, sondern von jeder dieser Arten hat man die Geschichte und Beschreibung angefertigt oder man wird sie noch anfertigen. Über jede (dieser Arten) gebe ich die Beobachtungen wieder, die ich über sie angestellt habe, und mein Urteil über diejenigen (Autoren), die über sie geschrieben haben.« [336]

Individuelle Gestalten in der Zeichnungssammlung

Innerhalb dieser Sammlung, die zugleich als universitärer wissenschaftlicher Apparat diente,[337] nehmen die naturhistorischen Zeichnungen eine besondere Stellung ein. Aldrovandi weist immer wieder und mit besonderem Stolz auf seine Zeichnungssammlung hin und thematisiert dabei im Speziellen die Bedeutung der Zeichnung für die Wissenschaft. Diese Bildsammlung besteht aus sechs umfangreichen Lederfolianten, sie wird bis heute in der Universitätsbibliothek Bologna aufbewahrt. Die Blätter sind nicht signiert, die Autoren sind heute nur dadurch bekannt, dass Aldrovandi einige Namen in seinen Publikationen oder in seinen Notizen aufführte.[338] Für den Betrachter sind die Zeichnungen also anonym und werden unwillkürlich

336 »hoggi nel mio microcosmo si posson vedere il numero di diciottomilla cose diverse, e, fra queste, 7000 piante in quindici volumi, secche et incollate, parte delle quali ancora ho al vivo dipinte, il numero delle quali sí degl'antichi, sí de moderni ancora al numero di 3000 non arrivono; il restante, poi, di animali sanguigni et esangui, sí terrestri come aerei et aquatili, et altre cose sotterranee, come terre, succi concreti magri e grassi, pietre, marmi, sassi, metalli, et altri misti, che compiscono il su detto numero. Delle quali ho fatto una scelta di 5000 cose naturali, come di piante, animali di varie sorti e pietre, che possono haver figura, le quali da alcuno scrittore non sono stampate, e quelle ho fatte disegnare in pero, parte delle quali sono intagliate, le quali tutte possono vedersi in quattordici armadii, da me chiamati ›Pinachoteche‹. E duoi ne sono nel mio museo – quali da me sono chiamati ›Pandechion seu Chimiliarchio delle cose generate in questo inferior mondo‹ –, dove sono 66 cassette, divise in 4500 cassettine, dove sono 7000 cose sotterranee ed alcuni frutti, gomme et altre cose bellissime dell'Indie, con i nomi loro, acciò facilmente si possia trovare; de quali tutti parte si é descritta e parte si va descrivendo l'historia; il restante, poi, fino a 18 mila, veramente esemplari delle specie prodotte dal grande Iddio per l'utilità dell'homo, sebene non ho fatto quelle in tavole disegnare, mediante la spesa grandissima, non solo si truovan' dipinte nel mio museo, ma di ciascuna si fa e si farà l'istoria e descrizione, di ciascuna dando il mio giudizio di quelli che di quelle hanno scritto, et osservationi da me fatte intorna a quelle.« Ulisse Aldrovandi: Trattato naturale, cc. 50v–51r. In: Tugnoli Pattora 1981, S. 135. Vergleiche auch Scappini / Torricelli 1993, S. 15–16. Zu den Begrifflichkeiten Aldrovandis siehe auch Findlen 1989.

337 Wie Sandra Tugnoli Pàttaro nahe legte, verstand Aldrovandi unter einer wissenschaftlichen Methode auch die Methoden des Lehrens und Lernens. Anschauung und Exkursion gehörten daher zu den Unterrichtsmethoden Aldrovandis. Tugnoli Pàttaro 1981, S. 65–73.

338 Die genaue Beschreibung der Herstellung und Akquisition der Zeichnungen siehe Kapitel III. 1. »Dokumentation und Tradierung von Naturwahrnehmung in der Zeichnung.«

weniger als Werke dieses oder jenes Künstlers, sondern als Dokumentation dieses oder jenes Tieres wahrgenommen. Die heutige Sortierung der Blätter ergibt kein erkennbares System, sondern zeigt sich als ein unüberschaubares Mosaik aller denkbaren, wahrscheinlichen und weniger wahrscheinlichen Gestalten.[339] Die Sammlung enthält Darstellungen von Vögeln (Abb. 20), Säugetieren (Abb. 21), Fischen (Abb. 30 und 32), Reptilien (Abb. 22), Insekten (Abb. 23), von Wundergeburten und Monstern (Abb. 24, Abb. 25), von Muschel- und Schneckengehäusen sowie von Fossilien (Abb. 26, Farbabbildung 5). Leere Seiten und nur als Vorzeichnung ausgeführte Zeichnungen (Abb. 36) deuten auf den unabgeschlossenen Charakter der Sammlung. Die inhaltliche Breite der Zusammenstellung sowie die besondere Aufmerksamkeit, die dabei den individuellen Gestalten gewidmet wurde, charakterisieren die Sammlung. Durch die Uneinheitlichkeit in der Komposition der einzelnen Blätter wird dieser erste Eindruck bis zur Unübersichtlichkeit verstärkt. So zeigen einige Blätter nur ein, andere Blätter zwei oder mehr Objekte neben- oder untereinander, manche sind in Zeilen organisiert. Einige Blätter sind beschriftet, andere nicht. Doch gibt es bei aller formalen Uneinheitlichkeit und thematischen Breite auch Gemeinsamkeiten. So scheint die zentrale Funktion der Zeichnungen nicht in der Identifikation von bestimmten Tierarten zu liegen, sondern in der Dokumentation individueller Gestalten.[340] Denn oft handelt es sich bei den Darstellungen um Wesen mit besonderen physiologischen Merkmalen, wie Missbildungen, aber auch um mythologische Gestalten und solche Wesen, die bereits zuvor auf Flugblättern und in Büchern als »Monster« präsentiert wurden. Die Bilder von Säugetieren oder Vögeln mit überzähligen oder fehlenden Gliedmaßen (Abb. 20), von Reptilien mit zwei Schwänzen (Abb. 22), Drachen oder Basilisken (Abb. 25), wobei letzterer als ein artifizielles Wesen identifiziert wurde,[341] machen einen beträchtlichen Anteil der Motive aus. Der umfassende, fast enzyklopädische Charakter der Sammlung lässt nicht auf ein inhaltlich genau umrissenes Forschungsinteresse schließen. Auch passt die uneinheitliche formale Gestaltung nicht zur Vorstellung von einer wissenschaftlich definierten Bildpragmatik: der Identifikation von Tierarten und der Kommunikation von allgemeingültigem Wissen. In vielerlei Hinsicht scheinen die Themen und die Organisation der Blätter einem wissenschaftlichen Interesse sogar entgegenzustehen. Gleichwohl stehen sie in engstem Zusammenhang mit Aldrovandis naturphilosophischen Aktivitäten, schließlich stellte die Bildsammlung das Kernstück seiner Naturaliensammlung dar. Zudem war Aldrovandi ohne Zweifel ein Forscher mit ausgewiesener Bildkompetenz, wie zahlreiche seiner Schriften belegen. Das besondere Profil seiner Sammlung erklärt sich aus seinen besonderen Forschungsinteressen.

Objekte, Bilder, Texte und Kataloge dienten dazu, möglichst viele Details aus der Geschichte der Natur zusammenzutragen und niederzulegen. In einer Zeit, in der Naturgeschichte zuneh-

339 Welche Reihenfolge die Blätter zu Aldrovandis Zeiten hatten, darüber gibt der heutige Zustand der Sammlung keinen Aufschluss.

340 Aldrovandi spricht zwar von »Species«, seine Verwendung des Begriffs hat jedoch nichts mit dem heutigen Verständnis des Wortes zu tun.

341 Wie auch der Inschrift »Raia exiccata in formam draconis a circolatoribus efficta« also »Meerestier, das zu marktschreierischen Effekten in Form eines Drachens geschnitten wurde« zu entnehmen ist.

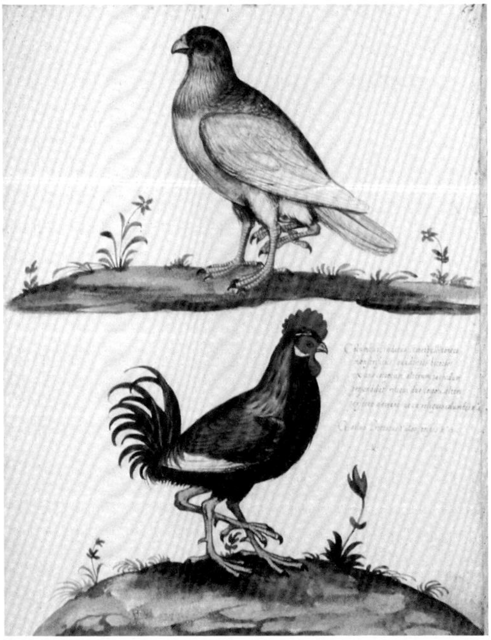

20 Vogeldarstellungen, Zeichnung aus der Sammlung Ulisse Aldrovandis in Bologna.

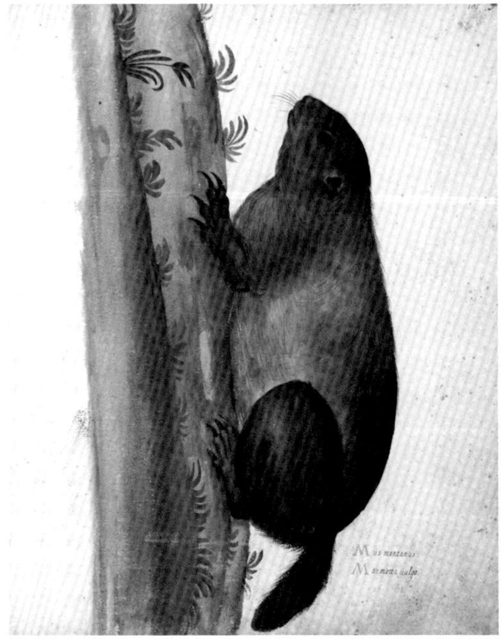

21 Murmeltier, Zeichnung aus der Sammlung Ulisse Aldrovandis in Bologna.

mend an konkreter politischer Relevanz gewann,[342] war die intime Kenntnis der Natur und die Fähigkeit, ihre individuellsten Erscheinungsformen zu deuten, zugleich ein Schlüssel zu politischem und gesellschaftlichem Einfluss.[343] Dazu gehörte gerade die Kenntnis der Ausnahmen und der Einzelfälle: Katastrophen, Wunder und Monster. Genau diesen Ausnahmeerscheinungen hatte Aldrovandi seine besondere Aufmerksamkeit zugewandt. Man könnte den universellen Anspruch der Sammlung Aldrovandis aber auch wie Giuseppe Olmi mit dem »horror vacui« in Beziehung setzen, eine dem Barock zugeschriebene Angst vor der Leere, übertragen

342 Die Deutung von Naturereignissen, das Erstellen von Horoskopen wie auch die Auslegung von Monstererscheinungen war von höchster politischer Brisanz. Warburg 1998 [1920].

343 Paula Findlen beschreibt diese Verquickung von Naturauslegung und Macht konkret am Fall eines Drachen, der am 13. Mai 1572 in der Nähe der Stadt Bologna gesichtet wurde. Der als Interpret des Naturwunders auftretende Aldrovandi hatte das Wunder mit naturhistorischem Blick als eine Kreatur gesehen, die ungeachtet ihrer Unvollkommenheit ein Beispiel dafür war, wie Natur über die Notwendigkeit hinaus Formen und Wesen produzieren könne. Zu diesem Schluss kommt Aldrovandi angesichts der Tatsache, dass der Drachen im Unterschied zu Schlangen mit zwei rudimentären Beinen ausgestattet war, die jeglicher Zweckmäßigkeit entbehrten. Der Drache – eigentlich also eine Schlange mit zwei Beinen – war deshalb kein bedrohliches Vorzeichen, sondern eher ein Naturwunder, das, sicher auch mit Blick auf die gerade stattfindende Wahl des Papst Gregor XIII, positiv ausgelegt werden durfte. »In seiner Unvollkommenheit«, so Aldrovandis paradoxer Schluss, »beweist das Phänomen die höchste Vollkommenheit«. Höchste Vollkommenheit sah Aldrovandi darin, dass die Natur über das Maß des Notwendigen hinausgegangen war und dem Tier zwei Füße verliehen hatte. Findlen 1994, S. 17–31.

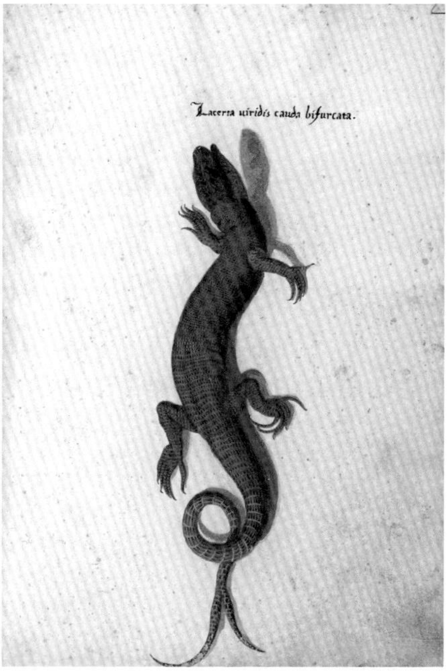

22 Reptil, Zeichnung aus der Sammlung Ulisse Aldrovandis in Bologna.

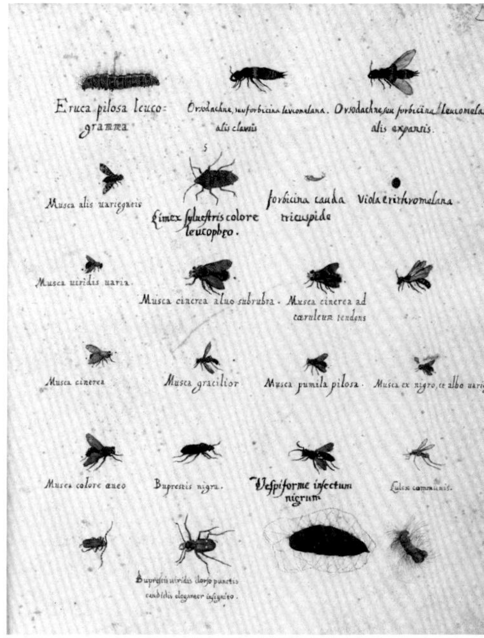

23 Insekten, Zeichnungen aus der Sammlung Ulisse Aldrovandis in Bologna.

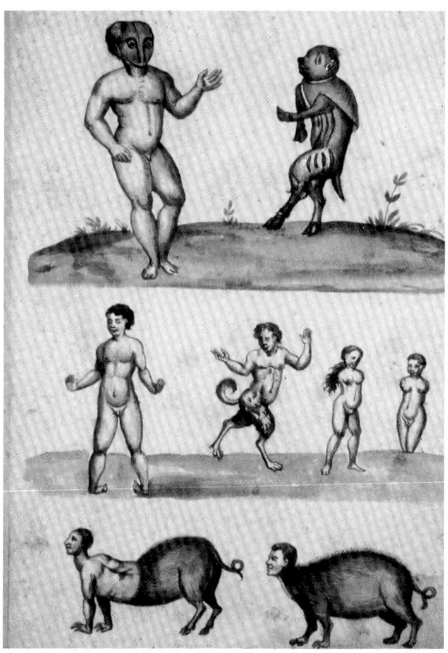

24 Monsterdarstellungen, Zeichnungen aus der Sammlung Ulisse Aldrovandis in Bologna.

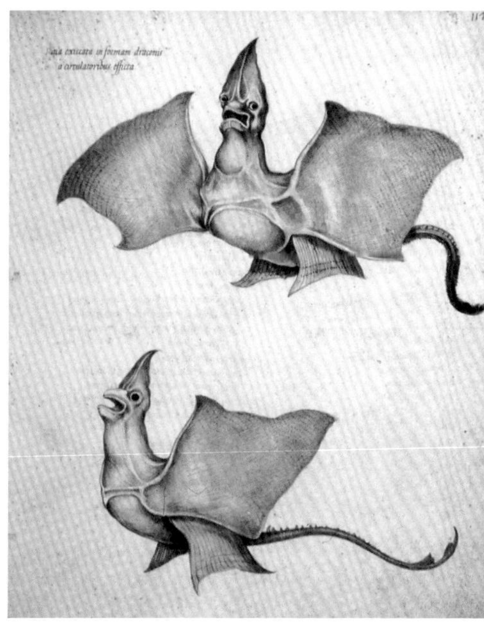

25 Basiliskenpräparat, Zeichnungen aus der Sammlung Ulisse Aldrovandis in Bologna.

auf die Naturphilosophie der Zeit.[344] Dazu passt auch das besondere Interesse Aldrovandis an Monstern und Missbildungen. Hier dokumentiert sich ein ausgesprochenes Interesse an den Ausnahmen, an Un- und Außergewöhnlichem. Aldrovandis Sammlung zeugt aber vor allem von einem unerschütterlichen Glauben an die Bedeutung des Details für die Interpretation und Lektüre der Natur. Der Forscher hat selbst öfter artikuliert, wie sehr ihm die Kenntnis des Einzelnen und der Ausnahmen am Herzen lag. So verwies er mit Stolz darauf, dass er in seiner Sammlung »ogni minima cosa a suo luogo«, also jede kleinste Sache an ihrem Ort lokalisieren könne.[345] Äußerungen wie diese zeugen von seiner Verbundenheit mit dem Ideal einer lückenlosen »Kette der Wesen«, das die Bedeutsamkeit jeden Details, auch der marginalen und exzeptionellen Gestalten der Welt impliziert.[346] In Aldrovandis Interesse für Details und Absonderlichkeiten zeichnet sich jedoch darüber hinaus eine Denkperspektive ab, die in eine ähnliche Richtung zielt, wie Gessners Interesse an den individuellen Formen der Fossilien und sich im Anschluss daran beschreiben lässt. Da sich auch Aldrovandi mit Fossilien beschäftigt hat, bietet sich dieses Thema als Vergleichsgrundlage an.[347]

Die figuralen Potentiale der Natur als Bild- und Forschungsthema

Individualitäten und Details, wie außergewöhnliche Gestalten, spielen auch auf einer besonders eindrucksvollen Fossiliendarstellung aus der Zeichnungssammlung Aldrovandis eine Rolle. Auf dem Blatt ist das Gehäuse eines Nautilus' zu sehen sowie mehrere, nicht ohne weiteres identifizierbare, aber möglicherweise fossile Gebilde (Abb. 26, Farbabbildung 5).[348] Im oberen Drittel des Blattes, genau auf der Mittelachse, befindet sich die Darstellung eines runden Objekts, das in der Art eines Trompe-l'Oeil gezeichnet wurde; es wurde so dargestellt, als ob der Bildgegenstand auf dem Papier läge.[349] Darunter, links und rechts der Mittelachse, wurden zwei braune Objekte platziert, die konzentrische Ringe, Jahresringen vergleichbar, besitzen. Genau darunter befinden sich zwei weiße, nicht näher identifizierbare Objekte. Im unteren Drittel wird das Blatt durch die Darstellung des großen Nautilusgehäuses[350] beherrscht, die

---

344 Olmi 1992, S. 47.

345 »[ ] che si può vedere in detto teatro con gli occhi corporei, con gl' Indici poi, come ho detto di sopra, di poter trovare ogni minima cosa a suo luogo, o siano libri di piante agglutinate, o siano piante, & animali dipinti o siano i doi armarj, dove sono quattro milla in circa cassettini, o siano delle cose sospese con ordine al Museo, [ ].« Fantuzzi 1774, S. 79–80.

346 Lovejoy 1993; zur Paradoxie dieses auf Vollständigkeit zielenden Sammlungsmodells Macho 2000, S. 67.

347 Zwar hat Aldrovandi kein Buch über Fossilienkunde veröffentlicht, es finden sich unter seinen Manuskripten jedoch Auszeichnungen über das Thema. Die Metallotheca von Aldrovandi behandelt viele Inhalte, die heute eher zur Mineralogie gehören würden. Fantuzzi 1774; Bredekamp 1993.

348 Wobei der Begriff »Fossil«, wie im Kapitel II.1. »Fossilienkunde – Die Beschreibung der Natur als Form«, im Sinne des 16. Jahrhunderts zu verstehen ist.

349 Zum Trompe-l'Oeil: Wheelock 2002.

350 Aldrovandi behandelt den Nautilus innerhalb seines Werkes »De reliquis animalibus exanguibus« von 1606, wobei er für die Abbildung des Nautilusgehäuses einen anderen Blickwinkel wählte. Dargestellt werden hier sowohl bewohnte Nautilusgehäuse, als auch leere und bearbeitete Nautilusobjekte. Aldrovandi 1623, S. 87–91, Tafel V. Zum Nautilus als Objekt der Kunstkammer siehe Mette 1995.

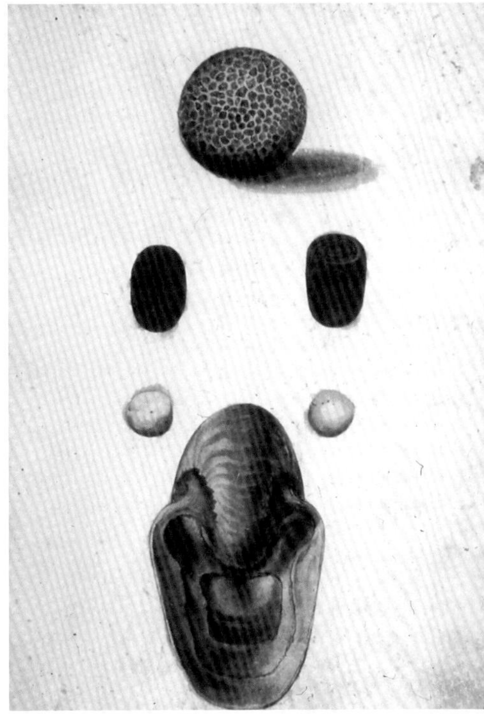

26 Fossilien und Nautilusgehäuse, Zeichnung aus der Sammlung Ulisse Aldrovandis in Bologna, (vgl. Farbabb. 5).

genau auf die Mittelachse gesetzt wurde. Das Blatt ist symmetrisch angelegt, die Objekte sind direkt auf das ungrundierte Papier gezeichnet worden. Die Umrisse und plastischen Eigenschaften der Dinge sind klar zu erkennen, mit großer Genauigkeit ist jede Unregelmäßigkeit erfasst worden. In der Dokumentation ungewöhnlich geformter Objekte scheint die Funktion dieses Blattes zu liegen: ob es sich um die poröse Oberfläche des sphärischen Körpers handelt, die Ringstrukturen der beiden länglichen Objekte in der Mitte oder das Gewölbe des großen Nautilusgehäuses. Besonders die Ansicht dieses Gehäuses, das von der Schmalseite her Einblick ins Innere bietet, ist spektakulär.[351] Es ist fast unmöglich, dieses Motiv zu betrachten, ohne sofort eine Reihe von Assoziationen zu entwickeln. Seine Öffnung erinnert an ein aufgerissenes Maul oder an die Physiognomie einer Groteske. Doch auch die anderen Motive wecken zahlreiche Assoziationen. Das Objekt am oberen Rand könnte ein Fossil darstellen oder auch ein geometrisches Modell, vielleicht sogar ein Spielzeug. Handelt es sich bei den anderen Objekten um Holzstücke oder um mineralische Objekte? Bei aller Präzision der Zeichnung: Eindeutigkeit war offenbar nicht das Ziel der Darstellung. Jedes Gebilde besitzt eine mehr oder minder

351 Diese Ansicht als Blick in ein verlassenes Gehäuse taucht auf Stilleben zuweilen als Vanitassymbol auf, die ikonologischen Implikationen von Meeresschnecken, Muschel und dem Nautilus sind jedoch vielseitig. Mette 1996, S. 58–74.

deutliche Ähnlichkeit mit etwas anderem, jedes Fossil scheint sich in einem Stadium der Transformation zu befinden oder zeigt zumindest figurale Potentiale. Das Blatt ist auch deshalb schwer zu deuten, weil sich seine Motive nicht mit den klassischen bildexegetischen Verfahren: der Emblematik, der christlichen, mythologischen oder profanen Ikonografie lesen lassen. Doch auch in einen naturhistorischen Kontext lassen sich diese Bilder nicht unmittelbar einordnen. Da sie durch keine Bezeichnung spezifiziert worden sind, dienen sie auch nicht der Identifikation oder Klassifikation von fossilen Objekten. Ungeachtet der präzisen Darstellung jedes Details und der klar organisierten Anordnung der Objekte bleibt das Blatt inhaltlich ambivalent. Doch diese Ambivalenz ist Programm. Gerade sie ist keine Ausnahme in den Fossiliendarstellungen jener Zeit und kann mit der zeitgenössischen Fossilienforschung in Zusammenhang gebracht werden.

Bereits Gessner hatte die formalen Charakteristika von Fossilien, ihre Ähnlichkeit mit vegetabilen, animalischen oder künstlichen Figurationen in den Mittelpunkt seiner Fossilienforschung gestellt.[352] Formale Entsprechungen bilden sogar das Ordnungskriterium seiner Fossilienkunde. Ein vergleichbar dezidiertes Interesse an fossilen Formungen kommt auch auf Aldrovandis Blatt zum Ausdruck. Dennoch lässt es sich nicht als Adaption der Fossilienkunde Gessners interpretieren. So besitzt keine Darstellung bei Aldrovandi eine so eindeutige Gestalt, wie die Fossilien in Gessners Buch. Aldrovandis Blatt stellt nicht so sehr die formalen Analogien der Fossilien in den Vordergrund, sondern es eröffnet vor allem Assoziationsmöglichkeiten. Zudem stehen bei Aldrovandi unterschiedliche Fossilien nebeneinander. Auch aus der Gestaltung des Blattes erschließt sich kein möglicher naturhistorischer Hintergrund. Gleichwohl ist die reliefartige, flächig ausgerichtete Anordnung der Motive zu einem symmetrischen Muster beredt. Die Fossilien bilden eine rautenförmige Figur, ein Muster. Wie jedes Muster deutet auch dieses auf eine ihm zugrunde liegende Gesetzmäßigkeit, ein Ordnungsprinzip.[353] Einem Sternbild vergleichbar, repräsentieren die Objekte dieser Zeichnung eine zusammenhängende Struktur, ohne dass deren konkreter Sinn sich erschließt. Obwohl die hier präsentierten Naturobjekte nicht so arrangiert wurden, dass sie anhand ihrer Formen miteinander verglichen oder bestimmten Fossiliengruppen zugeordnet werden konnten, liegt ihrer Anordnung auf dem Blatt eine Symmetrie zugrunde. Sie wurden in eine geometrische Ordnung gebracht. Diese Anordnung reflektiert die formalen Eigenschaften der Naturobjekte in besonderer Weise. Damit werden genau die Eigenschaften betont, die bereits bei der Inszenierung der Motive hervorgehoben wurden. So wie das Arrangement der ganzen Seite gezielt und planvoll wirkt, erscheinen auch die einzelnen Formungen und Muster der Fossilien wie Effekte einer Gestaltung. Auf beiden Ebenen wird das Wirken eines ästhetisch operierenden Prinzip evoziert, auch wenn der Sinn dieses Prinzips obskur bleibt. Neben der Betonung von formalen Ambivalenzen auf der Motivebene ist das Blatt durch seine ornamentale Bildkomposition charakterisiert.

352 Dazu mehr im Einstieg zum Kapitel II »Conrad Gessner und die Struktur der Naturgeschichte«.

353 Diese meist unausgesprochene Regel gilt bis heute: Musterbildungen, man denke etwa an die populären mathematischen Muster der Mandelbrotfiguren, gelten als sichtbares Indiz für Gesetzmäßigkeiten, welche die geordnete Struktur hervorbringen. Dazu unter anderem Bredekamp 1992.

Welche naturkundlichen Fragen hier umgesetzt wurden, lässt sich jedoch aus diesen Charakteristika nicht ableiten. Vielmehr scheinen sie gerade dem Kontext der Naturforschung mit ihren spezifischen, funktionalen und didaktischen Anforderungen an Bilder diametral entgegenzustehen. Vergleichen wir Aldrovandis Blatt mit den Blättern der Fossilienbildsammlung Felix Platters, so werden signifikante Unterschiede deutlich. Bei Platter waren die Motive in Zeilen auf der Seite arrangiert und jeweils zu genau bezeichneten Gruppen sortiert. Jedes Fossil ist außerdem mit einem Namen versehen worden. Diese Sortierung war an der Fossilienkunde Kentmanns orientiert, der Erde, Gemenge, Steine, Steine in Lebewesen, versteinertes Holz, Gold, Silber, Quecksilber, Kupfer, Kadmiumblei, marine Fossilien und andere Fossilienarten unterschied.[354] Aldrovandis Blatt stellt keine der bekannten zeitgenössischen Fossiliengruppen dar, obwohl er die damals aktuelle Fossilienforschung ohne Zweifel kannte.[355] Die Unterschiede der Darstellung werden auch im Aufbau der Dokumentationen deutlich. Während Platter die Darstellungen der einzelnen Fossilien ausgeschnitten und auf dem Papier, wie auf einer Arbeitsfläche, arrangiert hatte, sind die Motive bei Aldrovandi als Trompe-l'Oeil auf die Bildoberfläche gezeichnet worden. Zwar vermittelt ein Schatten neben dem oberen, kreisrunden Motiv den Eindruck, dass es direkt auf dem Bildträger, also auf dem Blatt läge; dieser Effekt bleibt aber, grundsätzlich anders als bei Platter, ein künstlerisch erzeugter. Gegenüber der modern anmutenden, tabellarisch-flächigen Anordnung der Fossilienbilder bei Platter mutet die illusionistisch-perspektivische Gestaltung bei Aldrovandi geradezu altmodisch an.

Doch ist die Wissenschaftsgeschichte, zumindest an dieser Stelle, nicht als eine Geschichte zunehmender Übersichtlichkeit zu beschreiben. Denn Aldrovandis Blatt, mit seinen komplizierten Strukturen, steht exemplarisch für eine Tendenz in der Fossilienforschung, die sich erst nach Gessner, Platter und Kentmann entwickelte. Vor allem die Fossilienforscher des 17. Jahrhunderts entwickelten ein besonderes Interesse an formalen Kriterien, ein Interesse, das unter anderem in den Bildinszenierungen, in denen Fossilien repräsentiert wurden, zum Ausdruck kommt. Sie zeigen die Fossilien als Objekte von ausgesprochen vieldeutigen Formen. Insbesondere in dieser Hinsicht ist das Blatt Aldrovandis den Abbildungen aus Francesco Stellutis[356] fossilienkundlichen Buch, dem »Trattato del legno« von 1637, ähnlich. Dieses Werk aus dem

354 Vergleiche Kapitel II.1. »Die formale Ordnung der Fossilien«; Agricola 1958 [1546], S. 4–5; Rudwick 1972, S. 12; Picturing knowledge 1996.

355 Das »Museum Metallicum« des Ulisse Aldrovandi beschäftigt sich fast ausschließlich mit natürlichen und künstlichen Formungen aus Steinen und Mineralien. So nennt Aldrovandi in seinen Sammlungsbeschreibungen die einzelnen seit Agricola bekannten Fossiliengruppen. Im »Discorso naturale« von 1572/73 bespricht er im Abschnitt über die Minerale die Ausrüstung eines guten Mineralogen, die Behandlung von Fossilen im Hochofen, die Notwendigkeit zur Klassifikation von Mineralien und legt seine eigene Klassifikation der Fossilien vor. Aldrovandi nennt diese unbelebte Natur »Metalle« und bezeichnet mit diesem Begriff die Dinge, die in den »Eingeweiden der Erde und auf deren Oberfläche entstehen«: »cose inanimate che si generano nelle viscere della terra et sua superficie.« Er unterscheidet des Weiteren unter den Fossilien die Gruppen Erde, Salze, Steine und Edelsteine, Kiesel sowie die große Gruppe der Metalle. Auf Fossilien im modernen Sinne des Wortes geht er in diesem Text nicht explizit ein. Aldrovandi 1572/73. In: Tugnoli Pàttaro 1981, S. 193–194; Bredekamp 1993, S. 19–26.

356 Francesco Stelluti Fabriano (1577–1646), Jurist. Einer der vier Gründungsmitglieder der Accademia dei Lincei und dort vor allem für Mathematik, Astronomie und Geometrie zuständig.

Wirkungskreis der Accademia dei Lincei umfasst nur acht Seiten Text und 14 Bildtafeln.[357] Auf ganzseitigen Bildtafeln hat Stelluti Fossilien aus der Gegend um Aquasparta darstellen lassen (Abb. 27). Doch zeigen einige Tafeln nicht wie erwartet Fossilien, sondern nur ein feines und präzise dargestelltes Linienmuster, ein an eine Holzmaserung erinnerndes Lineament, das in unregelmäßigen Wellen und Schlingen die gesamte Bildfläche ausfüllt. Diese Abbildungen geben nicht zu erkennen, welche Art von Fossilien sie repräsentieren. Anhand der Darstellungen wird allein der bemerkenswerte Charakter ihrer Maserungen deutlich. Die Maserungen erinnern stark an druckgrafische Anamorphosen.[358] Wie diese Kunststücke scheinen die Linien der Fossilien eine Gestalt zu bergen. Eine solche lässt sich jedoch in den Liniengewirren der Drucke Stellutis nicht finden. Was mit dieser Darstellungsform erzeugt wird, ist lediglich ein metamorphotischer Eindruck. Genau diesen Eindruck hinterließ auch die Fossilienzeichnung Aldrovandis. In beiden Fällen werden Fossilien als Naturphänomene geschildert, die das Potential besitzen, ihre Gestalt der eines anderen Naturobjektes anzunähern oder eine Figur auszubilden.

Anders als Aldrovandi hat Stelluti seine Ansichten über Fossilien publiziert und ermöglicht damit einen Einblick in den Zusammenhang, in den er seine Abbildungen stellte.[359] Dieser Kontext lässt sich kurz referieren.[360] Stelluti beschreibt in seinem Buch die Eigenschaften und Strukturen von fossilen Hölzern, die er zusammen mit den anderen Mitgliedern der Accademia dei Lincei in der Gegend von Aquasparta gefunden hatte.[361] In Aquasparta befand sich der Landsitz der Familie Cesi, von hier aus unternahm Frederico Cesi zusammen mit den anderen Protagonisten der Accademia Exkursionen, auf denen Fossilien gesammelt wurden.[362] Dabei fiel ihnen insbesondere das mehrdeutige Aussehen der in dieser Gegend häufiger zu findenden Fossilien auf. Diese zeigten formale Charakteristika von Holz, wie Astansätze, und besaßen Strukturen, die einer Holzmaserung sehr ähnlich waren. Sie bestanden aber offensichtlich nicht aus pflanzlichem, sondern aus einem mineralischen Material. Cesi, der sich selbst ausführlicher mit Fossilien beschäftigte und eine Publikation zum Thema geplant hatte, nannte diese Fundstücke »Metallophyten« und erhob somit ihren ambivalenten Charakter zwischen unbelebter und vegetabiler Natur zum namengebenden Kriterium.[363] Cesis Aufzeichnungen wurden nie

357 Stelluti hatte seine Fossilienforschungen zusammen mit Cesi unternommen, der ursprünglich selbst ein Buch über Fossilien geplant hatte, jedoch vor der Veröffentlichung seiner Ideen starb. Zum »Trattato« und Cesis eigenen Forschungen äußert sich auch Freedberg ausführlicher. Freedberg 2002, S. 325–345.

358 Noch deutlicher wird dies anhand der Zeichnungen, die von den Mitgliedern der Accademia vor Ort angefertigt wurden, die heute in Windsor aufbewahrt werden und die von David Freedberg publiziert und analysiert worden sind. Freedberg 2002, S. 305–345.

359 Es gibt allerdings in den Manuskripten Aldrovandis zahlreiche Aufzeichnungen zum Thema Fossilien. Frati 1907, S. 87–89.

360 Stelluti 1984 [1637]. Dazu auch Scott 2001; Freedberg 2002.

361 Die »Accademia dei Lincei« wurde 1603 von Frederico Cesi gegründet und bestand zu Beginn aus einem exklusiv kleinen Kreis junger Naturforscher. Freedberg 2001; 2002.

362 Freedberg 2002, S. 322–330.

363 Oder, wie Freedberg notiert, auch: »zoopyhten«, »zoolithopyhten« oder »lithophyten«. Stelluti schreibt: »[ ]; detto al nostro Signore D. Federico Cesi Principe di S. Angelo, e Duca secondo di Aquasparta, da cui fu gli anni passati discoperto, Metallofito per la natura, c' ha della pianta, e del metallo: se bene considerato in se tutto, molto piú participa della pianta, che del metallo.« Freedberg 2002, S. 323; Stelluti 1984 [1637], S. 5.

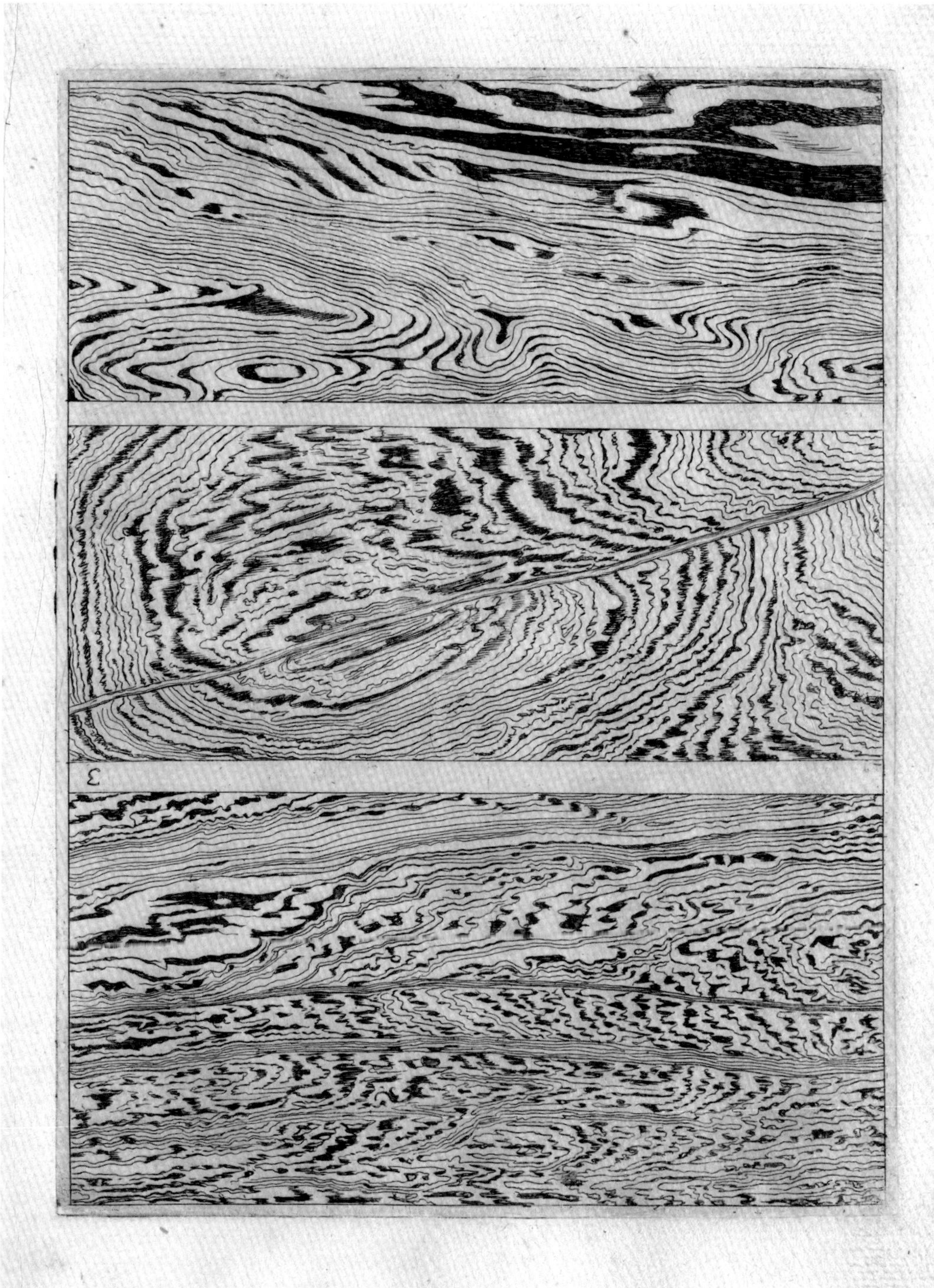

27 Maserungen fossiler Holzstücke aus Francesco Stellutis Trattato del legno, 1637, Tafel 3.

gedruckt. Erst nach seinem Tod veröffentlichte Stelluti das »Trattato del legno«, das im Rückgriff auf die Aufzeichnungen Cesis verfasst wurde.[364] Die im »Trattato« entwickelte These über die Metallophyten speist sich aus grundlegenden Elementen der zeitgenössischen Fossilienforschung, die auch dazu genutzt werden können, die auffälligen Charakteristika der Fossiliendarstellung bei Aldrovandi zu erläutern. Dazu gehört vor allem die nach dem damaligen Stand der Erkenntnis hochaktuelle Mutmaßung über die Entstehung der vegetabil geformten Fossilien. So brachte Stelluti die unregelmäßigen Lineamente der »Metallophyten« nicht unmittelbar mit den Jahresringen von Holz in Übereinstimmung, obwohl sie große Ähnlichkeiten damit besaßen und die Strukturen, wie heute erwiesen ist, tatsächlich von fossilen Hölzern stammen.[365] Vielmehr leitete er aus der Analyse der an Holzstrukturen erinnernden Formen eine Theorie der Transmutation von Erde zu einem holzähnlichen Material ab. Denn, so argumentierte Stelluti, kein Jahresring sei derartig unregelmäßig wie die Lineamente der Fossilien. Auch deute nichts darauf hin, dass die Fundstücke wie Pflanzen aus Samen oder Wurzeln gewachsen waren.[366] Stattdessen nahm er an, dass jene holzartigen Strukturen im Zuge eines Umwandlungsprozesses von Erde zu Holz entstanden. Die Bildung der Fossilien führte Stelluti konkret auf das Zusammenwirken von vulkanischer Hitze und Dämpfen mit der tonhaltigen Erde in der Gegend um Aquasparta zurück.[367] Dass er bei der Deutung der Fossilien von Aquasparta auf diese Theorien zurückgriff, war nahe liegend. Viele Forscher der frühen Neuzeit gingen davon aus, dass distinkte Formen und Figuren, ja sogar lebende Tiere spontan aus unbelebter Materie wachsen könnten.[368] Weit verbreitet war die Auffassung, dass Fliegen und andere Insekten bei Verwesungsprozessen entstünden.[369] Die Existenz von sogenannten Figurensteinen, aber auch Muster in Steinen oder Hölzern schienen auf ähnliche Vorgänge im Bereich der unbelebten Materie zurückzugehen.[370] Stellutis Vorstellung von der Transmutation von Erde zu Fossilien wurde zusätzlich dadurch gestützt, dass er in einigen seiner Fundstücke tatsächlich animalische Figuren erkannte. So identifizierte er zum Beispiel die Gestalt eines Fisches in der Figur N der 12. Tafel (Abb. 28).[371] Auch jene Fossilien, welche auf den folgenden Seiten des Trattato gezeigt wurden, erinnerten Stelluti an Tiergestalten (Abb. 29). Stelluti beschrieb diese Funde als »Holz in Form von Schnecken« und als »Holz in Gestalt von eingerollten Schlan-

364 Wie er auch im Trattato selbst betont. Stelluti 1984 [1637], S. 12.

365 Freedberg 2002.

366 »La generatione poi di questo legno, per quanto ho potuto vedere, & osservare non procede da seme, ne da radice di pianta alcuna, ma sola da una spezie di terra, c' ha assai del cretoso, la quale a poco a poco si va trasmutando in legno; cosi operando la natura fin che resta tutta in detto Legno convertita e questo credo con l'aiuto di alcuni calori di fuochi sotterranei, che in quei luoghi sono, li quali vanno serpendo sotterra, e mandando fuori del continuo un sume assai spesso, & alle volte fiamme, e particolarmente ne'tempi piovosi, e con l'aiuto ancora di acque solfuree, & minerali.« Stelluti 1984 [1637], S. 6.

367 Diese These korrespondiert nicht nur mit den Vorstellungen über das Metallwachstum, sondern ließ sich auch mit der Idee von der spontanen Generation in Verbindung bringen, die, um 1600 hochaktuell, bis ins 17. Jahrhundert diskutiert wurden. Stelluti 1984 [1637], S. 5–8.

368 Laqueur 1992.

369 Bodenheimer 1928.

370 Baltrusaitis 1984.

371 »Il pezzo poi inferiore N, haveva la forma d'un pesce, & era di materia legnosa […].« Stelluti 1984 [1637], S. 11.

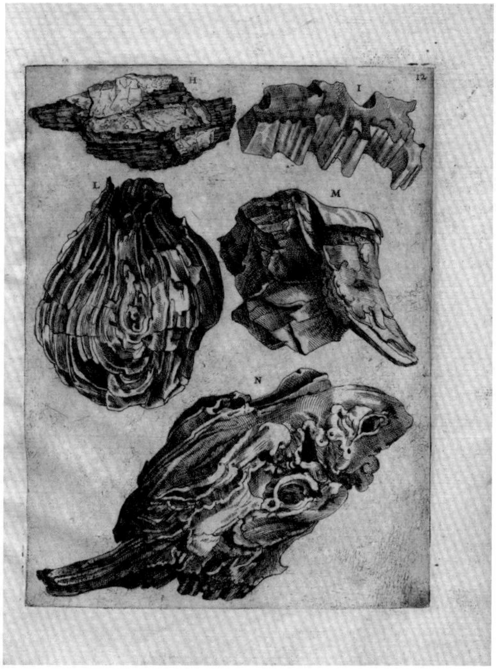

28 Fossile Holzfragmente aus Francesco Stellutis Trattato del legno, 1637, Tafel 12.

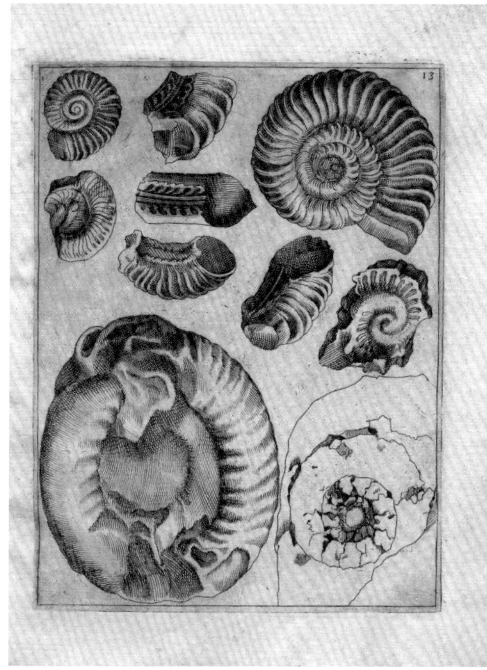

29 Fossilien aus Francesco Stellutis Trattato del legno, 1637, Tafel 13.

gen«.[372] Für Stelluti wies alles darauf hin, dass die Natur hier produktiv tätig war: Aus Erde entstanden holzartige Gebilde, aus der amorphen Materie wuchsen abstrakte Lineamente, bis hin zu konkreten geometrischen oder animalischen Figuren.[373] Seine Darstellung suggeriert, dass aus den noch ungeordneten Lineamenten der Fossilien sich allmählich geordnete Figurationen oder auch animalische Gestalten entwickeln könnten.[374] In diesem Sinne werden Fossilien als Produkte einer naturhaften »vis formativa«, dem Kern eines spielerisch-kreativen »lusus naturae«, präsentiert. Auch Stellutis verbale Schilderung der Natur als Künstlerin, die »mit gro-

372 Er fühlte sich jedoch nicht kompetent genug, die Herkunft dieser Figuren hinreichend erklären zu können. »Nel seguente foglio xiij. vi sono intagliate alcune pietre di forma simili alla Chiocciola, & alla serpe in se stessa ravvolta; ma per la gran somiglianza ancora, c' ha col corno dell' Ariete; son chiamate corno d'Ammone, in quella guisa formate della Natura: e son fatte con tanta proporzione quelle circolationi spirali, chi'io l'haverei sempre stimate artificiose, e non altrimenti naturali, se non l'havessi cosi ritorvate, non solo nel territorio di Acquasparta, ma ancora nel territorio di Fabriano mia patria; oltre che ne scrivono anche molti Autori naturalisti; si come si può vedere nel Gesnero, in Plinio, nell'Agricola, Bellonio, Imperato, & altri.« Stelluti 1984 [1637], S. 11.

373 Dass dieser Laborcharakter auch in der Struktur der Kunstkammern zum Ausdruck kommt, hat Horst Bredekamp formuliert. Bredekamp 1993.

374 In Steinmaserungen identifizierte Bilder, Landschaften, Heiligenbilder, Kreuze oder auch Tierdarstellungen. Baltrusaitis 1984.

ßer Kunstfertigkeit, ohne Skalpell, ohne Stift und ohne Instrumente« wirke, deutet in diese Richtung.[375]

Ein vergleichbares Interesse kommt auch in der Komposition des Blattes bei Aldrovandi zum Ausdruck. Auch hier wurden die speziellen figuralen Potentiale von Fossilien durch die Auswahl sowie durch die Komposition des Bildes unterstrichen. Die Fossilien wurden in einem geometrisch organisierten Muster auf dem Blatt arrangiert. Dieses Muster ermöglichte weder eine Identifikation der Objekte noch einen Bildvergleich, es suggerierte jedoch eine dem Naturwirken unterliegende ästhetische Ordnung. Besonders der von Stelluti identifizierte Fisch ist dem Groteskengesicht vergleichbar, das in Aldrovandis Meeresschnecke hineingelesen werden kann. Zwar können Stellutis Mutmaßungen nicht ohne weiteres auf Aldrovandis Fossilienblatt übertragen werden, denn Aldrovandi hat sich zu diesem Problem nie dezidiert geäußert. Darüber hinaus handelt es sich in beiden Fällen um Bilder unterschiedlicher Fossilien. Doch legt die ähnliche Komposition und der vergleichbare inhaltliche Schwerpunkt der Blätter ein gemeinsames Interesse am Phänomen »Fossil« nahe. Aldrovandis Blatt repräsentiert Fossilien als kunstnahe Naturobjekte mit vielfältigen figuralen Entwicklungspotentialen. Fossilien, so wie sie auf diesem Blatt gezeigt werden, sind Produkte einer künstlerischen Natur. Die angenommene Produktivität der Natur, die Form und Deformation ihrer Geschöpfe, und die Individualität ihrer Werke bilden den Schwerpunkt nicht nur des hier besprochenen Fossilienblattes, sondern auch der gesamten Zeichnungssammlung Aldrovandis.[376] Die besondere Struktur des besprochenen Blattes, wie auch die außerordentliche Motivauswahl in der Sammlung insgesamt, sprechen dafür, dass es in Aldrovandis Sammlung nicht mehr ausschließlich um Dokumentation der Formen der Natur ging, sondern dass hier verstärkt die Prozesse der *Formung* in den engeren Kreis der Forschungsfragen einbezogen wurden. Das im Fossilienblatt zum Ausdruck kommende Interesse an den individuell gestalteten Ausformungen in der Natur ist der Ausrichtung von Gessners Fossilienforschung ähnlich, auch wenn hier mehr Gewicht auf der Frage der Formwerdung lag. Auch wenn die Analyse eines einzigen Blattes bei Aldrovandi noch keine allgemeinen Rückschlüsse auf seine Zeichnungssammlung zulässt, zeichnen sich viele Überschneidungen in der Arbeit beider Naturphilosophen ab. Außer dass sie sich beide für Naturformen interessiert haben, haben sie auch das Bild als Teil der naturphilosophischen Beschreibung etabliert. Dies kann bei Aldrovandi noch genauer verfolgt werden, als bei Gessner. Denn neben der Zeichnungssammlung hat er aufschlussreiche schriftliche Zeugnisse über das naturdokumentarische Bild und seine Bedeutung für die Naturphilosophie hinterlassen.

375 Stelluti 1984 [1637], S. 12.

376 In dieser Sammlung sind, wie auf dem schon vorgestellten Blatt, zuweilen Fossilien dokumentiert, in erster Linie aber enthält sie Gestalten der animalischen Natur. Die umfangreiche botanische Bildsammlung, zu der auch ein Herbarium gehörte, hat Aldrovandi nicht innerhalb der Naturgeschichte beschrieben. Zwar war die Botanik um 1600 eine Bildwissenschaft, in der zum ersten Mal wissenschaftliche Bilder systematisch zum Einsatz kamen, sie stellt jedoch ein gesondertes Gebiet dar. Einen allerdings nicht vollständigen Eindruck der Blätter gibt die Publikation von Antonino 2004. Die Sammlung ist jedoch inzwischen vollständig digitalisiert und unter http://www.filosofia.unibo.it/aldrovandi/default.htm (Stand Januar 2009) abrufbar.

2 *Bildtheorie und Naturgeschichte*

Malerei und Aldrovandis Angst vor dem »Intelletto nudo«

»Es ist das Sehen«, so schrieb der Kommunikationsforscher Michael Giesecke, »das sich wie keine andere Wahrnehmungsform als Handlung auffassen, zerlegen, technisieren und sozial normieren« lässt.[377] Die Instrumentalisierung des Sehens gilt damit und in allgemeiner Übereinstimmung als eine signifikante Bruchstelle zwischen der vormodernen und der modernen Wissenschaft.[378] Die gegenwärtige Kulturgeschichte wiederholt damit ein Motiv, das auch in den naturhistorischen Texten des 16. Jahrhunderts oft genannt wird. Das Sehen und die Beobachtung wurden als innovativer Weg zur Naturerkenntnis in den Vordergrund gestellt. Dies gilt, wenn auch mit jeweils unterschiedlicher Betonung, für so verschiedene Disziplinen wie die Medizin, die Astronomie und die Naturphilosophie. Diese »Instrumentalisierung des Sehens« lässt sich jedoch, entgegen einer lange gültigen Doktrin, nicht einfach als Wechsel von einer Buch- zu einer Bildwissenschaft beschreiben. So zeigten sich die beiden naturphilosophischen Autoren Conrad Gessner und Ulisse Aldrovandi, obwohl sie der Beobachtung und dem Bild einen wichtigen Platz in ihrer Naturforschung einräumten, als unermüdliche Textarbeiter. Die Hinwendung zum Sehen in den Wissenschaften scheint darüber hinaus keineswegs unproblematisch. So wurde für die Geschichte der Astronomie konstatiert, dass gerade der Einsatz von visuellen Instrumenten das Vertrauen in die menschliche Wahrnehmung untergräbt.[379] Ein vergleichbarer Tenor wird auch in den Misstrauensbekundungen gegenüber den menschlichen Sinnen deutlich, die Francis Bacon zugunsten einer apparativ gestützten Wahrnehmung geltend macht. An zentraler Stelle des »Novum Organon« begründet er die Notwendigkeit von Beobachtungsinstrumenten in der Wissenschaft mit der Unzuverlässigkeit der menschlichen Wahrnehmung: »Es ist nämlich ein Irrtum zu behaupten, der menschliche Sinn sei das Maß der Dinge; ja, das Gegenteil ist der Fall; alle Wahrnehmung der Sinne wie des Geistes geschehen nach dem Maß der Natur des Menschen, nicht nach dem des Universums. Der menschliche Verstand gleicht ja einem Spiegel, der die strahlenden Dinge nicht aus ebener Fläche zurückwirft, sondern seine Natur mit der der Dinge vermischt, sie entstellt und schändet.«[380] Dieses spezifische Zusammenspiel von Wahrnehmungskritik und Beobachtungspostulat in der Naturwissenschaft ist, wie Hans Blumenberg schreibt, ein charakteristisches Paradigma der modernen wissenschaftlichen Bild- und Wahrnehmungskultur.[381] Es ist an den Gebrauch optischer Instrumente gebunden, die als Korrektiv der menschlich-fehlbaren Sinnesausstattung operieren.

---

377 Giesecke 1998, S. 596.

378 Diese Instrumentalisierung ist mit neuen Theorien über den Vorgang des Sehens verbunden. Dieser Prozess ist aus verschiedenen Perspektiven geschildert worden. Die entsprechende Literatur kann hier nur anhand wegbereitender Untersuchungen nachgewiesen werden. In Bezug auf die Sehtheorien hat dies zuerst und beispielhaft Summers untersucht, auf dem Gebiet der Bildkonstruktion und der Perspektive Edgerton. Für die Naturwissenschaften hat Hans Blumenberg dies exemplarisch an der Arbeit Galileo Galileis analysiert. Summers 1987; Edgerton 1975; Hans Blumenberg in: Galileo [1610] 1980.

379 Hans Blumenberg in Galileo [1610] 1980, S. 21. Vergleiche auch Anmerkung 378.

380 Bacons Novum Organon erschien zuerst 1620 in London. Zitiert nach: Bacon [1620] 1990, Bd.1, S. 101.

381 Hans Blumenberg in: Galilei [1610] 1980, S. 21.

Doch eine bild- und wahrnehmungskritische Haltung ist nicht zwangläufig an die Verwendung optischer Instrumente gebunden. So übt Aldrovandi in seinen Texten zwar keine Kritik an der menschlichen Wahrnehmungsfähigkeit, doch gibt es auch in seiner Theorie der Naturgeschichte Elemente einer Bildkritik, die auf das Wirken der Subjektivität zielt. Wie Bacon stellte auch Aldrovandi die Beobachtung ins Zentrum seiner Naturphilosophie, er entwickelte aber ein grundsätzlich anderes Ideal dieser Wahrnehmungsform, das er in fast allen seiner wissenschaftstheoretischen Texte darstellte. So beschrieb er in seinem Traktat »Modo di esprimere per la pittura tutte le cose dell'universo mondo«[382] das Fundament seines naturphilosophischen Kosmos'. Der Malerei weist er darin eine wichtige Rolle zu, denn mit ihrer Hilfe könne man grundsätzlich alle physischen Elemente der Welt darstellen. Sie erfasse, solange es um die körperlichen Dinge gehe, alles, »was ist«. »Primieramente è nato a ciascuno, sì come anco testifica Vitruvio, lib. 7, c 5, che la pittura debbe esser [l'imitazione] delle cose che sono. Laonde le grotesche, per esser chimerice e fondate solo nel nudo intelletto, non essendo conformi alla natura, sono refutate dal sudetto autore.«[383] Dieses »Sein« hat Aldrovandi in eine Hierarchie des Wissens gegliedert, wobei er die zeitlosen Elemente an die erste, die irdischen und vergänglichen Dinge an die letzte Stelle stellt. Entsprechend dieser Hierarchie stehen die »Planetenhimmel« und das »Firmament selbst« an höchster Stelle. [384] Dem folgen die vergänglichen und veränderlichen Phänomene der Welt, zu denen er meteorologische Ereignisse, Mineralien, Pflanzen, Tiere und den Mikrokosmos »Mensch« zählt. Zur irdischen Sphäre gehören weiterhin technische Objekte im weitesten Sinne: »Städte, Burgen, Kirchen, Paläste, Instrumente, Waffen, Gräber, Pyramiden, Schiffe und unendlich viele andere Dinge, welche ich [Aldrovandi, A. F.] der Kürze halber mit Schweigen übergehe, die durch den menschlichen Geist mit Hilfe der Meisterschaft der Hand hergestellt wurden, die, wie Aristoteles bezeugt hat, das Instrument der Instrumente ist.«[385] Jedes einzelne Element dieser Kette des Wissens kann Gegenstand der Malerei werden.

382 »Modo di esprimere per la pittura tutte le cose dell'universo mondo. Enarrazione di tutti i generi principali delle cose naturali et artificiali che ponno cadere sotto la pittura per Ulisse Aldrovando Proffessore Publico all'Ill. Mo e Rev. Mo Mons. Il Cardianle Paleotti.« Aldrovandi 1582. In: Barocchi 1981, S. 923–930.

383 Die vollständige Passage lautet: »Primieramente è nato a ciascuno, sì come anco testifica Vitruvio, lib. 7, c. 5, che la pittura debbe esser [l'imitazione] delle cose che sono. Laonde le grotesche, per esser chimerice e fondate solo nel nudo intelletto, non essendo conformi alla natura, sono refutate dal sudetto autore. Se fosse possibile che il pittore avesse cognizione sensata di tutte le cose naturali, le quali cascano sotto la pittura, chiara cosa è che non commetterebbe error veruno, perché ogni cosa imitarebbe col penello secondo il suo esser naturale, presupponendo però che il pittore sia buonissimo disegnatore, essendo il dissegno e la pittura sorelle. Tutte le cose che si ponno dipingere sono distine in due membra (parlando delle cose corporee): o che sono cose naturali, o artificiali. Se sono naturali, o che sono corpi semplici, come sono i cieli, quali sono incorruttibili secondo i filosofi, o sia il cielo stellato qual è l'istesso fermamento, [ ].« Aldrovandi 1582. In: Barocchi 1981, S. 923–924.

384 Siehe Anmerkung 383 unten.

385 »Quanto alle cose artificiali, come città, castelli, chiese, palazzi, piazze, istromenti, arme, sepolture, piramidi, navigii et infinite altre cose, quali per brevità trapasso con silenzio; quali sono prodotte dallo ingegno umano per mezzo della maestra mano, la quale, come testifica Aristotele, è l'istromento degli istromenti; in dipingere queste debbe molto bene considerare il pittore et avere il modello avanti gli occhi, acciò li possa imitare e dipingere al vivo; presupponendo che di tutte queste cose sopradette e simili altre n'abbia d' avere oculata scienza, overo la descrizzione essattissima da persone intelligenti. Altrimenti facendo, le sue pitture saranno mostrifiche, imitando le grotesche, che non sono secondo la natura delle cose.« Aldrovandi 1582. In: Barocchi 1981, S. 930.

Nur mit ihrer Hilfe, so argumentiert Aldrovandi, kann es einem Naturphilosophen gelingen, einen möglichst vollständigen Schatz an visuellen Erfahrungen der Welt zu erlangen. Denn die Kenntnis über die Physis der Dinge sei die Grundlage für die Erkenntnis der Substanz der Welt. Die Malerei, so führt Aldrovandi aus, spielt dabei eine ganz besondere Rolle, die sie von anderen künstlerischen Techniken unterscheidet. Denn sie dokumentiert mit den Farben zugleich die essentiellen Merkmale der sichtbaren Welt. »Und ich sage, in Bekräftigung dessen, dass es keine Sache auf dieser Welt gibt, die alle die vom allmächtigen Gott geschaffenen Dinge besser repräsentieren könnte als selbige Malerei mittels der Verschiedenheit der Farben, welche durch die Mischung der vier Elemente in allen gemischten Körpern entstehen, indem die Farbe eigentlicher Gegenstand des Sehens ist, wie der Philosoph sagt, weil man kein Ding sehen kann, wenn es nicht von Farbe ist. Die Farbe ist in der Tat ein Akzidens der Dinge, das von großem Nutzen ist, um die Substanzen zu begreifen. Aristoteles sagte, quod accidentia maxime conferunt ad quod quid erat esse. Die Farbe ist ein unmittelbares Akzidens der Substanz, ohne die die Kenntnis nicht zur Erkenntnis dieses Gemischten gelangen kann, indem sie eine Leiter und Mittel ist, gemeinsam mit den anderen Akzidenzien, um zur vollkommenen Erkenntnis einer jeden Art zu gelangen; diese (Arten) erkennt man mittels der Substanzen, welche Individuen genannt werden, während zweite Substanzen genannt werden, welche Gegenstand des Intellekts sind; und die ersten sind in ihrer Einfärbung Gegenstand des Sehsinns, und nichts anderes. In welch hohem Maße die Farbe ein notwendiges Akzidens ist, steht insofern fest, als es kein Ding auf dieser niederen Welt gibt, dass nicht bedürfte, mittels der Farben umschrieben und gemalt zu werden, bevor man zur Erkenntnis desselbigen schreiten kann.«[386] Diese Programmatik passt zur überragenden Bedeutung, die Aldrovandi der Beobachtung zuwies. Dass er diese Philosophie auch praktisch umsetzte, zeigen seine Briefe und Traktate. Auch im »Discorso naturale«[387] stellt Aldrovandi die große Rolle der Sinneswahrnehmung ins Zentrum seiner Argumentation. Ähnlich klingt auch ein Brief an seinen prospektiven Leser und Förderer, Gabriele Paleotti, in dem er für die finanzielle Unterstützung naturhistorischer Zeichnungssammlungen plädiert: «Ich bitte Sie daher inständig und flehe, so sehr ich kann und darf, dass Sie es für würdig befinden, es zu ihrer Unterhaltung und zum Zeitvertreib zu lesen, wissend, wie sehr Sie sich an dieser und jeder anderen wohlgefälligen Studie erfreuen, welche die wahre Vollendung unseres

386 »E dico, in conformazione di questo, che non ci è cosa al mondo che meglio possa rappresentare tutte le cose dal grande Iddio prodotte, che la pittura istessa per mezzo della varietà de' colori, i quali della varia mistione di quattro elementi in tutti i corpi misti si veggono, essendo il colore oggetto proprio del vedere, come dice il Filosofo, non si potendo vedere cosa alcuna, se non in quanto è colorata. Il colore veramente è un accidente nelle cose, che dà gran giovamento a intendere le sostanze. Diceva Aristotile, ›quod accidentia maxime conferunt ad quod quid erat esse‹. Questo colore è un accidente inseparabile della sostanza, senza la cui notizia non si può venire alla cognizione di quel misto, essendo scala e misto, insieme con gli altri accidenti, in coseguire la cognizione perfetta di ciascuna specie; le quali per mezzo delle prime sostanze, chiamate individui, si conoscono, e sono dette sostanze seconde, che sono oggetto del'intelletto; e le prime sono oggetto del senso del vedere, come colorate, non altrimenti. Quanto sia necessario accidente il colore quindi è manifesto, che non ci è cosa in qesto mondo basso, che non abbia bisogno di esser descritta e depinta mediante i colori, avanti si possa conseguire la cognizione d'essa.« Aldrovandi 1581a, S. 512–513. Zitiert nach Steinmann 2006, S. 126.

387 Den »Discorso naturale« schrieb Aldrovandi zwischen 1572 und 1573. Tugnoli Pàttaro 1981.

Intellekts darstellen. Daher hoffe ich, dass Sie vielleicht aus ihnen etwas Vergnügen ziehen werden, darin generell eingeschlossen viele Sinneswahrnehmungen der perfekten Gemische, die wir jeden Tag gesammelt und zusammengetragen vor Augen haben, würdig von allen Forschern der Natur jeden Tag erforscht zu werden, die man nicht nur real, sondern auch nach dem Leben gezeichnet, als Bild in meiner kleinen Welt der Natur vor Augen hat, die ich Tag und Nacht, keine Mühen und Kosten scheuend, mit all meinem Können verschönert und bereichert habe, sicher wissend, dass dieser Teil von unserem großen Philosophen immer als der seltenste und kostbarste unter allen anderen ersehnt worden ist, die er in seiner Universalphilosophie der Dinge, die von der reichen und ingeniösen Natur geschaffen wurden, beschrieben hat.«[388]
Ungeachtet des mäandernden Stils enthalten beide Passagen in konzentrierter Form alle wichtigen Aspekte der Naturphilosophie Aldrovandis: die Bedeutung der beobachtenden Naturforschung, die Rolle seiner Naturalien- und Zeichnungssammlung sowie seine Ausrichtung an Aristoteles. Gerade der Malerei weist er in diesem Prozess eine zentrale Bedeutung zu, da sie die Dinge für den visuellen Sinn erfahrbar macht. Auf der taktilen und visuellen Wahrnehmung: »il conoscere […] per mezo della esperientia« müsse jede profunde Naturforschung basieren. Denn ohne die äußeren Sinne: »li sensi esteriori« , wie es im »Discorso« heißt, wäre der Verstand zu keiner Naturerkenntnis fähig.[389] Doch so groß die Bedeutung auch sein mag, die Aldrovandi der visuellen Beobachtung beimaß, sie konnte nicht immer anhand der lebendigen Natur erfolgen, sondern mußte auch medial vermittelt werden. Mit Stolz weist Aldrovandi im »Discorso naturale« daher auf sein Naturalienkabinett und seine Bildsammlung. Die Sinneserfahrungen, die er als Voraussetzung für seine naturphilosophische Arbeit ansah, wurden in der Zeichnungssammlung niedergelegt. Wie er im »Discorso naturale« darlegt, habe er für seine Forschungen die Eigenschaften und Unterschiede aller äußeren und inneren Merkmale jeder einzelnen Sache der Natur anhand eigener Erfahrungen untersucht und seine Kenntnisse von der Fortpflanzung, der Temperatur, der Natur und dem Nutzen jeder Sache aufgezeichnet. Denn, so fügt er hinzu, ohne die äußeren Sinne, welche induktiv sind, beruhe Erkenntnis »nur auf dem nackten Verstand«.[390] In der Naturgeschichte, so Aldrovandi wörtlich, »habe ich nicht eine einzige Sache beschrieben, die ich nicht mit eigenen Augen gesehen und mit meinen eigenen Händen berührt habe und deren Anatomie ich nicht erstellt habe, sowohl von den inneren,

388 Aldrovandi 1572/73. In: Tugnoli Pàttaro 1981, S. 175–176.

389 Vergleiche dazu Aldrovandis Text in Anmerkung 383; Aldrovandi 1572/73. In: Tugnoli Pàttaro 1981, S. 179.

390 Aldrovandis Stil ist elaboriert und labyrinthisch. Er wird am deutlichsten, wenn man seine Sätze ungekürzt zitiert: »Ondeché mi diedi tutto alla cognizione della philosophia et/medicina et, conoscendo che la vera philosophia sublunare non era altro che la vera cognitione de misti perfetti et imperfetti, cosí animati come inanimati, obietti continui de sensi nostri, però con tutte le mie forze, studiato ch'ebbi tutta la philosophia universale, cominciai a considerare la natura e differenze, tanto esteriori come interiori di ciascuna cosa naturale, sapendo che quest'era la vera philosophia: il conoscere apertamente la generatione, temperatura, natura et facultà di ciascuna cosa per mezo della esperientia, sendomi noto – per testimonio di Aristotele nel secondo libro della Posteriora – che dalle esperienze nascono le memorie, dalle memorie gl' universali, quai sono prinicpii delle arti e delle scientie, essendo li veri universali fondati nelle prime sostanze, senza le quali gl'universali restano figmento solo dell'intelletto nudo, essendo noto a ciascuno non portarsi al nostro intelletto cosa alcuna – sí come testifica il Philosopho nostro – senza li sensi esteriori, da quali sono indutte.« Tugnoli Pàttaro 1981, S. 179.

als auch von den äußeren Teilen, und Stück für Stück im Bild und nach dem Leben in meinem Museum konserviert wurden, zum Nutzen der Gelehrten von mir gesammelt, nicht nur während ich Schüler war, sondern auch während meines Doktorates, auf verschiedenen von mir unternommenen Reisen.«[391] Aldrovandis Reiselust ist durch zahlreiche Dokumentationen bezeugt. Die Reisen dienten, wie Aldrovandi auch selbst schreibt, neben dem Naturstudium vor allem der Ausstattung seines Museums mit neuen Exponaten. Im Museum aber übernahm das Zeichnungsarchiv die Aufgabe, dem Forscher die Wahrnehmung der Natur zu vermitteln.[392]

Dennoch war er sich dessen bewusst, dass die Malerei auch zur Quelle von Fehlinformationen werden kann und als wissenschaftliches Hilfsmittel durchaus zwiespältige Qualitäten besitzt. Mit größter Vehemenz warnt er daher vor den Gefahren der Verfälschung und prangert Aufzeichnungen an, die nicht der Natur gemäß seien. Bilder von Malern, die ihre Fantasie in die Darstellungen der Natur einfließen ließen, seien monströs und grotesk. »Le sue pitture saranno mostrifiche, imitando le grotesche, che non sono secondo la natura delle cose.«[393] An anderer Stelle spricht Aldrovandi von Chimären, um die Machwerke ungenauer Naturzeichner zu brandmarken. Ein Maler, der die Natur dokumentiere, müsse diese sehr genau kennen, da er sonst Fehler begehe und quasi Monster in die Welt setze. Denn nicht nur die Fantasie, sondern auch Unwissenheit produziere falsche Abbilder: »Se occorrerà al pittore a dipingere qualche parte intime dell'uomo ovvero degli altri animali [...], bisogna che molto bene li contempla et imita, acciò non dipinga qualche chimera.«[394]

In Aldrovandis Programm ist also bei weitem nicht jede visuelle Information ein geeigneter Gegenstand von Naturerkenntnis. Falsche Aufzeichnungen sind für den Naturforscher und -interpreten verhängnisvoll. Genau an diesem Punkt setzt Aldrovandis Bild- und Wahrnehmungskritik an. Seine Skrupel gelten dem Moment der Aufzeichnung, und nicht, wie es später

391 Um Aldrovandis Sprache noch einmal klingen zu lassen: »Hor, conoscendo io apertamente che tanta divina cognizione dilettevole non si potea conoscere se non in diversi paesi, però, con gran' mia spesa e fatica corporale, volsi vedere co' propii occhi non solo tutta l'Italia, ma tutta Franza et Spagna et parte della terra tedesca, sol per venire in cognitione di questi gran' misteri di natura, che risplendono in piante, animali et altre cose sotterranee, et per possere mandare in luce l'historia NATURALE MIA, scritta veridicament, non iscrivendo cosa alcuna che co' propii occi io non habbi veduto et con le mani mie toccato et fattone l'anatomia, cosi delle parti esteriori come interiori, et conservate parimenti, ad una ad una, nel mio picciol mondo di/natura, che da ognuno possono et sono tutt'l giorno viste et contemplate, essendo conservate in pittura et al vivo nel nostro museo, per utilità de studiosi raccolte da me non solo mentre ero scolaro, ma in gran' parte dopo il dottorato mio, in varii viaggi fatti.« Aldrovandi 1572/73. In: Tugnoli Pàttaro 1981, S. 180. Die Vorstellung eines Mikrokosmos in der Sammlung erinnert an das Sammlungsideal des Giulio Camillo, das er 1534 in einem Holzmodell realisiert hatte, aber auch an Quicchebergs Idealinventar von 1565. Roth 2000.

392 An anderer Stelle des »Discorso« gibt Aldrovandi auch einen konkreten Einblick in den Umfang und Status seiner Bildsammlung. So beschreibt Aldrovandi die Bilder in Bezug auf seine Vogelsammlung »Hora, per fare piú compito questo MICROCOSMO di natura, dopo tante varietà de piante, a imitatione d'Aristotile, habbiamo osservato in ogni genere d'animali tante diverse specie, de quali, per darne la perfetta cognitione, habbiamo fatto dipingere distintamente in molti volumi, fra quali si vedono gl'ucelli essere dipinti in tre volumi [...].« Aldrovandi 1572/73. In: Tugnoli Pàttaro 1981, S. 183.

393 Aldrovandi 1582. In: Barocchi 1981, S. 930.

394 Aldrovandi 1582. In: Barocchi 1981, S. 929.

von Bacon formuliert wird, der Wahrnehmung selbst. Aldrovandis Kritik ist also ganz und gar auf das Bild und die Bildproduktion gerichtet. Im Idealfall, und auf diesem Ideal baut die Naturphilosophie Aldrovandis auf, solle ein Bild nicht von einem Naturobjekt zu unterscheiden sein. Das Bild müsse so gestaltet sein, dass die Natur dieses Objekt nicht anders geformt hätte: »In somma la pittura debbe essere la vera imitatione delle cose di Natura et è tanta la parentella et convenienza tra la Natura e l'arte, che se la natura dovesse fare l'opera dell'arte, non altrimente la farebbe.«[395] Aldrovandis Kunstideal geht also weit über das Ideal einer mimetisch abbildenden Kunst hinaus und zielt auf die Vorstellung einer naturhaften Kunst. In seinen Worten wird die Kunst zu einer Spur der Natur: »L'arte è un imagine et vestigio della natura, ma la natura è il vero esemplare, [...].«[396]

Doch sind die Natur und die Kunst im Vokabular Aldrovandis nicht einfach Parallelbegriffe. In einer der widersprüchlichsten Passagen seiner Ausführungen wird die Verquickung beider Begriffsfelder deutlich. In den »Avvertimenti sopra le pitture mostrifiche et prodigiose« entwickelte Aldrovandi ausgesprochen redundante Sprachbilder. Sie sind jedoch genau aus diesem Grund in unserem Kontext äußerst aufschlussreich. Als Ausgangspunkt wählt Aldrovandi die rhetorische Frage, warum die Kunst die Natur überhaupt nachahmen solle, da die Natur doch offensichtlich fehlerhafte und manchmal missgestaltete Formen hervorbringe. Im gleichen Atemzug räumt er jeglichen Zweifel an der Vollkommenheit der Natur aus: »wie ein guter Künstler, der die Regeln seiner Kunst befolgt, und, wenn er nicht durch äußere Umstände gehindert wird, keine Fehler begeht, so strebt die Natur immer wieder das optimale Ergebnis [...] mit höchster Kunstfertigkeit und Geschicklichkeit an und begeht keine Fehler, außer durch äußere Einflüsse. [...] Ich sehe, dass einige Neugierige mich fragen werden, ob die Natur ihre Geschöpfe denn tatsächlich immer zielgerichtet hervorbringt. Wer so fragt, sollte nicht den Fehler begehen und fragen, warum die Natur Monster erfindet. Denn man sieht jeden Tag, dass die Natur Monster hervorbringt und es scheint, als ob sie ihre Geschöpfe ziellos erschafft. Dies aber ist nicht wahr. [...] Denn es gibt Hindernisse, die es schwer machen, ein Ziel zu erreichen. Man sieht das in der Kunst: Ein Schreiber schreibt, um ein bestimmtes Ideal zu erreichen, aber das Papier und die Tinte sind nicht vollkommen. So ist der Schreiber eingeschränkt und kann deshalb sein Ziel nicht erreichen. Ich sage also noch einmal, dass die Natur Monster nur deshalb hervorbringt, weil sie behindert wird. Sie hat aber nicht die Intention, Monster hervorzubringen und wenn einige Male ein Mensch blind, lahm und bucklig zur Welt kam, dann weil die Natur behindert wurde und keinen perfekten Menschen mit seinen Gliedern hervorbringen konnte.«[397] Aldrovandi verwendet in dieser Darstellung Metaphern aus der Kunsttheorie, um

395 Olmi 1992, S. 113.

396 Olmi 1992, S. 113.

397 »L'arte è un imagine et vestigio della natura, ma la natura è il vero essemplare, et si come l'arte quello che fa, lo fa per qualche fine, così la Natura ancoralei tutto quello che opera, opera per qualche fine. Veddo che alcun curioso mi potria dimandare, se la natura fa le cose sue per qualche fine, non doveria commettere errore et produr mostri, si vede la natura ogni giorno produce mostri però pare che non faccia le sue cose per qualche fine. Io per solvere questo dubbio dico, che non ripugna l'operare per qualche fine et commettere poi errore circa il fine et questo principalmente per l'impedimento che non lascia conseguire il fine. Si vede manifestamente nell'arte che il scrittore scrive per

Vorgänge in der Natur zu beschreiben, und er bezieht sich auf eine Naturtheorie, um sein Kunstideal zu formulieren. Indem er körperliche Missbildungen: Lahme, Bucklige und Blinde mit Kunstfehlern: Tintenklecksen und Schreibfehlern vergleicht, beschreibt er diese insgesamt als »Fehler«. Sein Hinweis auf vermeintliche Fehler der Natur steht jedoch im Widerspruch zu seinem Ideal einer Kunst, die sich als »Spur« der Natur begreifen soll. Dies gilt umso mehr, da diese Kunst als wissenschaftliches Instrument dienen soll. Auch diese Frage stellt Aldrovandi seinen Lesern, wenn er auch die Antwort bereits vorwegnimmt. Da die Natur offensichtlich voller Fehlbildungen ist, warum sollte die Kunst an dieser fehlerhaften, willkürlich agierenden Größe orientiert sein und womöglich selbst Monster hervorbringen? Aldrovandi begegnet diesem Konflikt mit einer Differenzierung des Naturbegriffs. Er unterscheidet zwischen der immateriellen Intention und der physischen Realität von Natur. Missbildungen versteht er als einen Effekt der physischen Natur und differenziert sie somit von der Intention der Natur. Wenn Aldrovandi davon spricht, dass die Kunst sich an der Natur orientieren solle, so bezieht er sich ausschließlich auf diesen idealen Naturbegriff. An dem Wirken dieser idealen Natur haben sich die Künstler zu orientieren, um die zweite, sichtbare und physische Natur zu dokumentieren. Die Naturnachfolge der Kunst wird in dieser Konstruktion aus einem metaphysischen Naturideal abgeleitet.[398] Dementsprechend argumentiert Aldrovandi grundsätzlich anders, wenn er über die Fehler der Kunst spricht. Diese haben ihre Ursache nicht »nur« in den materiellen Bedingungen des Malens, sondern im »intelletto nudo«, also dem Spiel der Fantasie, ohne Rückgriff auf die sichtbare physische Wirklichkeit.[399] Im Wirken der wahrnehmungsfernen Einbildung sieht Aldrovandi die eigentliche Gefahr, die von Bildern ausgehen kann: die Verzerrung von Naturbeobachtungen durch Fantasie oder Unwissenheit des Malers. Die Möglichkeit der Existenz von solchen künstlichen Monstren und Chimären ist bei Aldrovandi ein immer neu thematisiertes Problem. Doch so beunruhigt er durch diese Gefahr ist, die Malerei ist für ihn unverzichtbar, da sie eine wichtige praktische Voraussetzung für sein Erkenntnismodell und fester Bestandteil seiner wissenschaftliche Methode ist.

Es ist auffällig, wie ähnlich der mit Aldrovandi in engem Gedankenaustausch stehende Theologe Gabriele Paleotti in diesem Punkt argumentiert. Für ihn war die Groteske die Bildform, die seine schärfste Kritik auf sich zog, da sie weder spirituelle noch naturhistorische

---

qualche fine, ma perché la carta, ovvero inchiostro è vitioso, esso è impedito che per questa cagione non può conseguire il perfetto fine. Diremo adunque che la natura alcuna volta produce i mostri per esser impedita dal non poter conseguire il suo fine, non havendo intentione ella di produre mostri, et se alcuna volta l'huomo nasce ciecho et zoppo e gibboso questo avvienne, perché la natura è impedita a non poter produr l'huomo perfetto con le sue membra, et però non potendo conseguire il suo fine fa un mostro, overo parte defettuoso.« Aldrovandi 1581. In: Olmi 1992, S. 113–114.

398 Daher konnte Aldrovandis Bildtheorie auch Vorbild für die bildtheologischen Ausführungen Gabriele Paleottis werden, der sich in seinen Kunst- und Bildtheorien weitgehend vom erkenntnisorientierten Bildbegriff Aldrovandis inspirieren ließ. Steinemann 2006, S. 123.

399 »[ ] – che dalle esperienze nascono le memorie, dalle memorie gl'universali, quai sono principii delle artie e delle scientie, essendo il veri universali fondati nelle prime sostanze, senza le quali gl'universali restano figmento solo dell'intelletto nudo, essendo noto a ciascuno non portarsi al nostro intelletto cosa alcuna – sí come testifica il Philosopho nostro – senza li sensi esteriori, da quali sono indutte.« Aldrovandi 1572/73. In: Tugnoli Pàttaro 1981, S. 179. Das vollständige Zitat siehe Anmerkung 390.

Wahrheit vermittele. Auch Paleotti sieht den Sinn der Bilder vorrangig darin, Naturwissen zu vermitteln, nicht aber darin, Ideen oder Phantasien auszudrücken. Naturhistorische und theologische Bildtheorien sind hier fast identisch.[400]

Doch auch wenn das naturwissenschaftliche und das theologische Bildideal sich ähneln, beide sind mit dem gleichen Problem konfrontiert. Das aristotelische »Instrument der Instrumente«, die Hand, ist für die Naturphilosophie Aldrovandis unverzichtbar. Denn sie ist es, die dem Naturphilosophen über den Weg der Malerei unmittelbaren Zugang zu den Gestalten und Farben der Natur ermöglicht; sie ist es, welche die auf Reisen und Exkursionen gemachten Erfahrungen konserviert. Doch dieses »Instrument der Instrumente« ist unzuverlässig. Denn sie gehört zur unvollkommenen Natur des Menschen und ist somit mit allen Fehlern dieser Natur behaftet. Wie diese Natur, bringt auch die Kunst im übertragenen Sinne »Monster« hervor. In Aldrovandis Bildtheorie stellen Grotesken oder Chimären solche monströsen Schöpfungen dar. Die künstlichen Verzerrungen, vor denen Aldrovandi warnt, sind also den Zerrbildern vergleichbar, die Bacon in seinem Bild vom Menschen als unebenen Spiegel geschildert hatte. Doch gibt es zwischen beiden Fehlerdiskussionen grundlegende Unterschiede. Wo Bacon den Blick auf die Gesetzmäßigkeiten des Universums richtet, erfasst Aldrovandi vor allem die ungesetzmäßigen Erscheinungen, also Individualitäten der Natur. Wo Bacon die Wahrnehmung des Menschen insgesamt als verzerrt schildert, fürchtet Aldrovandi in erster Linie die Auswüchse der Fantasie und Imagination. Dennoch unterliegt Bacons wie Aldrovandis Auffassungen ein gemeinsamer Tenor. Beide richten die »Instrumente« der Naturphilosophie an einem idealen Naturbild aus, dass deutlich von der physischen Realität der Natur unterschieden wird. So sind nicht nur Bacons Instrumente ein Korrektiv der ungenauen menschlichen Wahrnehmung, auch die ideale dokumentarische Zeichnung, die Aldrovandi vorschwebt, ist, indem sie einem idealen Prinzip von Natur verpflichtet ist, ein Korrektiv der physischen Natur.

Dieser enge, fast symbiotische Zusammenhang von Kunst und Natur ist charakteristisch für Aldrovandis Wissenschaftskonzept. Er ist von einem Widerspruch gekennzeichnet, wie der Umgang mit dem Wort »Monstrum« zu erkennen gibt. So ist Aldrovandis Naturtheorie von der Konfrontation einer ideal konzipierten Natur mit der physischen Realität, den Monstren und Missbildungen geprägt. In vergleichbarer Weise ist seine Kunsttheorie von der Antinomie zwischen dem Ideal einer abbildenden und naturhaften Kunst mit den Bilderfindungen der Künstler und den Ausgeburten ihrer Unwissenheit charakterisiert. Beiden Theorien wird, vermittelt über den Begriff des Monstrums, ein Moment des Fehlers eingeschrieben. Natur und Kunst werden gleichermaßen als potentielle Produzenten »falscher« oder missgestalteter Wesen angesehen. Diese rigide anmutende Bildprogrammatik deutet auf die immense Bedeutung, die Bilder in Aldrovandis Naturphilosophie hatten. Für die Wissenschaftspraxis ist eine so deutliche Bildkritik geradezu kennzeichnend. Hier tritt zugleich ein grundlegendes Charakteristikum wissenschaftlicher Bildarbeit zutage, das sie bis heute prägt.

---

400 Steinemann 2006, S. 122–132.

Dokumentation und Tradierung von Naturwahrnehmung in der Zeichnung

Wenn ein Naturphilosoph wie Ulisse Aldrovandi von Kunst sprach, so hatte er in erster Linie die dokumentarischen Zeichnungen seines Naturalienkabinetts vor Augen,[401] sein Bildideal war an den Bedürfnissen eines Naturphilosophen orientiert. Es zu formulieren, war insofern unverzichtbar, da die Zeichnungen nicht nur ein Mittel der Archivierung von Informationen darstellten, sondern in vielen Fällen die Forschungsgegenstände selbst repräsentierten. Zahlreiche Zeichnungen aus seiner Sammlung sind nicht von Aldrovandi selbst, sondern von Naturforschern an weit entfernten Orten aufgenommen und nach Bologna geschickt worden. Wiederholt berichtet Aldrovandi in seinen naturphilosophischen und bildtheoretischen Abhandlungen von Bilddokumenten, die ihm zugesandt wurden, oder deren Ankunft er erwartete. So auch in dem bereits zitierten Text über monströse Bilder. Im letzten Jahr, so berichtet er im beiläufigen Ton, hätte Giuliano Griffoni, sein Neffe, ihm ein Bildnis eines monströsen Hundes angefertigt. Der Hund habe am Hofe des Kardinals de' Medici gelebt und sei nach seinem Tode einbalsamiert und konserviert worden. Jeden Tag erwarte er, Aldrovandi, das Bild desselben aus Rom zusammen mit anderen gemalten Dokumenten.[402] Auch andere Zeichnungen haben Aldrovandi auf postalischem Wege erreicht.[403] Sie wurden ihm von Freunden und Zuträgern zugesandt, die aus allen Teilen Europas Nachrichten über die Natur in das Studiolo des Gelehrten schickten.[404] Austausch fand aber auch zwischen einzelnen Bildsammlungen statt. So gibt es Korrespondenzen zwischen Bologna und Prag, genauer dem Umkreis der Kunstkammer Rudolph II., in denen Listen der Bilder fremdartiger Tiere aus der Sammlung Rudolph II. an Aldrovandi übermittelt wurden. Diesen Korrespondenzen zufolge stammen zwei Zeichnungen in der Sammlung Aldrovandis von Giuseppe Arcimboldo, der Hofmaler unter Kaiser Maximilian II. und Rudolph II. war.[405] Die formale und inhaltliche Übereinstimmung zwischen einigen Blättern der rudolphinischen und der aldrovandinischen Sammlungen könnte, neben diesen textlichen Quellen, ein weiteres Indiz für einen Austausch zwischen beiden Sammlungen darstellen.[406] So gleicht die ornamental verschlungene Darstellung einer Seeschlange aus Aldrovandis Sammlung einer Zeichnung in der Sammlung Rudolph II. auf das Genaueste, auch wenn die Gestalt der Seeschlange selbst variiert wurde. (Abb. 30, Abb. 31) Wie sein Briefverkehr zeigt, hat aber auch Aldrovandi selbst Bilder und Naturalien an andere Sammler verschickt. Beson-

401 Was nicht bedeutet, dass Aldrovandi nicht an Kunst interessiert war. Er war unter anderem auch Autor eines Buches über die antiken Kunstwerke Roms. Aldrovandi 1556.

402 »[...] si come si vede in quel mostro d'un uovo d'ocha che ho appresso di me dipinto dove fu ritrovato dentro in Francia un effige humana; [...] L'anno passato Giuliano Griffoni, mio nipote mi fece dipingere un cane mostrifico appresso l'Ill.mo Cardinale di Medici (che morto fu imbalsamato per conservarlo) il quale haveva la testa di serpente, et l'altre fattezze tutte stravaganti. Di giorno in giorno aspetto la pittura da Roma insieme con alcun altre ivi dipinte.« Aldrovandi 1581. In: Olmi 1992, S. 116.

403 Vergleiche Zitat in Anmerkung 402. Speziell dieser Fall wird an späterer Stelle noch genauer im Kapitel 4. 4. Fazit: Bilder der Naturerkenntnis, thematisiert.

404 Fantuzzi 1774.

405 Thesaurus 1996, S. 233.

406 Conigliello 1991.

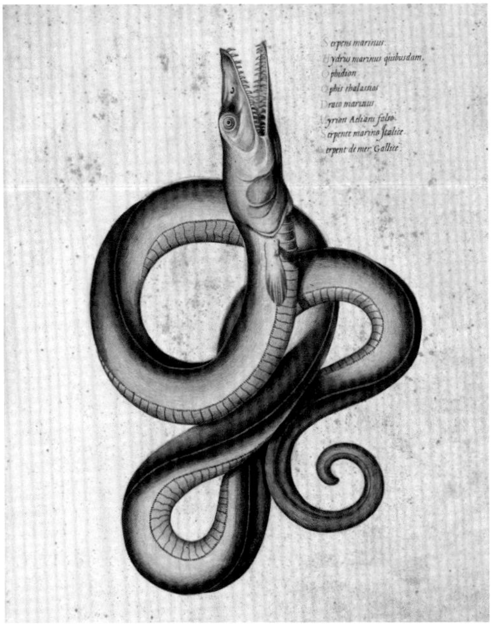

30 »Serpens marinus«, Zeichnung aus der Sammlung Ulisse Aldrovandis in Bologna.

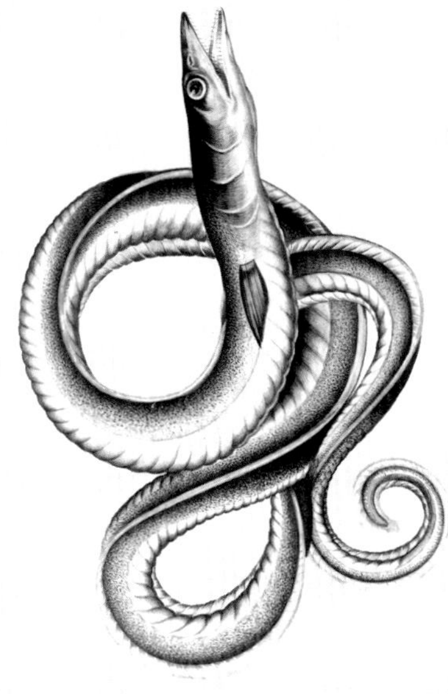

31 Zeichnung aus der Sammlung Rudolph II., Österreichische Nationalbibliothek, Wien.

ders an Francesco de' Medici in Florenz müssen umfangreichere Sendungen gegangen sein.[407] Doch erhielt Aldrovandi seine Zeichnungen nicht nur im Austausch mit Korrespondenten. Die überwiegende Zahl ließ er anfertigen. In den Vorworten seiner Bücher gibt er einen ersten Einblick in die Entstehung der Bildsammlung, indem er die prominenteren Zeichner und Holzschneider namentlich nennt. In der »Ornithologia«, dem ersten Band der Naturgeschichte, erwähnt er Lorenzo Bennini aus Florenz, der mit »500 Stichen nach Zeichnungen von Vögeln« an der Naturgeschichte beteiligt war.[408] Außerdem wird Jacopo Ligozzi aus Florenz hier genannt.[409] Sein weniger bekannter Bruder Francesco Ligozzi und sein Cousin Francisco Mercurio Ligozzi tauchen hingegen nur in Aldrovandis Manuskripten auf. Zu den namentlich bekannten Künstlern gehören weiterhin Christoph Coreliano[410] aus Nürnberg. Dessen Neffen Bartolomeo und Giovanni Battista übernahmen die Anfertigung der Druckstöcke nach dem

407 Auch Register ganzer Sammlungen und Zeichnungen wechselten auf diesem Wege den Besitzer. So zum Beispiel in Briefen an den Großherzog der Toskana, Francesco I., vom 27.9.1577, mit einem Katalog von Naturobjekten »Catalogus Rerum ad magnum Hetruviae missarum ab Aldrovandi«, sowie weitere Briefe an den Großherzog mit Informationen über naturhistorische Objekte. Fantuzzi zählt hier mehrere Briefe auf, in denen ganze Kataloge der Objekte, welche Aldrovandi an den Herzog schickte, enthalten sind. Fantuzzi 1774, S. 126–127.

408 »designarmi 500 ucelli, che in molti anni havena raccolti in pittura.« Olmi 1992, S. 71.

409 Zu Ligozzi biografisch: Siemoni 1944 und als naturalistischer Zeichner: Tomasi 1993; Conigliello 1990; I ritratti di piante di Jacopo Ligozzi 1993 (AK).

410 In Deutschland nannte er sich Christoph Lederlein.

Tode Christoph Corelianos.[411] Von Cornelius Schwindt[412] aus Frankfurt stammen vor allem Insektendarstellungen.[413] Zu den weniger bekannten Mitarbeitern gehören auch Pastorino Pastorini und Timoteo Refati, zwei Medailleure und Dekorationsmaler. Mit Daniel Fröschls Zeichnungen ist hingegen die Arbeit eines sehr prominenten Natur- und Miniaturmalers in die Sammlung eingegangen. Fröschl war Hofmaler unter Rudolph II. und wurde dort unter anderem auch als Autor eines Sammlungsinventars tätig.[414] Einige Maler arbeiteten über sehr lange Zeiträume für Aldrovandi. Zumindest was die Dauer der Zusammenarbeit angeht, müsste der Bologneser Zeichner Giovanni Neri an erster Stelle stehen. Neri arbeitete 32 Jahre, von 1558 bis 1590, für Aldrovandi und fertigte vor allem Zeichnungen von Vögeln an.[415] Auch wenn viele Blätter nachträglich den Namen bestimmter Maler zugeordnet werden konnten, sie hatten als Autoren für die Sammlung nur sekundäre Bedeutung. Autorenschaft und Namen werden in Bezug auf die Zeichnungssammlung bei Aldrovandi geradezu in den Hintergrund gespielt, was in engstem Zusammenhang mit seiner bildkritischen Haltung gegenüber der Fantasie und dem »intelletto nudo« steht. Die Zeichnungen waren nicht als Werke eines bestimmten Künstlers, sondern als Dokumentationen eines Objektes oder Lebewesens von Interesse.

Dennoch dokumentierten sie keineswegs immer unmittelbare Naturbeobachtungen, unabhängig davon, ob die Bilder aus weit entfernten Gegenden zu Aldrovandi gelangten oder direkt vor Ort angefertigt wurden. Viele Motive können vielmehr als Variationen lange tradierter naturhistorischer Motive identifiziert werden, die zuvor schon in Büchern und auf Flugblättern publiziert worden waren. Dies trifft zum Beispiel auf die Gegenüberstellung von einem Menschen- und einem Vogelskelett zu, die Aldrovandi aus Pierre Belons Vogelbuch übernahm.[416] Anhand anderer Bilder lässt sich eine Übernahme vermuten. So ist die Darstellung des Kugelfisches bei Aldrovandi der Darstellung desselben Fisches in dem 1553 in Rom erschienenen Fischbuch von Hippolyte Salviani ausnehmend ähnlich (Abb. 32; Abb. 33). Andere Gestalten waren seit Jahrzehnten fest etablierte Elemente der öffentlichen Bildkultur, wie zum Beispiel die Darstellung des sogenannten »Mönchskalbs« (Abb. 24).[417] Seine Gestalt wurde in der Zeichnungssammlung Aldrovandis auf einem Blatt zusammen mit einigen anderen Monstren gezeigt. Aldrovandis Mönchskalb steht rechts oben auf dem Blatt, das in drei Zeilen unterschiedliche Mischwesen zeigt. Das aufrecht stehende Wesen besitzt Klauen wie eine Kuh und ist ebenmäßig braun. Der runde Kopf und die Schultern sind von einer Art Hautkapuze bedeckt. An Bauch und Oberschenkel hat das Fell hellere Streifen. Auch die anderen Figuren

411 Aldrovandi 1599, ohne Seitenzählung. Zitiert in Olmi 1992, S. 91.

412 Er arbeitete ab 1590 für etwa 5–6 Jahre für Aldrovandi, hielt den Kontakt jedoch auch nach seiner Rückkehr nach Frankfurt aufrecht. Olmi 1992, S. 69–70.

413 Olmi 1992, S. 72–75.

414 Bauer und Haupt 1976. Olmi 1992, S. 86.

415 Diese hat, soweit sie Aldrovandi nicht selbst in seinen Büchern erwähnt hat, der Kunsthistoriker Giuseppe Olmi recherchiert. Olmi 1992, S. 61–91.

416 BUB, Tav. Animali, vol. I, c. 1.

417 Ewinkel 1995, S. 39–42; Das Mönchskalb kursierte als Flugblatt seit 1523. Melanchthon interpretierte es als Ausdruck der inneren Zustände des Mönchstums. Paré 1573 [1971], S. 165, Anmerkung 67; Ewinkel 1995, S. 39–42, 285, Abb. 63 und 64; Warburg 1998, S. 521–522.

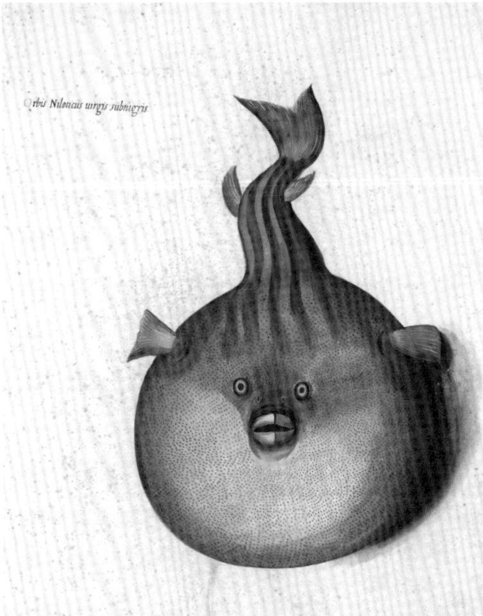

32 Kugelfisch, Zeichnungen aus der Sammlung Ulisse Aldrovandis in Bologna.

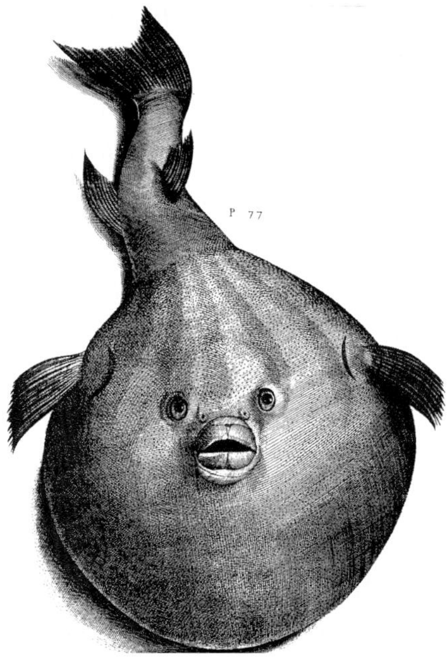

33 Kugelfisch aus Hippolyt Salvianis Aquatilium animalium historiae, 1554.

des Blattes sind Mischwesen. So besitzt das Monstrum neben dem Mönchskalb einen froschähnlichen Kopf, eine aufrecht stehende Figur darunter hat Bocksbeine wie ein Satyr, während die beiden unteren Figuren auf allen Vieren stehen, menschliche Oberkörper, aber den Unterleib eines Säugetieres haben. Die Gestalt des Mönchskalbs wurde durch die propagandistische Interpretation von Melanchthon Mitte des 15. Jahrhunderts bekannt und bis weit ins 17. Jahrhundert immer wieder auf Flugblättern, aber auch in den ersten medizinischen Büchern über Monster und Wunderwesen reproduziert (Abb. 34). Wie fast alle Monster, die auf Aldrovandis Zeichnung neben dem Mönchskalb abgebildet wurden, ist auch dieses bereits zuvor in der Abhandlung »Des Monstres et Prodiges« von Ambroise Paré publiziert worden (Abb. 35).[418] Dieses Buch war generell eine wichtige Quelle für die Monsterdarstellungen bei Aldrovandi. Aldrovandis Mönchskalb erscheint bei Paré als Figur 27, die Gestalt links daneben entspricht bei Paré der Figur 28. Der Knabe mit den verdrehten Gliedmaßen ist bei Parè Figur 29, die satyrartige Gestalt gleicht Parés Figur 34. Die beiden Gestalten links daneben gibt es bei Paré nicht, wohl aber können die beiden unteren Bilder wieder mit den Figuren 35 und 36 bei Paré in Übereinstimmung gebracht werden.[419]

418 Die Ikonografie vieler Monstren und Wunderwesen bei Paré hat André Céard rekonstruiert. Paré 1971 [1573].
419 Paré 1971 [1573].

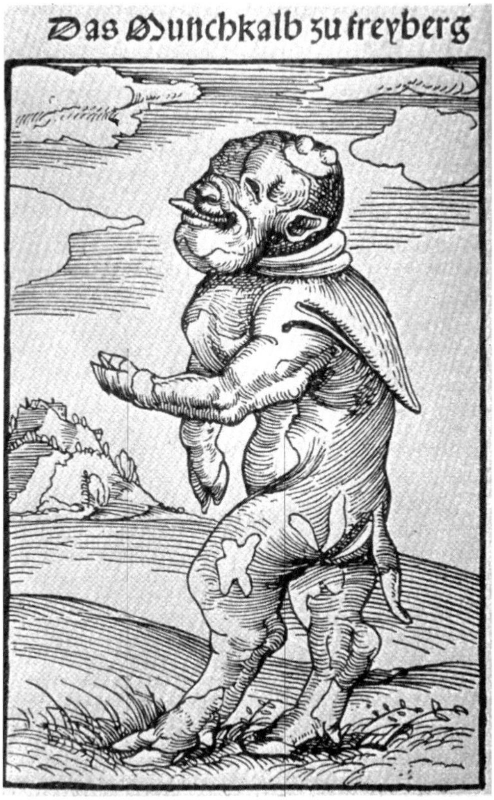

34 Philipp Melanchthon, Das Mönchskalb zu Freyberg, Flugblatt, Wittenberg 1523.

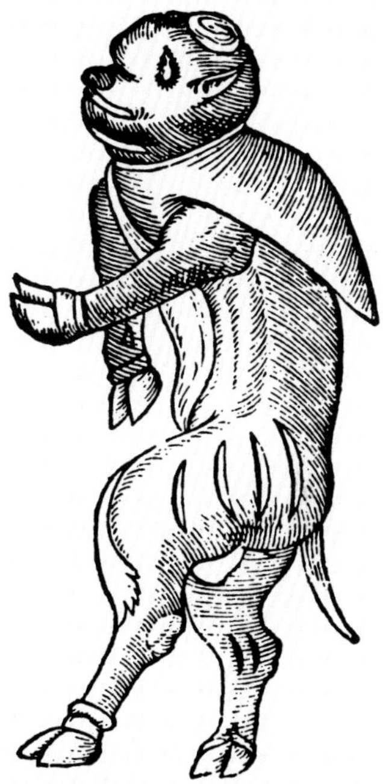

35 Mönchskalb bei Ambroise Paré, 1573.

Ähnliche Vorbilder lassen sich auch für die Motive eines nicht kolorierten Blattes mit den Umrisszeichnungen von Meeresungeheuern (Abb. 36) finden. Die Gestalten sind mit schwarzer Tinte gezeichnet, die Umrisse sind sicher gesetzt, es gibt keine suchenden oder tastenden Federstriche. Alles deutet darauf hin, dass die Bilder direkt aus Parés Buch abgepaust wurden. Gezeigt werden Mischwesen, welche die anatomischen Eigenschaften von Mensch, Säugetier und Fisch miteinander vereinen. In der oberen Hälfte des Blattes befindet sich ein Nereidenpaar, rechts daneben, quer eingezeichnet, ein Fischmonster mit hundeartigem Kopf und ebensolchen Vorderextremitäten. In der Mitte zeigt das Blatt ein gehörntes, teufelsähnliches Fischmonster, sowie ein kleineres Nereidenpferd. Im unteren Teil des Blattes findet sich ein Tier, das einem Walross ähnelt, daneben zwei Seemonster. Wie das Nereidenpaar stammen diese Motive vermutlich aus Parés Monsterbuch (Abb. 36, Abb. 37).[420] Aldrovandi hatte sich für dieses Blatt

420 Paré 1573, in der Ausgabe Paré 1971 [1573], S. 102.

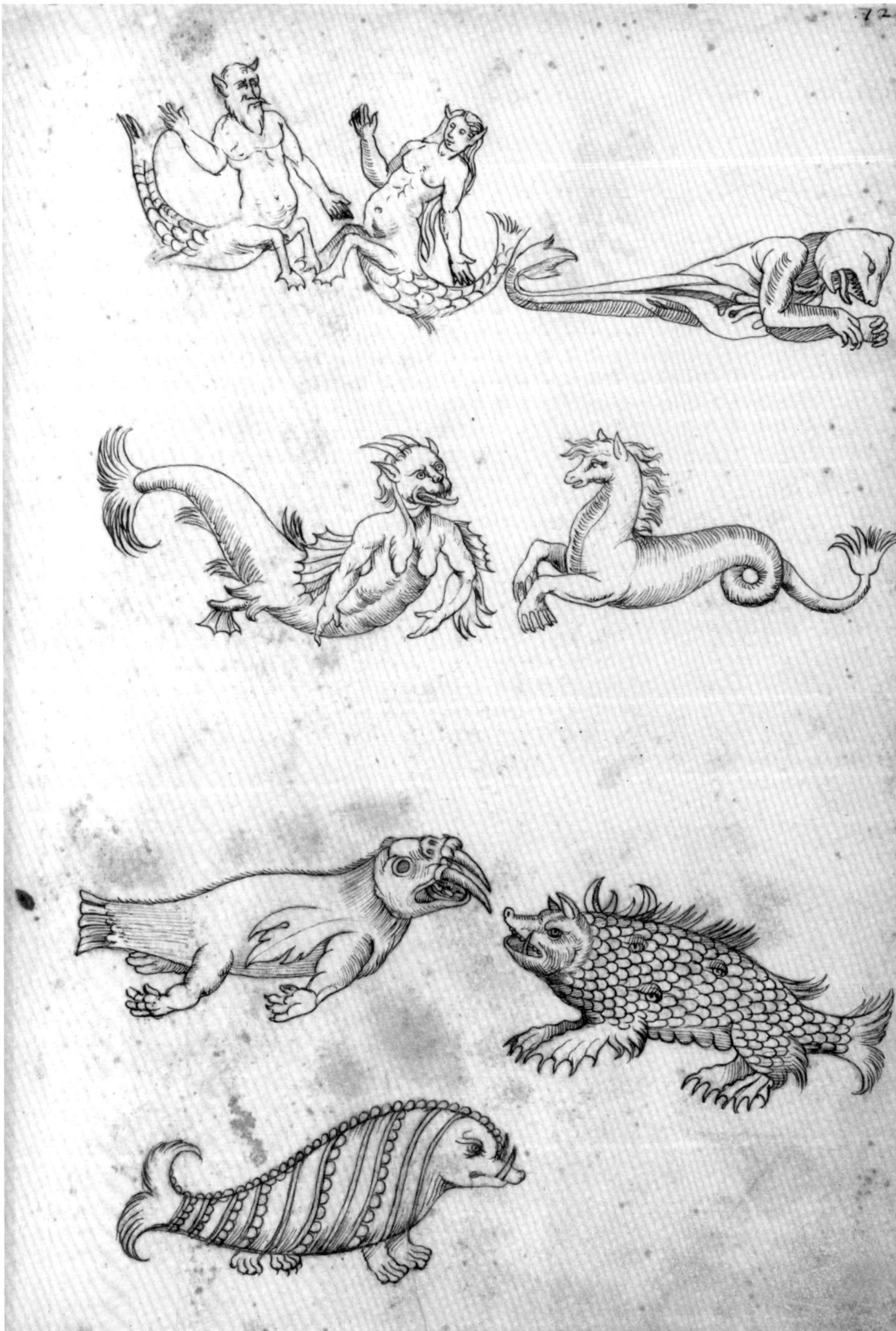

36 Meeresungeheuer, Zeichnung aus der Sammlung Ulisse Aldrovandis in Bologna.

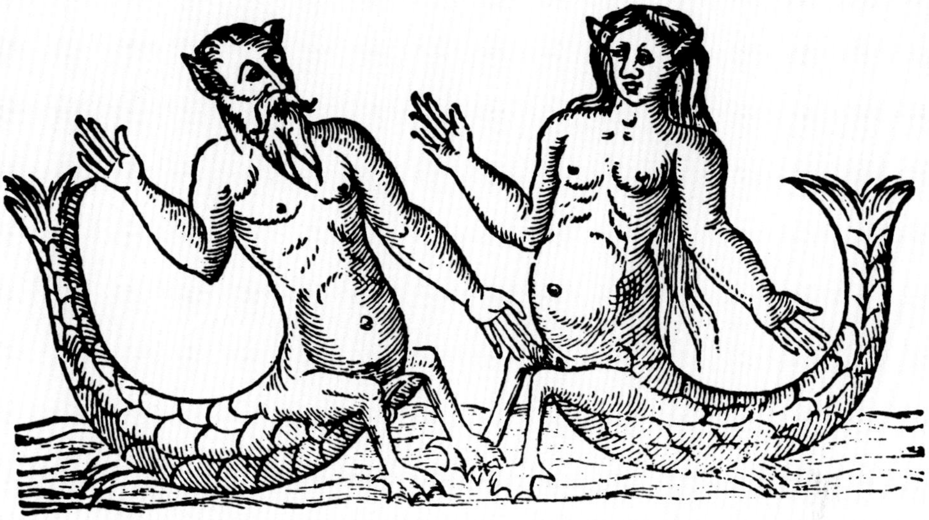

37 Nereidenpaar bei Ambroise Paré, 1573.

seiner Bildsammlung offenbar bestimmte Seemonster aus Parés Publikation ausgesucht, wobei die einzelnen Gestalten, wie Aldrovandi es forderte, aufs Genaueste abgezeichnet oder durchgepaust wurden.[421] Die Übernahmen waren stets mit leichten Modifikationen verbunden. So erscheint die Zeichnung des Nereidenpaares bei Aldrovandi etwas detailärmer, die Schraffuren und inneren Strukturen, die bei Paré ausgeführt sind, sind bei Aldrovandi nur angedeutet worden. Doch ist dieses Blatt nicht fertiggestellt und koloriert worden. Anders bei der Darstellung eines im Piemont, bei Turin gefundenen Monstrums (Abb. 38, Farbabbildung 6). Auch diese Gestalt gehörte in den Monsterbüchern und Flugblättern des 16. Jahrhunderts zu den Klassikern (Abb. 39). Bei Paré wurde es als eine nach links gewandte Figur ohne Hintergrund und ohne Standfläche dargestellt. Im Text gibt er ausführliche Informationen über den Fundort und die Umstände, unter denen das Monstrum auftauchte. Auch anatomische Details und Färbung werden hier verbal beschrieben. In Aldrovandis Zeichnungssammlung wurde das piemontesische Monstrum mit der Beschriftung »Monstrum hermaphroditicum, quod Anthropodamon dici potest« versehen.[422] Mehrere Verschiebungen zwischen der gedruckten und gezeichneten

421 So ist das obere Paar etwas schief auf die Seite gesetzt worden, als ob das Blatt beim Durchpausen schräg auflag, während es bei allen anderen Gestalten gerade lag. Die Gestalten tauchen bei Paré auf den Seiten 102, 103, 104, 106 und 107 auf. Vergleiche Paré 1971 [1573].

422 BUB, Tavoli di animali I, c 115. Es ist bemerkenswert, dass Aldrovandi dieses höchst spektakuläre Monstrum auf ein Merkmal, seine doppelte Geschlechtlichkeit, reduziert. Auch dies ist ein Akt der Umdeutung, die Monster auf anatomische Merkmale reduziert. Mit der Geschichte des Hermaphroditen im Monsterdiskurs um 1600 befasst sich auch Krämer 2007.

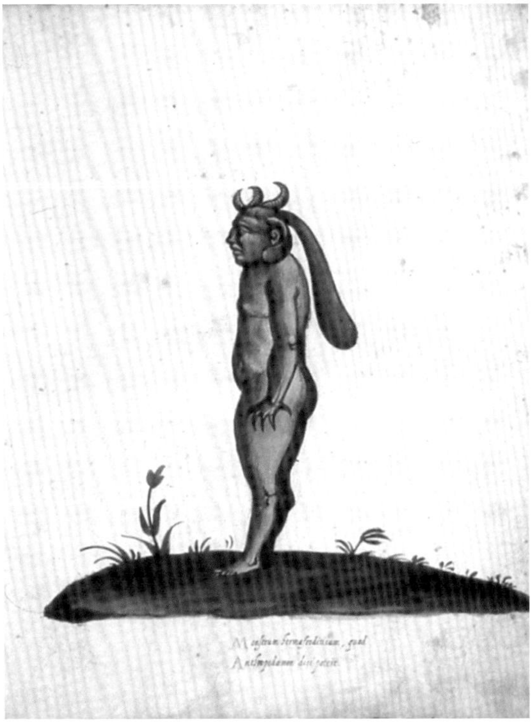

38 »Monstrum hermaphroditicum«, Zeichnung aus der Sammlung Ulisse Aldrovandis in Bologna (vgl. Farbabb. 6).

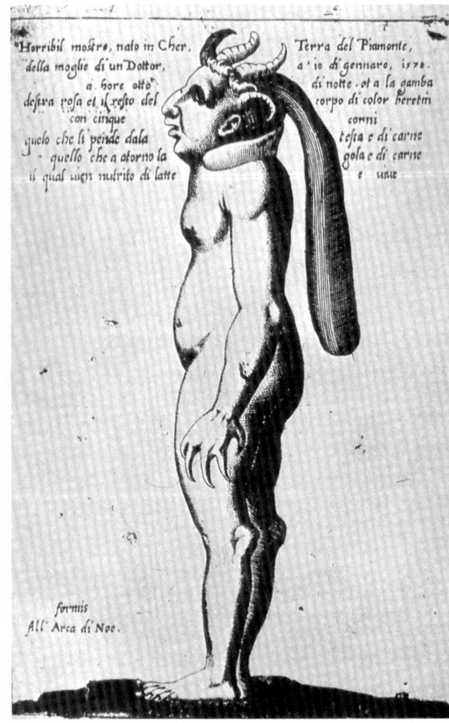

39 Flugblatt mit Monsterdarstellungen, 1578.

Variante fallen hier auf. Aldrovandi deutet mit der Umbenennung ein ursprünglich historisch bedeutsames Monstrum neu und stellt nun anatomische Merkmale in den Vordergrund. Die Färbung der Gestalt, bei Paré sehr detailliert beschrieben, ist in der Zeichnung Aldrovandis bildlich umgesetzt worden.[423] Der Zeichner hat die Gestalt darüber hinaus auf eine stilisierte Blumenwiese gestellt, dabei wurde das Monstrum aus seinem historischen und geografischen Kontext gelöst und in einen schematisiert dargestellten Naturraum eingebettet. Alle anderen schriftlichen Informationen wie Geburtsort, -zeit und -umstände wurden jedoch nicht übernommen. Bei der Übertragung in die Zeichnung wurde die Figur also zugleich neu kontextualisiert. Das Fehlen des historischen Kontextes und bildliche Modifikationen, wie die farbige Gestaltung und die Applikation eines stilisierten Naturraums, stellen dabei die signifikantesten

423 »Le pied et la jamb e droite estoyent d'un rouge fort haut en couleur. Le reste du corps estoit de la couleur d'un gris enfumé. On dit qu'à la naissance de ce monstre qu'il jetta un grand cry qui estonna tellement la sage-femme et toute la compagnie que l'effroy qu'ils en eurent leur feist quitter le logis. Dont la nouvelle estant venue jusques à monsieur le Prince de Piedmont, pour le desir qu'il avoit de le voir l'envoya querir, en la presence duquel plusieurs en feirent divers jugements; la figure duquel t'est icy representee apres la naturel.« Zitiert nach Paré 1971 [1573], S. 13.

Veränderungen dar. So bilden Blumenwiesen in der Regel die Standfläche der Landtiere und blaue Wasserflächen signalisieren den Lebensraum Wasser. Aldrovandi hatte offenbar kein Interesse an einer rein mechanischen Reproduktionen – die Übertragung in das Medium der Zeichnung kam einer Übersetzung gleich. Nur die sichtbaren Eigenschaften, nicht aber die historischen Informationen aus dem Zusammenhang der Drucksache wurden in die Zeichnung übertragen. Die Zeichnung bot darüber hinaus durch die farbige Gestaltung und die Einbettung in einen Naturraum einen visuellen Mehrwert gegenüber der gedruckten Darstellung. Es handelt sich daher nicht um Kopien, sondern um quasi redaktionell bearbeitete Bilder.

Die Zeichnungen lieferten also viel mehr als nur Druckvorlagen. Theorie und Praxis bei Aldrovandi zeigen, dass sie für ihn das Medium darstellten, welches die Natur in adäquater Weise repräsentierte, denn sie dokumentierten das Wesen eines Objektes und vermittelten mit ihrer farbigen Gestaltung zugleich seine wichtigsten sichtbaren Eigenschaften. Zugleich wird anhand seiner Bildpraxis deutlich, dass die Arbeit mit Zeichnungen der Arbeit mit Texten durchaus vergleichbar ist. Auch sie beruhte auf Tradition und Überlieferung. Charakteristisch war für diese wissenschaftliche Bildarbeit außerdem, dass sie kollektiv geprägt und an Prozesse gekoppelt war, in deren Verlauf Bilder kritisiert, verglichen und modifiziert wurden. »Beobachtung«, so wie sie bei Aldrovandi praktiziert wurde, ist somit in keinem Fall eine geschichtslose, allein der unvoreingenommenen Wahrnehmung verpflichtete Alternative zur sogenannten Buchgelehrsamkeit. Die Bildarbeit ist der Textarbeit vielmehr eng verwandt, lieferte doch erst der mediale Charakter von Bilddokumenten die Voraussetzung für eine wissenschaftliche Kommunikation visueller Eigenschaften der Natur.

Aldrovandis Bildideal und die künstlichen Monstren der Malerei

Der wortreich beschriebene Nutzen der Bilder und ihre funktionale Definition im Rahmen der Naturphilosophie lassen keinen Zweifel über den Rang, den Aldrovandi ihnen zuwies. Doch deutet sein ausnehmend restriktives Bild- und Kunstideal auf ein weiteres, bisher kaum berührtes Moment. Er unterstellte dem dienstbaren Instrument der Wissenschaft »Bild« eine große Wirkung, womit er zugleich aber auch eine Eigenschaft beschreibt, die er als gefährlich einschätzte. Diese Gefahr lokalisierte er in der suggestiven Kraft der Bilder. Diese bisher nur theoretisch erwogene Seite von Aldrovandis Bildideal wird anhand einer Zeichnung deutlicher, die zu den auffälligsten Blättern der Sammlung gehört. Die Zeichnung zeigt zwei seltene Vipern (Abb. 40, Farbabbildung 7).[424] Aldrovandi hatte das Blatt von Francesco I. erhalten, der ihm das von Jacopo Ligozzi gezeichnete Bild zusammen mit den lebenden Tieren nach Bologna gesandt hatte. Aldrovandi hatte ausdrücklich darum gebeten. Eine vorausschauende Entscheidung, wie sich bald erwies, denn ein Tier starb bereits auf den Transport, das andere verendete alsbald in Bologna, so dass von den Tieren nur ihre Kadaver übrig blieben. Mit ihnen experimentierte

424 Eine leicht modifizierte Darstellung der Tiere von Jacopo Ligozzi befindet sich in den Uffizien. Berra 2004, S. 77; Findlen 1996, S. 241–248.

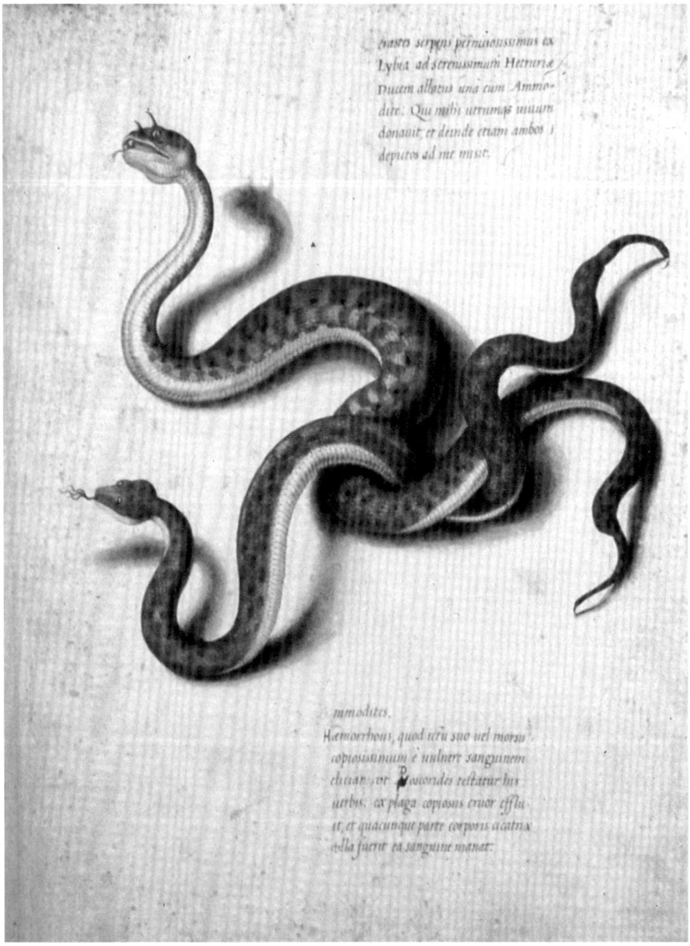

40 Jacopo Ligozzi, Vipern, Zeichnung aus der Sammlung Ulisse Aldrovandis in Bologna (vgl. Farbabb. 7).

Aldrovandi auf der Suche nach einem Rezept für Theriak,[425] einem seit dem Mittelalter bekannten sagenhaften Gegengift, nach dem viele neuzeitliche Naturforscher suchten.[426] Aldrovandi besaß danach immerhin noch ihre bildliche Dokumentation. Diese war jedoch außergewöhnlich eindrucksvoll. Die Tiere haben ihre Köpfe gegeneinander aufgerichtet. Ihre verschlungenen Leiber bilden ein leicht asymmetrisches Ornament, ihre Haltung ist angriffslustig, die Fänge bissbereit. Die Schlangen sind in der Art eines Trompe-l'Oeil auf das Papier gesetzt worden. Sie scheinen sich direkt auf dem Papier zu schlängeln und wurden in einen Bildraum gesetzt, der sich mit dem physikalischen Raum des Betrachters überschneidet. Der Zeichner

425 Theriak, das bereits Galen bekannt war und als »Gegengift der Gegengifte« galt, war seit dem Mittelalter ein wichtiger Bestandteil der Pharmazie. Findlen 1994, S. 241–243 mit ausführlicheren Literaturhinweisen.

Ligozzi wandte diesen Trick an, um mehr als nur die Phänotypen von Vipern darzustellen. Er vermittelte zugleich einen vitalen Eindruck ihrer Beweglichkeit und ihrer potentiellen Gefährlichkeit. Der besondere Charakter des Blattes liegt in seiner starken Wirkung auf den Betrachter, wobei sich im vorliegenden Fall Sujet und Duktus des Blattes noch gegenseitig in ihrer Wirkung steigern. Denn unabhängig davon, ob man sich vom Naturalismus der Zeichnung täuschen lässt oder nicht, der Betrachter weicht vor dem Bild tendenziell eher zurück, als dass er sich ihm nähert. Diese apotropäische Wirkung ist auch im Motiv »Schlange« begründet. Ligozzi arbeitet mit der Ikonografie der Schlange als Apotropaion, also mit der Vorstellung, dass Bilder einen abschreckenden Effekt auf den Betrachter haben.[427] Dieser Bildtypus hat eine weit zurückreichende Tradition und wird in vielen Varianten überliefert. In weniger harmlosen Fällen wird von der Tötung des Betrachters durch einen Anblick, etwa durch den Blick der Medusa, berichtet.[428] In den meisten Fällen wird nur von der abschreckenden Wirkung der Apotropaia Gebrauch gemacht: dämonische Fratzen prangen an Fassaden, Tierköpfe und Schlangenbilder werden auf Waffen, Medaillons, Amuletten getragen. Die Wirksamkeit eines solchen Bildes hängt nicht primär von seiner mimetischen Ähnlichkeit mit einem konkreten Vorbild ab. Vielmehr werden apotropäische Darstellungen als eigenständige und nicht als abbildende Objekte wirksam. Sie wirken nicht aufgrund ihrer Referentialität, sondern aufgrund ihrer besonderen Gestalt oder ihrer spezifischen Materialität.[429] Ligozzi aber kombinierte die abschreckende Wirkung des Schlangenbildnisses mit den Effekten eines Trompe-l'Oeil und bezieht somit das Apotropäische eines Schlangenbildes auf ihre visuelle Präsenz im Bild. Dies ist der Hintergrund, vor dem Aldrovandis Warnung vor Bildern verständlich wird. Aldrovandi ging es nicht um eine möglichst sachliche Darstellung, sondern um eine möglichst lebendige. Daher sind sie für Aldrovandi in ihrer Wirkung der Natur vergleichbar. Dies wird anhand des Schlangenbildnisses deutlich. Das Blatt, in seiner augentäuschenden Strategie, reflektiert auf visueller Ebene die Gefährlichkeit der Schlangen. Sie wird durch die Kunst des Malers zugleich heraufbeschworen und beherrscht. Doch veranschaulicht das Bild, über diese eher metaphorische Ebene hinaus, auch einen konkreten bildtheoretischen Aspekt, den Aldrovandi oft angesprochen hatte. Denn Ligozzi, der Autor der Zeichnung, stellte für ihn den Idealtypus eines naturphilosophischen Zeichners dar, wobei er vor allem die suggestiv lebendige Präsenz in den Arbeiten des Künstlers hervorhob. Aldrovandi vergleicht ihn mit Parhassios[430] und schreibt: »Non è quasi di minor eccellenza hoggidì ms. Iacopo Ligozzio pittore del serenissimo Gran Duca di Toscana, perchè quattro anni sono, che fra l'altre sue pitture bellissime mi mostrò un gatto tanto depinto al naturale, che non solo ingannava i cani, che a quello con gran furore cor-

426 Dazu ausführlicher Findlen 1994, S. 241–245, 267–286.

427 Für den christlichen Kontext ist vor allem Freedberg 1989 aufschlussreich. Für Bild- und Blickmythen der Renaissance gelten Warburgs Studien über die sogenannte heidnische Bildmagie immer noch als grundlegend. In Zusammenhang mit moderner Kunst erforschte Didi-Hubermann 1999 die Frage. Wichtige Forschungsergebnisse liegen außerdem von Freedberg 1989 und Belting 1990 vor.

428 Einen ähnlichen Effekt hat auch der Anblick des Verbotenen, wie dem biblischen Bericht von der zur Salzsäule erstarrten Frau Loths geschildert. 1. Buch Mose, 19, 26.

429 Freedberg 1989.

430 Aldrovandi bezieht sich hier auf die antike Legende von Zeuxis und Parhassios.

revano morsicando al tavoletta, overo cartone nel qual era depinto, ma ingannava ancora gli huomini, che entrando nella stanza, ove era posto tal gatto dipinto, lo credevano essere un gatto vivo.«[431] Das Schlangenbildnis ist insofern ein eindrückliches Beispiel für eine ideale Naturdarstellung in Aldrovandis Sinne. In den Vorteilen, die ein Bild für den Naturphilosophen bringt, liegen jedoch zugleich seine Schwächen. Es vermag Sichtbares und Fiktives gleichermaßen anschaulich und überzeugend darzustellen.

Diesen Konflikt hat Aldrovandi in den »Avvertimenti sopra le pitture mostrifiche et prodigiose« konkret beschrieben,[432] als er sich explizit mit dem Nutzen und dem Nachteil von dokumentarischen Bildern für die Naturphilosophie befasste. In diesem Text stellte er die Malerei aufgrund ihrer mimetischen Potentiale als besonders geeignetes Instrument der Naturdokumentation dar. Sie sei nicht nur die Kunst, welche die Natur am besten nachahme. Sie sei darüber hinaus auch die einzige unter den Künsten, welche die Wahrnehmung der Tiere wie der Menschen täuschen könne: »Non è dubbio alcuno che la pittura è arte nobilissima, e s'io dicessi fra tutte l'arti trovate da l'ingegno humano esser la più bella, la più vaga, et la più honorata, forsi non direi menzogna, considerando che quella con il suo disegno ridotto al suo proprio fine con appropriati colori imita talmente al vivo il prodotto dalla natura, et dal grand'Iddio che spesso inganna non solo gli animali irrationali, anzi gli huomini stessi, [...].«[433] Das Lob der Malerei im Allgemeinen gehörte zu den gängigen Topoi dieser Zeit und bedurfte keiner besonderen Rechtfertigung, zusätzlich verweist Aldrovandi, wie schon erwähnt, auf den antiken Künstlerwettstreit zwischen Zeuxis und Parrhasios.[434] Zeuxis, der mit seinen gemalten Trauben die Vögel zu täuschen vermochte, verlor gegen Parrhasios, dessen gemalter Vorhang selbst den Zeuxis täuschte. Die größere Kunst liege also nicht in der Nachahmung der sichtbaren Welt, sondern in der Täuschung der menschlichen Wahrnehmung. Es ist kein Zufall, dass Jacopo Ligozzi, der Schöpfer des Schlangenbildnisses, für Aldrovandi den modernen Parrhasios verkörperte.[435] Neben allen anderen Fähigkeiten dieses Malers zeichnet ihn in Aldrovandis Augen seine Begabung zum Trompe-l'Oeil besonders aus. Eine Fähigkeit, welche die Unterscheidung von Malerei und lebendiger Physis auf visueller Ebene verwischt, wenn nicht obsolet werden lässt.

Die Zeichnung erfüllte also sehr verschiedene Funktionen. Mit Hilfe der Zeichnung konnte der Naturphilosoph sich bereits tote Tiere und lange zurückliegende Phänomene visuell vergegenwärtigen, wie er es etwa mit den Schlangendarstellungen gehalten hatte. Herausgelöst aus ihrem historischen Kontext und ihrer Bedeutung als übernatürliches Zeichen wurden auch bereits tradierte Motive im Zuge der Übertragung in die Zeichnungssammlung naturalisiert, und erst als solche wurden sie zum Beobachtungsgegenstand von Aldrovandi. Dies war auffällig zum Beispiel bei der Figur des »Mönchskalbs«, dass bei Aldrovandi sorgfältig farbig gestaltet und zugleich weniger polemisch als bei Melanchthon als »piemontesisches Monstrum« bezeichnet wurde.

---

431 Aldrovandi 1581. In: Olmi 1992, S. 113.

432 Dieser Text ist Kardinal Paleotti gewidmet. Veröffentlicht in Olmi 1992, S. 112–117.

433 Olmi 1992, S. 112.

434 Plinius 1978, 65, S. 54–55.

435 Vergleiche dazu das Zitat bei der Anmerkung 431.

Anhand von Ligozzis Bildinszenierungen lässt sich eine dritte Funktion von Zeichnungen besonders gut nachvollziehen. Seine Bilder umspielen die Schwelle zwischen der Fiktionalität und der Realität von Bildern, die optisch, aber auch in Bezug auf ihre Wirkung auf den Betrachter fast ineinander übergehen. Es war genau diese Möglichkeit der Grenzüberschreitung, die Bilder für Aldrovandi so nützlich, aber auch gefährlich machten. Was Aldrovandi fürchtete, war jedoch nicht so sehr die Suggestivkraft der Bilder, als die Imagination des Künstlers, der auf diesem Wege eine zweite Schöpfung aus Fantasie- und Fabelwesen in den Bilderkosmos des Naturphilosophen hineinträgt.

Auch Aldrovandis Texte thematisierten die Grenze zwischen der Fiktionalität und der Realität der Malerei, indem auf die Gefahren ihrer Durchbrechung hingewiesen wird. Ob er bei diesen Ausführungen konkret auch an apotropäische Wirkungen von Bildern gedacht hat, wie sie im Schlangenbildnis zum Ausdruck kommen, sei dahingestellt. Unzweifelbar ist, dass die Malerei für Aldrovandi eine naturadäquate Bildtechnik darstellte, weil sie die Lebendigkeit und die Mannigfaltigkeit der Natur am besten darzustellen vermochte. Diese Eigenschaften waren es auch, die Aldrovandi immer wieder als wesentliche Eigenschaften von Natur definierte. »Von ihnen [den Malern, A.F.]«, so schrieb Aldrovandi in seinem Aufsatz über die Malerei, »muss man vor allem Bilder verlangen, die die Lebendigkeit und den Geist wiedergeben, so verschieden und mannigfaltig sie auch sein mögen.«[436]

Dennoch ist Aldrovandis Ideal einer streng mimetischen Kunst mit dem Begriff der Nachahmung nur ungenügend erfasst und wird treffender als Überbietung von Natur beschrieben. Diese Überbietung fand auf mehreren Ebenen statt. Sie kompensierte die Vergänglichkeit der Natur, und erzeugte eine visuelle Präsenz über deren Ende hinaus. Sie vermochte die Gefährlichkeit von Tieren wie den Schlangen darzustellen und zugleich zu bannen. Sie überbot drittens die wahrnehmende Natur des Menschen, der sich durch die suggestive Darstellung täuschen ließ. Aldrovandis Verhältnis zum Bild war also ambivalent, was sich sowohl in seinen Texten nachlesen, als auch anhand des Schlangenbildes nachvollziehen lässt.

In seiner abschreckenden Wirkung bildet Ligozzis Schlangenbildnis das Gegenstück zu Hoefnagels eingangs besprochener Libellendarstellung. Wurden bei Hoefnagel Libellenflügel als filigrane Meisterwerke der Natur und der Kunst inszeniert, so stellen die Schlangenzeichnungen Ligozzis ihre unheilvollen Ausgeburten dar. Auch die gefährliche Wirkung der Bilder, die Aldrovandi immer wieder warnend heraufbeschwört, wird in beiden Darstellungen sinnfällig. So lebendig wie die Schlangen erschienen im Idealfall alle dokumentierten Wesen der Sammlung, also auch die »künstlichen«, also nicht auf Beobachtung beruhenden. Genau um diesen, im Schlangenbildnis ausgeführten Effekt der »Verlebendigung« von Naturdarstellungen ging es Aldrovandi, wenn er Bilder für die Wissenschaft einsetzt. Wie keine andere Technik vermochte die Zeichnung die Präsenz eines Objektes im Bild zu vermitteln. Der Einfluss der Fantasie, die Ungenauigkeit und die Unkenntnis bringen Dinge zu Papier und damit zur Erkenntnis, die nicht der Natur entsprechen und auf dem »nackten Verstand« des Malers beruhen.[437] Dabei

436 »Che dirò io degli animali, che ancora loro cascono sotto la pittura? nelli quali principalmente si deve ingegnare il pittore di darli vivacitá e spirito, ché varii e diversi sono.« Aldrovandi 1582. In: Barocchi 1981, Bd. 1, S. 925.

wurde sowohl in dem hier umrissenen Bildkonzept als auch in dem Naturbegriff, den Aldrovandi herausarbeitete, ein Zwiespalt formuliert. Den schöpferischen Potentialen in der Kunst wie in der Natur stand der Naturphilosoph also mit zwiespältigem Urteil gegenüber. Dies kommt besonders im metaphorischen Gebrauch des Terminus »Monstrum« zum Ausdruck, der als Bezeichnung für naturhafte wie künstlerische Missgestalten in den theoretischen Ausführungen Aldrovandis zu einem Schlüsselbegriff wurde. Als Geschöpfe der Natur repräsentieren sie eine kreative Seite der Natur, der idealisierte und zugleich bedrohliche Eigenschaften verliehen wurden, was im folgenden Kapitel noch genauer darzustellen ist. Als Geschöpfe der Künstler, also als künstliche Monster, gelten sie in den Augen Aldrovandis als Fehler. Ob als Natur- oder als Kunstphänomen wird das Monster als negative Zuspitzung generativer Prozesse geschildert.

Seit den ersten Forschungen über die Formen der Fossilien waren diese formativen Aspekte der Natur immer stärker ins Interesse der Naturforscher gerückt. Die Pioniere der Fossilienforschung schrieben die rätselhaft geformten Objekte aus dem Inneren der Erde dem Wirken eines »lusus naturae« zu, so wie es Francesco Stelluti im »Trattato del legno« formuliert hatte. Er präsentierte die Strukturen von fossilem Holz im Duktus einer Anamorphose und suggeriert damit, dass sich aus ihnen allmählich konkrete Muster und Körper entwickeln könnten. Auch in der Inszenierung des Nautilus als barockes Groteskengesicht bei Aldrovandi wurden Naturwerke als Kunstwerke dargestellt. In seinem besonderen Forschungsinteresse an humanoiden und animalischen Missbildungen spiegelt sich ein neuartiges Interesse an den kreativen Potentialen der Natur wieder. Mögen die fossilen Holzmaserungen der »Metallophyten« Stellutis das Auge erfreut haben, Conrad Gessner die Steine mit Herzform als Beispiele für Naturornamente gesammelt haben – die bilderreiche und schöpferische Natur Aldrovandis hat viel stärkere Potentiale, als die, Muster zu bilden. Spätestens angesichts von Aldrovandis Konzentration auf die lebendigen Kreationen der Natur, auf die Monster, ist das Interesse an den bildnerischen Aktivitäten der Natur nicht mehr allein aufs Spielerische gerichtet. Das kommt auch in Aldrovandis Metaphorik zum tragen, in der Monster mit »Schreibfehlern« verglichen werden, die er deutlich von einer idealen Natur unterschied. Damit hebt sich seine Verwendung des Begriffs »Monstrum« deutlich von älteren Definitionen des Monsters ab. Diese sahen im Monster zwar auch eine bedrohliche Naturerscheinung, es wurde jedoch nicht als Fehler apostrophiert und nicht so deutlich als Produkt der rein physischen Seite von Natur interpretiert.[438] In Aldrovandis Bilddiskussion wird genau diese Begrifflichkeit verstärkt. Das Monster wird als Aspekt der Physis von einer idealen Natur deutlich unterschieden. Bei dieser Setzung hat Aldrovandi sich an den Begriffen seiner Kunsttheorie orientiert. Vor allem die Trennung

437 Davon spricht Aldrovandi im Discorso naturale: »senza le quali gl'universali restano figmento solo dell'intelletto nudo, essendo noto a ciascuno non portarsi al nostro intelletto cosa alcuna – sí come testifica il Philosopho nostro – senza li sensi esteriori, da quali sono indutte. « Tugnoli Pàttaro 1981, S. 179. Vergleiche auch das vollständige Zitat in Anmerkung 390. Eine ähnliche Bemerkung findet sich auch im Traktat über die Malerei: Aldrovandi 1582. In: Barocchi 1981, Bd. I., S. 930. Vergleiche Anm. 385.

438 Siehe auch Kapitel III. 3. »Auf dem Weg zu einer Naturgeschichte der Monster.« Zu den Begrifflichkeiten im Mittelalter siehe Kappler 1980. Auch Céard 1971 und Wittkower 1984 bieten einen Einstieg in das Thema.

von Intention und Physis der Natur hat hier ihr Vorbild; aber auch die Sprachbilder, mit denen Aldrovandi die Natur beschrieb, entstammen der Welt der Schreib- und Malkunst. Auf diesem Wege gelangten kunsttheoretische Vorstellungen in die Begrifflichkeiten der Naturphilosophie und naturhistorische Ideen in das Vokabular der Kunsttheorie. Dabei erhielt die Zeichnung, auch wenn sie als naturadäquates Aufzeichnungsmittel verstanden wird, einen ambivalenten Charakter. Im Prozess der Verzeichnung der Natur konnten Fehler und Irrtümer dokumentiert und quasi verlebendigt werden, um im System der Naturphilosophie ein Eigenleben als künstliche Monstren zu beginnen. Dennoch konnte er auf die Zeichnungen nicht verzichten. Denn die Übersetzung von gedruckten in gezeichnete Bilder wurde von Aldrovandi als ein Akt der Naturalisierung verstanden. Die Zeichnungen boten insofern auch ein authentischeres Bild der Natur.

Aldrovandi verband mit der Zeichnung das Ideal suggestiv lebendiger, der menschlichen Wahrnehmung der Natur nahekommender Darstellung. Die Hand des Malers, das aristotelische »Instrument der Instrumente«, wurde dabei zur Vermittlerin jener Unmittelbarkeit der Wahrnehmung, welche für den Naturforscher eine grundsätzliche Voraussetzung moderner Naturphilosophie war. Neben den bereits besser erforschten Bildfunktionen in anderen Disziplinen der frühneuzeitlichen Wissenschaft, wie der Darstellung von allgemeingültigen Gattungsmerkmalen in den Bildern der Botanik, der Konstruktion idealisierter Körperbilder in der Anatomie, den instrumentellen Funktionen von Bildern beim Messen und Projizieren in der Kartographie, ist damit eine weitere, bisher nicht erfasste Facette von Bildfunktionen in der Naturgeschichte umrissen. Sie zielt auf die visuellen Erfahrungen, auf die durch Bilder vermittelten Wahrnehmungen des Menschen.

Die hier beschriebene wichtige Innovation in der Arbeitstechnik der Naturphilosophen, die methodisch fundierte Verwendung von Bildern, ging einher mit einer inhaltlichen Neuorientierung der Naturphilosophie. Diese Neuorientierung war bei Conrad Gessner anhand seiner Verwendung des Begriffs der »Form« in der Fossilienforschung und anhand der Definition der »res ipsa« in seiner Naturgeschichte zu verfolgen. Sie zeichnet sich in der Naturphilosophie Aldrovandis vor allem in der Verflechtung von Kunst- und Naturbegriffen ab, die sich besonders im metaphorischen und naturtheoretischen Gebrauch des Wortes »Monstrum« zeigt. Damit hat Aldrovandi ein Thema aufgenommen, das in der Naturphilosophie des 16. Jahrhunderts eine immer wichtigere Rolle spielen sollte.

3 *Auf dem Weg zu einer Naturgeschichte der Monster*

Monster als neuer Topos der Natur

Aldrovandi hat sich nicht nur auf metaphorischer Ebene über Monster und monströse Bilder geäußert. Die Bilder von Exoten, Monstern, Wundergeburten, mythischen und sagenhaften Wesen spielen in Aldrovandis Zeichnungssammlung eine wichtige Rolle und sie stellen einen zentralen Gegenstand seiner Forschung dar. Aldrovandi hat die monströsen Erscheinungen aus seiner näheren und ferneren Umgebung genau dokumentiert. Fehlbildungen bei Hühnern und Singvögeln, Katzen und Hunden, Schafen oder Rehen scheinen ihn genauso interessiert zu haben, wie die spektakulären Gestalten mythischer Monster.[439] Aldrovandi hat außerdem den Bildbestand ganzer Monsterbücher, vor allem Ambroise Parés »Des monstres et prodiges«, reproduzieren lassen und Gestalten aus anderen Publikationen, etwa Meeresungeheuer nach dem Vorbild der Seekarte von Olaus Magnus, in die Sammlung aufgenommen.[440] Die Natur, so wie sie in der Zeichnungssammlung erscheint, ist ein Schauplatz der Ausnahmen, des Seltenen und des Wunderbaren.

Die prominente Rolle der Monster und Wunder in Aldrovandis Zeichnungssammlung korrespondiert mit seinen Forschungsinteressen. Für Aldrovandi waren Monster und Wundergeburten ein zentraler Aspekt der Natur. Folgerichtig behandelte er sie nicht gesondert, sondern ordnet sie in seiner »Naturgeschichte« dem jeweiligen Tier oder Lebewesen zu. Er räumt ihrer Darstellung sogar breiten Raum ein.[441]

Ungeachtet seines gesteigerten Interesses am Monstrum hat Aldrovandi nie genau definiert, was er darunter verstand. Auch in seiner Abhandlung »Avvertimenti del Dottore Aldrovandi sopra le pitture mostrifiche et prodigiose«,[442] die sich dezidiert mit dem Thema auseinandersetzt, bleibt der Begriff unscharf und kann nur indirekt rekonstruiert werden. Dabei war Aldrovandi ein gefragter Spezialist für die Auslegung monströser Naturphänomene. Zeitgenossen bezeichneten ihn sogar ausdrücklich als »Meister der Wunder und Monster«.[443] Dass Monstra für Aldrovandi *das* bedeutende naturhistorische Thema darstellten, steht also außer Frage. Sein Fall stellt indes keine Ausnahme dar, sondern steht im Einklang mit einer allgemein gesteigerten Aufmerksamkeit gegenüber dem Thema. Seit etwa 1550 entwickelte es sich zu einem beeindruckend weit gefächerten publizistischen Gebiet.[444] Das Problem beschäftigte und

---

439 Aldrovandi hat ein Huhn mit einer Doppelbildung der unteren Extremitäten sogar seziert und als Skelett präpariert. Dokumentiert in der Monstrorum Historia, Aldrovandi 2002 [1642], S. 558.

440 Olaus Magnus (1490–1557), schwedischer Theologe und Kartograph. Die »Carta Maria« von Olaus Magnus ist die erste Seekarte Nordeuropas und wurde seit 1539 in Venedig verlegt.

441 So etwa in der Geschichte der Vierbeiner in der Frankfurter Ausgabe von 1618 und 1642, aber auch in der Ornithologia oder den anderen Bänden seiner Naturgeschichte.

442 Aldrovandi 1581.

443 Lorenzo Legati: Breve descrizione del museo dell'Illustrissimo Signor Cavaliere Commendatore dell'Ordine di San Stefano Ferdinando Cospi. Bologna 1667. Zitiert nach Findlen 1996, S. 27.

444 In der Sekundärliteratur wird diese Periode als eklektische beschrieben, als vorwissenschaftlich und im negativen Sinne am sensationellen Aspekt der Monstra interessiert. Moscoso schreibt: »Am Ende des Jahrhunderts war die

faszinierte eine breite Öffentlichkeit, aber auch wissenschaftliche Fachgebiete wie die Medizin[445] und die moderne Naturphilosophie,[446] die protestantische und katholische Theologie,[447] die Chronologie,[448] die Kartographie[449] und die Politik.[450] Monstra und monströse Gestalten stellen zudem bedeutende Themen der Kunst[451] und der Literatur[452] des 16. Jahrhunderts dar. Dabei schöpften Aldrovandi und seine Zeitgenossen aus einem reichen Fundus antiker und mittelalterlicher Überlieferungen des Monströsen. Für die Darstellungen des Monströsen im 16. und frühen 17. Jahrhundert ist bezeichnend, dass Überlieferungen verschiedenster Provenienz übergangslos nebeneinander gestellt wurden und Tradierungen des Monströsen aus zeitlich wie kulturell sehr unterschiedlichen Kontexten parallel referiert werden. Diese Deutungs- und Bedeutungsvielfalt findet sich auch in der Naturphilosophie Aldrovandis wieder. So referiert er in den »Avvertimenti« vier verschiedene Ursachen für die Entstehung monströser Phänomene. Jede besitzt eine eigene Tradition und betont einen unterschiedlichen Aspekt des Monstrums. Aldrovandi unterscheidet konkret Monster, die auf übernatürliches Wirken zurückgehen und Monster, die als Ausdruck physischer Fehlleistungen bei der Reproduktion gewertet werden. Er differenziert weiterhin Monster, die durch Kreuzung von Individuen verschiedener Arten entstehen und solche, die durch das Wirken der Imagination zustande kommen. Der letzte Punkt wird in den Schriften Aldrovandis nicht näher erläutert und spielt in seiner Argumentation so gut wie keine Rolle. Er bezieht sich dabei auf die bis heute aktuelle Überlieferung, der zufolge die Fantasien sowie die visuellen Eindrücke, denen eine Frau bei der Zeugung und während der Schwangerschaft ausgesetzt ist, das Aussehen des Kindes prägen.[453] Über diese

---

Anzahl der in der Literatur berichteten Fälle von Monstren so groß, dass die überraschende Häufigkeit dieser »unwiederholbaren« und »einzigartigen« Ereignisse niemandem mehr verborgen bleiben konnte.« Moscoso 1995, S. 60. Allgemein zu Monsterdarstellungen zwischen 1500 und 1700 aus medizinhistorischer Sicht, Bates 2005.

445 Dieser Aspekt wird zuerst in zwei Hebammenbüchern aufgegriffen, wie später in diesem Kapitel nachzulesen.

446 Dazu gehören die großen naturhistorischen Werke von Conrad Gessner und Ulisse Aldrovandi. Gessner 1551–53; Aldrovandi 1599–1648.

447 Protestantische Theologen behandelten das Monstrum als Ausdruck der Erbsünde. Der lutherische Theologe Christoph Irenaeus (1522–1595) schrieb vom Monstrum als »Kind und Zucht der Sünde. ein Same des Sathans/ Schlangen oder Otterngezücht. Ein Larve und leibeygene des Teuffels/ein bloss arg Fleisch: Fleisch mit Leib und Seele: Sunde: die Sünde selbst: ein Übel/ein verdorbener: verlorner und stinckender Klumpff der Sünden & Schuld: Laster: Schand: nichts denn Sünde.« Irenaeus 1584. Weitaus sachlicher und weniger polemisch sind die Abhandlungen katholischer Theologen. Arnold Sorbin etwa ordnete seine Berichte von Monstern im Stil einer Chronologie aller ihm bekannten Monster- und Wundergeburten. Sorbin 1570. Zum Unterschied zwischen katholischer und protestantischer Wunderpolemik siehe auch Ewinkel 1995, S. 25–45.

448 Vor allem Hartmann Schedels »Buch der Chroniken« setzte hier Maßstäbe für alle nachfolgenden Autoren, etwa für Sebastian Münster und André Thevet; Schedel 2001 [1493]; Münster 1544; Thevet 1575.

449 Auf Karten spielte die Verortung des Monströsen seit jeher eine wichtige Rolle. Für zahlreiche Berichte über Meeresungeheuer wurde die Seekarte des Olaus Magnus zur wichtigsten Quelle, ungeachtet der offenen Kritik, die schon Conrad Gessner an wenig wahrscheinlichen Darstellungen geübt hatte.

450 Für die politische Wirkung monströser Erscheinungen siehe Warburg 1998 [1920]; Findlen 1994; Ewinkel 1995.

451 Verschiedene Aspekte der Darstellungen von Hybridwesen und Monstern in der Kunst behandeln etwa Baltrusaitis 1984; Hocke 1987; DaCosta Kaufmann 1993 und Chastel 1997.

452 Boaistuau 1996 [1560]; Fischart 1993 [1590] und Rabelais 1994 [1532–1552].

453 Diese Vorstellung besagt, dass zum Beispiel eine Frau, die während des Zeugungsaktes sehr intensiv das Bildnis des fellbekleideten Johannes in der Wüste betrachtet, ein Kind mit Fell zur Welt bringen könnte. Diese schon in der

knappe Aufzählung hinaus, gibt es bei Aldrovandi zahlreiche Textstellen, die Aufschlüsse über seine Vorstellung vom Monstrum ermöglichen. Sie erlauben es auch, Aldrovandi im »Monsterdiskurs« seiner Zeit zu positionieren. Zugleich könnnen die Monsterdiskurse jener Epoche mit antiken Figuren des Monströsen verglichen werden, auf die sich die Monsterforscher jener Zeit immer wieder bezogen. Diese tradierten Topoi des Monströsen boten Aldrovandi und den anderen Theoretikern des 16. Jahrhunderts nicht nur die Schablonen für ihre eigenen Auslegungen, sie dienten vielmehr als Ausgangsfiguren für eine grundlegende Neuausrichtung. Damit wird ein umfangreiches Themenfeld angesprochen, das weit über die Frage nach den Funktionen der Zeichnung hinausgeht. Im Wandel der Vorstellung vom Monster, der sich bei Aldrovandi nachvollziehen lässt, zeichnet sich jedoch eine grundlegende Veränderung des Naturbegriffs im Allgemeinen ab, die eng mit der Funktionalisierung von Bildern verknüpft ist und auf die Bildfrage rückbezogen werden kann.[454]

Monsterbeschreibungen und ihre antiken Referenzen

Das Monstrum als Vorzeichen

In der Regel werden die antiken Berichte als Wurzeln oder Quellen frühneuzeitlicher Monsterdarstellungen genannt, um von diesem Ausgangspunkt aus die Geschichte des Monsters zu entwickeln. Im Folgenden sollen die antiken Beschreibungen jedoch eher als Bezugspunkte referiert werden, die für die Monsterdarstellung der frühen Neuzeit zwar prägend waren, sie aber keineswegs zwingend auslösten. Sie stellen eher Legitimationsstrategien dar, als Auslöser frühneuzeitlicher Monsterdeutungen. Die zeitliche Perspektive der folgenden Analyse wird daher von Aldrovandi ausgehen, um von hier aus mittelalterliche und antike Bezüge seiner Darlegungen darzustellen.

Eine der wichtigsten Begründungen, die Aldrovandi für die Entstehung von Monstren anführt, sind »höhere Ursachen«, also der Einfluss der Gestirne und das Eingreifen Gottes. Medusenartige Gestalten, die in Vogeleiern erscheinen, ein Kompositwesen mit den Köpfen von Adler, Schlange und Wolf, ein monströser Hund, der den Kopf einer Schlange und überhaupt »sehr merkwürdige Züge trage«[455], auch meteorologische Phänomene, Blutregen oder

---

Bibel beschriebene Vorstellung wurde im 18. Jahrhundert, etwa in den Schriften von Diderot, aktualisiert und ist in modifizierter Form bis heute lebendig, wie in David Lynchs Film »Der Elefantenmensch« oder David Cronenbergs frühen Film »The Brood« von 1979. Für diese Hinweise danke ich den Teilnehmern des Seminars »Körperkonzepte« im Wintersemester 2004/05. Dass die weibliche Imagination Monstren hervorbringt, ist indes ein Topos, der in zahlreichen antiken Schöpfungsmythologien geschildert wird, wie an späterer Stelle noch näher zu erklären ist. Grundsätzlich wird der Zusammenhang zwischen der Thematisierung der Monster und der Imagination von Marie-Hélène Huet analysiert. Huet 1993.

454 Eine literaturwissenschaftliche, hier nicht ausgeführte Variante antiker Monsterbeschreibungen thematisiert in Monsters and Monstrosity 1998.

455 Aldrovandi 1581, S. 116.

Erdbeben, zählt Aldrovandi zu jenen von Gott ausgelösten Ereignissen, die in besonderer Weise der Ermahnung und Erziehung des Menschen dienten.[456]

Als 1573, kurz vor den Papstwahlen, ein vermeintlicher Drache bei Bologna gefunden wurde, erregte der Fall verständlicherweise großes Aufsehen. Aldrovandi interpretierte dieses Phänomen und erlangte durch seine Deutung nun sogar noch größere Bekanntheit.[457] Der Gelehrte verfasste daraufhin eine allgemeine Abhandlung über Drachen, die auf derart großes Interesse stieß, dass der Text bereits vor Drucklegung nachgefragt wurde.[458] Wie alle Monster, verstand er auch dieses als Werkzeug Gottes zur Warnung oder Ermahnung der Menschen.[459] In diesem Sinne, allerdings mit positiven Vorzeichen, deutete Aldrovandi auch das Erscheinen des Drachens bei Bologna. Seine überraschend positive Auslegung begründet er mit der Anatomie des Tieres. Die Natur sei, indem sie einer Schlange überflüssige Beine verlieh, über das Nötige hinausgegangen. Die zwei zusätzlichen Füße, welche aus der Schlange einen Drachen machen, dienten offenbar keinem Zweck. So beweise die Natur an dem unvollkommenen Tier ihre höchste Vollkommenheit.[460] Aldrovandi verharmlost den zunächst unheilvoll wirkenden Fund mit Hilfe einer Paradoxie. Er deutet ihn in ein natürliches Phänomen um, einen Beweis für die Souveränität und Kreativität der Natur.[461] Auch in anderen Fällen deutete Aldrovandi Erscheinungen neu, denen bis dahin ein übernatürlicher Kontext zugeordnet wurde. In der Regel leitete er sie aus dem Wirken der Natur ab. Dies lässt sich etwa an dem ursprünglich von Martin Luther in einem propagandistischen Flugblatt verbreiteten Bild des »Papstesels« nachvollziehen.[462] Luther hatte das Monstrum seinerzeit in seiner allegorisch argumentierenden »Pressepolitik«[463] als eine Versinnbildlichung päpstlicher Laster interpretiert.[464] Aldrovandi gelangte dagegen zu einer Deutung, die gänzlich von Luthers abwich. In einem Brief an Gabriele Paleotti bringt er seine Überzeugung zum Ausdruck, dass der »Papstesel« einen Hybriden aus Ziege und Esel darstelle. Folgerichtig nennt er ihn deshalb auch »Capriasino«. Er erwägt neben-

---

456 Aldrovandi 1581, S. 117.

457 Diesen Fall hat Paula Findlen ausführlich beschrieben. Findlen 1994, S. 17–24.

458 Dieser Text wurde erst nach seinem Tod publiziert. Aldrovandi 1639.

459 Aldrovandi spricht von »istromenti per ammonirci, che corraggamo la vita nostra impia, et prava.« Aldrovandi 1581, S. 117.

460 Aldrovandi schreibt mit Blick auf die bei Bologna gefundenen Monster im »Discorso naturale«: »Hora usciamo dall'acque et veniamo agl'animali terrestri che vanno serpendo, cho sono gli proprii serpenti, che di sua natura non hanno piedi, ancoraché nel tempo e giorno proprio che fu creato Gregorio XIII, pontifice ottimo, si vedessero nel contado nostro di Bologna due serpenti e dragoni che haveano due piedi, de quali sendone pervenuto uno alle mie mani, ne ho trattata l'historia di quello copiosamente, e detta la mia openione.« Aldrovandi 1572/1573, S. 186; Antonelli 1983, S. 223; Findlen 1996, S. 21.

461 Findlen 1996, S. 21.

462 Aldrovandi erwähnt diesen Brief in den »Avvertimenti«. Aldrovandi 1581, S. 114.

463 Ein Ausdruck von Aby Warburg. Warburg 1998 [1920], S. 520.

464 Auch Melanchthon operierte mit der allegorischen Bedeutung der Gestalt, um das sogenannte Mönchskalb zu deuten. Er hatte in der Physiognomie der 1496 an den Ufern des Tibers gefundenen Gestalt die Unsitten des Klerus wiedererkannt. Warburg 1998 [1920], S. 521–522; weitere Interpretationen und Erläuterungen dieser beiden Monstra im konfessionellen Streit bei Ewinkel 1995, S. 39.

bei auch die Möglichkeit, dass er ein Produkt astraler Einflüsse sein könne.[465] Für Aldrovandis Naturphilosophie hatte also die Frage, wie ein solches Wesen zustande kommen könne, Vorrang vor der allegorischen Auslegung seiner Gestalt. Wenn der Capriasino also lediglich ein Indiz dafür war, dass eine Ziege durch einen Esel begattet wurde, so milderte das seinen zeichenhaften und warnenden Charakter deutlich. Er wäre dann aus dem Wirken der Natur her zu erklären und stellte kein direktes Zeugnis übernatürlichen Wirkens dar. Der sinnbildhaften Deutung der monströsen Gestalt setzt Aldrovandi die Erwägung physischer Parameter und Prozesse entgegen. Diese Neuerung ist entscheidend, auch wenn sie zunächst nur eine kleine Verschiebung im Monsterdiskurs darstellt. Denn selbst wenn Aldrovandi sich auf die Analyse physischer Merkmale konzentrierte, deutete er diese physischen Kriterien in Analogie zu historischen und politischen Ereignissen und blieb insofern den Traditionen der Beschreibung von Monstren verpflichtet, die ein Monstrum als Vorzeichen interpretierten. Mit der wachsenden Verbreitung von Flugblättern und Einblattdrucken seit dem Ende des 15. Jahrhunderts wuchs auch die Popularität dieser Interpretation des Monströsen.[466] Flugblätter, damals modernste Kommunikationsmittel, wirkten wie Verstärker der bereits in den antiken Überlieferungen beschriebenen, medialen Dimension von Monstren. Die Flugblätter potenzierten ihren Wirkungsradius, denn die in den Ungestalten verkörperten übernatürlichen Warnzeichen erreichten nun eine weitaus größere Zahl von Adressaten.[467] Die Zahl der heute noch erhaltenen Flugblätter und Flugblattsammlungen, wie zum Beispiel die Sammlung des Pfarrers Johann Jacob Wick,[468] ist Zeugnis einer Publikationswelle, die ihresgleichen sucht. Wie Aldrovandi verstanden die meisten der frühneuzeitlichen Autoren unter einem »Monstrum« ein Vorzeichen für politische und religiöse Ereignisse.[469] Bereits in Hartmann Schedels »Buch der Chroniken« von 1493 wurden zahlreiche Abbildungen von Monstern aufgenommen, die ursprünglich von Flugblättern stammten. Hier markierte das Erscheinen von Monstren ein historisches Datum, sie verkörperte Einschnitte in die politischen und historischen Geschicke der Menschheit.[470] Diese weltgeschichtliche Interpretation der Monster wurde auch in den monografischen »Monsterpublikationen« des 16. Jahrhunderts angesprochen. So gibt Conrad Lycosthenes in seinem reich

465 »Si vero primo modo hic animal ex coitu duarum diversarum specierum natum non fuerit fortasse, secundo modo nempe ex imaginatione facta, ut puta ex obiecto presenti in coitu Asini cum Asella ipsius Capri genitum fuisse credere licet, qui forsit evenit in eodem stabulo inclusi essent. … Postremo mostrificus partus aliquando virtute magnorum corporum, et coelestium luminum nasci potest siquidem suo lumine coelesti agere possunt an aerem, et aquam, et cum haec duo elementa vicina imagines ac coelestium luminum virtute recipere possunt: Unde foetus in ventre matris tam rationales, quam inrationales harum virtutem participes fiunt…« »De capriasino historia«. (Ms. Aldrov. 21, III, cc. 204–207v) Aldrovandi in einem Brief an Gabriele Paleotti vom 8. Juni 1574. Zitiert nach Antonelli 1983, S. 233. In einer zweiten »Epistola de Capriasino« (Ms. Aldrov. 95, cc. 150r–154r.) vergleicht er den Fall außerdem mit dem Fund eines »Hippotauris«, von dem ihm der Graf von Ferrara ein Bild geschickt hätte. Zitiert nach Antonelli 1983, S. 233, Anm. 1.

466 Holländer 1922; Ewinkel 1995; Harms 1997.

467 Vergleiche dazu Ewinkel 1995.

468 Harms 1997.

469 Warburg spricht treffender vom Augurium. Auguren waren römische Priester, die göttliche Zeichen einholten und deuteten. Warburg 1998 [1920].

470 Zum Beispiel Schedel 2001 [1493], S. CCXVII verso.

bebilderten »Prodigium ac ostentorum chronicon« von 1557 eine chronologisch geordnete Darstellung *aller* monströsen Erscheinungen der Weltgeschichte wieder.[471] Ähnlich ist das von Lycosthenes verlegte »Prodigium liber« des Julius Obsequens organisiert.[472] Auch der Theologe Arnold Sorbin entwarf in seiner 1570 erschienenen Abhandlung eine Weltgeschichte der Monstren.[473] Chronologische, auf die Weltgeschichte bezogene Interpretationen der Monster sind allerdings kein rein publizistisches Phänomen, sie gehörten zur Alltagspraxis neuzeitlicher Naturphilosophen, wie auch die Praxis Aldrovandis zeigt.[474]

Er konnte dabei auch auf die Auslegung der Monstra als Vorzeichen verweisen, die seit der Antike bis ins Mittelalter überliefert wurde. Sie stellte für lange Zeit die wichtigste Darstellungsform von Monstren überhaupt dar, wie die fast tautologisch anmutende Definition der Monster bei Isidor von Sevilla zeigt. In seiner Enzyklopädie behandelt er die Monster innerhalb des Buches über den Menschen. Er leitet die zeichenhafte Dimension des Monstrums in seinem um das Jahr 630 entstandenem »Etymologiarum sive Originum Libri XX« nicht aus der antiken priesterlichen Praxis der Weissagung ab, sondern bezeichnenderweise aus der Etymologie des Wortes »Monstrum«.[475] Hier stellt er dar, wie die Bedeutung des Wortes »Monstrum« aus dem lateinischen Stamm des Verbs »monere« für »erinnern« und »mahnen« abgeleitet werden kann. Ähnlich verfährt er mit den parallel gebrauchten Bezeichnungen »Ostentum«, »Prodigium« und »Portentum«, die er mit den Bedeutungen von »ostendere«, »praedicere« und »portendere« erklärt.[476] Mit dieser leichten Variation der Begriffe beschreibt Isidor die Monster also als Wunder, als Mahn- oder als Warnzeichen sowie als Ankündigung oder Prophezeiung.[477] Ungeachtet ihrer Funktion als Medien zwischen übernatürlichen und natürlichen Instanzen sind Monstra für Isidor integraler Teil der Natur, allerdings, so legt er dar, entsprechen sie nicht dem, was »man Natur nennt«:[478] »Portentum ergo fit non contra naturam, sed contra quam est nota natura.«[479] Sie haben aufgrund ihrer außergewöhnlichen Physis prophetische Qualitäten und weisen auf Zukünftiges. »Portenta autem est ostenta, monstra atque prodi-

471 Lycosthenes 1557 und 1557a.

472 Obsequens 1552.

473 Sorbin 1570.

474 Paula Findlen stellt diese Seite des Wirkens von Aldrovandi ausführlich dar. Findlen 1996, S. 17–31.

475 Isidor von Sevilla 1988 [1911].

476 ostendere: offenbaren oder dartun; portendere: Zukünftiges ankündigen oder prophezeien; praedicere: Zukünftiges voraussagen, vorhersagen, prophezeien.

477 Die Termini werden in der Fachliteratur der frühen Neuzeit mit leicht variiertem Schwerpunkt benutzt. Ostenta haben dabei oft eher die positive Bedeutung von Wunder, Portenta bezeichnen schreckhafte und unheimliche Begegnungen und Naturerscheinungen wie Unwetter, während Monster für Wundergeburten benutzt wird. Die meisten Autoren erläutern zu Beginn ihrer Abhandlungen, was sie unter Monstra, Portenta oder Ostenta verstehen, jedoch in recht unterschiedlicher Betonung. Vergleiche dazu auch Moscoso 1995.

478 Sie sind also nach Isidor keine über- oder unnatürlichen Objekte. Zu den Begrifflichkeiten des Un- und Übernatürlichen siehe Daston und Park 1998; Daston 2000.

479 Der ganze Absatz lautet: »Portena esse Varro ait quae contra naturam nata videntur: sed non sunt contra naturam, quia divina voluntate fiunt, cum voluntas Creatoris cuiusque conditae rei natura sit. Unde et ipsi gentiles Deum modo Naturam, modo Deum appellant. Portentum ergo fit non contra naturam, sed contra quam est nota natura.« Isidor von Sevilla 1988 [1911], S. 26.

gia ideo nuncupantur, quod portendere atque ostendere, monstrare ac praedicare aliqua futura videntur.«[480] Sie sind somit Medien Gottes und vermitteln, wie sonst auch Träume und Orakel, übernatürliche Warnungen und Vorzeichen.[481]

Das Monstrum als Reproduktionsfehler

Diese mediale Bedeutung der Monster bleibt in Aldrovandis Darstellungen des Themas latent erhalten, sie wird aber variiert und mit anderen Beschreibungen des Monstrums verflochten. Dabei handelt es sich unter anderem um die Ansicht, dass das Monstrum ein Effekt von physischen Problemen bei der Fortpflanzung sei. An der antiken Medizin orientiert, nennt Aldrovandi den Überschuss, Mangel oder Fehler des männlichen Samens oder die körperliche Konstitution der Frau als häufig vorkommende physische Ursachen für Missbildungen.[482] Ein Überschuss von Materie führe zu Doppelbildungen der äußeren oder inneren Gestalt. Lebewesen, die sich häufig fortpflanzen, wie zum Beispiel Vögel oder Schlangen, brächten häufiger Missbildungen hervor. Eine größere Zahl von Nachkommen zöge demnach auch eine größere Zahl von Monstern nach sich. Ähnliches vermutet Aldrovandi bei den Bewohnern »Afrikas«, den »Ägyptern«[483], die, da sie angeblich fruchtbarer seien, auch häufiger menschliche Monstren zeugten.[484] Eine zweite Ursache für die Existenz von Monstren als Reproduktionsfehler sieht Aldrovandi in der Kreuzung von Tieren verschiedener Arten. Hier werden Monstra vor allem als Mischwesen dargestellt. Seine Überlegungen zum Papstesel als Kreuzung von Ziege und Esel, wie bereits an früherer Stelle beschrieben, gehörten in diese Kategorie. Besonders häufig wurde auf den Flugblättern der frühen Neuzeit von solchen Mensch-Tier-Hybriden berichtet, deren Entstehen man auf »Sodomie«, den Geschlechtsverkehr mit Tieren, zurückführte.[485] Aldrovandi beschäftigten aber eher die Hybridisierungen bei Tieren, folgt man seinen weiteren Erklärungen. Man denke, so führt er aus, an das Muli oder die Nachkommen von Hund und Fuchs. Auch solche Arten von »Monstren« seien häufiger in Afrika zu finden: »semper aliquid novi adfert Africa«.[486] Dort träfen nämlich viele verschiedene Tiere an wenigen Wasserstellen

480 Isidor von Sevilla 1988 [1911], S. 27.

481 »Vult enim deus interdum ventura significare per aliqua nascentium noxia, sicut et per somnos et per oracula, qua praemoneat et significet quibusdam vel gentibus vel hominibus futuram cladem; quod plurimis etiam experimentis probatum est.« Isidor von Sevilla 1988 [1911], S. 27.

482 Dabei bezieht er sich auf Hippokrates, dieser hätte in »De Genitura« dargelegt, dass bereits die Größe der Gebärmutter die Größe des Kindes präge. Ähnlich wie in einem kleinen Gefäß auch kleinere Pflanzen wachsen, so wirkt sich die Größe des Uterus auf die Größe des Fetus aus. Sei jene zu klein, entstünde ein Zwerg, sei dieser zu groß, ein Riese: »Et per essempio di simil impedimento potiamo adurre il luoco d'Hippocrate »De Genitura«, dove dice che se il feto non haverà la matrice spatiosa, sará necessario, che per questo imepedimento il bambino nasca picciolissimo a guisa d'un nano: ma se la matrice sarà grande, nascerà ancora la sobole grande, et spessa volta a guisa di gigante, […].« Aldrovandi 1581, S. 114.

483 In beiden Fällen handelt es sich nicht um moderne geografische Bezeichnungen, sondern um Namen, die seit Plinius tradiert sind. Um Missverständnissen vorzubeugen, werden sie in Anführungszeichen gesetzt.

484 »… eccetto che in Egitto, ove sono gli huomini piu fecondi, et però ivi si trovano più mostri humani.« Aldrovandi 1581, S. 115.

485 Ewinkel 1995, S. 71; Macho 1998, S. 329.

486 Aldrovandi 1581, S. 116.

zusammen und hätten dabei genügend Gelegenheit, miteinander zu kopulieren. Vor allem an der Wahl der Beispiele ist zu erkennen, wie sehr sich Aldrovandi an Plinius' Schriften orientiert hat.[487] Genauer betrachtet enthält seine Darlegung aber eine deutliche Referenz an Aristoteles, den Begründer der Teratologie als Lehre von den körperlichen Missbildungen.

Aristoteles gilt Gründungsfigur der modernen Teratologie und war zudem für Aldrovandis Naturphilosophie die wichtigste Autorität. Sein Standpunkt zum Thema der Monster soll daher ausführlicher darstellt werden. Grundsätzlich hat die Theoretisierung der Monster als körperlicher Missbildung bei Aristoteles mit den Darstellungen der Monstren im 16. Jahrhundert nur einige, dafür aber wichtige Stichpunkte gemeinsam. Gemeinsam ist ihnen die Koppelung von Fortpflanzungs- und Monstertheorie und somit die Tendenz, das Monstrum als »Missbildung« zu verstehen. Der Begriff »terata« taucht bei Aristoteles jedoch in einem ganz anderen Kontext auf, als in der sich abzeichnenden Teratologie des 17. und 18. Jahrhunderts. Aristoteles stellt seine Überlegungen zum Monstrum in den Zusammenhang mit Darlegungen über die Mannigfaltigkeit der Lebewesen und ihre physische Variabilität.[488] Seine Frage nach dem Monstrum wird also von der Frage nach der Verschiedenheit der Naturgeschöpfe motiviert. Die Missbildung als Merkmal eines Mostrums ist in dieser Theorie nur relativ zu verstehen und bezeichnet eine Abweichung vom Ideal. Sie bezieht sich jedoch nicht auf konkrete pathologische Phänomene. Als Monstrum gilt jedes Lebewesen, das seinem Vater unähnlich ist. Je größer die Unähnlichkeit zwischen Vater und Nachkommen, desto »monströser« das Kind. Aristoteles fasst den Begriff des Monstrums also sehr weit, in gewissem Sinne ist für ihn jeder Mensch ein Monstrum:

»Auch der nämlich, welcher seinen Eltern nicht mehr gleicht, ist gewissermaßen schon eine Missgestalt; denn die Natur ist bei solchen aus der Art getreten. Der Anfang dazu geschieht darin, dass Weibliches aus Männlichem gebildet wird, jedoch ist dies der Natur unentbehrlich, weil die Art derjenigen Tiere, wo Männchen und Weibchen gesondert sind, erhalten werden muss.«[489] Aristoteles geht also rein theoretisch von einem Idealvater aus, der, sofern seine Zeugungsfähigkeit und damit seine Form- und Bewegungskräfte dominant genug sind, seine Gestalt unverändert an seine Nachfahren weitergibt. Die Mutter stellt in diesem System das materielle und nährende Element dar, sie bildet den Gegenpol zum männlich konnotierten Form- und Bewegungsprinzip.[490] Eine längere Passage aus Aristoteles' »De generatione animalium« veranschaulicht seine Perspektive: »Es ist aber überhaupt, wenn man nur eine Ursache zu Grunde legt, nicht leicht, alle diese Punkte zu erklären, dass nämlich weibliche und männliche Junge geboren werden, weshalb die Mädchen oft dem Vater, die Knaben oft der Mutter gleichen, die wiederum Ähnlichkeit mit den Vorfahren haben können, als dann, warum bisweilen das Junge zwar noch menschliche Gestalt hat, aber keinem von diesen ähnlich ist, bisweilen aber in noch

487 Plinius 1996, 7. Buch, S. 15–39.

488 Aristoteles 1978, S. 311.

489 Mit anderen Begriffen ausgedrückt heißt das: den dem Eidos, also der Form oder der Gestalt zugrundeliegenden Strukturkräfte gelingt es nicht, die Hyle, den Stoff oder die Materie zu beherrschen. Liatsi 2000, S. 60.

490 Zur Geschlechtermetaphorik der aristotelischen Reproduktionstheorie: Horowitz 2000.

weiterem Fortgange zuletzt auch keinem Menschen, sondern nur noch einem Tiere ähnlich ist und dann als Missbildung bezeichnet wird. Hieran reihen sich die Untersuchungen über Missbildungen. Zuletzt nämlich, wenn die Bewegungstriebe geschwächt werden, und der Stoff nicht bewältigt wird, bleibt nur das ganz Allgemeine: und dies ist das Tier. So werden, sagt man, Kinder geboren mit dem Kopfe eines Widders oder Stieres, und ebenso, bei den anderen mit Gliedern eines verschiedenen Tieres, z. B. ein Kalb mit einem Kindskopfe oder ein Schaf mit einem Ochsenkopfe. Alle dergleichen Vorkommnisse beruhen auf den oben angegebenen Ursachen; keines ist aber im buchstäblichen Sinne zu nehmen, sondern es sind dies nur Ähnlichkeiten, wie sie auch vorkommen, ohne dass eine Verstümmelung vorhanden ist. Daher pflegt man oft im Scherz unschöne Personen als feuerschnaubende Ziege oder als einen stößigen Bock zu bezeichnen. Ein Physiognomiker führte sogar alle solche Gestalten auf die Physiognomien von zwei oder drei Tieren zurück und sein Vortrag fand vielfältig Glauben.«[491]

Zwischen Aldrovandis und Aristoteles' Konzept des Monströsen gibt es viele Unterschiede. So geht Aldrovandi an keiner Stelle auf das Zusammenspiel männlicher und weiblicher Elemente bei der Fortpflanzung ein. Monstra werden nicht konkret als Produkt der menschlichen Reproduktion beschrieben. Allerdings werden sie im übertragenen Sinne als Geschöpfe einer weiblich konnotierten physischen Natur verstanden. Es fällt auf, dass Aldrovandis Unterscheidung einer idealen von einer physischen Natur genau die gleiche Symmetrie herstellt, wie die aristotelische Unterscheidung von Formprinzip und Materie als männlichem und weiblichem Element.

Das Zusammenspiel von männlichen und weiblichen Elementen stellt nach Aristoteles Sicht einen Kampf dar. Monstra werden als Degenerationen des Formideals durch die Materie beschrieben, sie existieren in der Grauzone zwischen Mensch und Tier. Aristoteles sieht sein Ideal in der Herrschaft des formalen Prinzips über die Materie gegeben, ein Ideal, das jedoch in der Praxis der Natur notwendigerweise immer wieder untergraben wird. Daraus abgeleitet führt er die Variabilität der Gestalten auf den unterschiedlich verlaufenden Kampf zwischen männlichem und weiblichem Prinzip, formender Kraft und formbarer Materie zurück.[492] In diesem Sinne ist die Individualität jedes Lebewesens ein Indiz für das Verhältnis zwischen dem männlichen Form- und Bewegungsprinzip und der weiblich konnotierten Materie. Doch dieser Ansicht zufolge gehören Monstren auch zum Wesen der Natur, denn diese handelt, einem oft zitierten Passus von Aristoteles zufolge, »nicht ohne Sinn«.[493] Dementsprechend sind bei Aristoteles die Übergänge zwischen der Wohl- und Missgestalt fließend. Von »Missbildung« im

491 Aristoteles 1978, S. 311.

492 Diese Dichotomie übernahmen auch andere Rezipienten aristotelischer Philosophie im 16. Jahrhundert. Dazu Perfetti 2000.

493 »The starting point of our investigation is achieved by supposing »principles« which we are accustomed to use often is that nature does nothing in vain, but always, given the possibilities, does what is best for the natural inquiry – assuming this is the way things stand in all the works of nature. One of these »principles« substantial being of each kind of animal; accordingly, if it is better in a certain way, that is also how it is by nature.« Zitiert nach Lennox 2001, S. 206. Zu der Frage der aristotelischen Naturordnung in Bezug auf die Entwicklung von Natur und neuen Spezies sind in der jüngeren Zeit mehrere neuere Ansätze erarbeitet worden. Lennox 2001.

engeren Sinne spricht Aristoteles nur angesichts einer absoluten Unähnlichkeit zwischen Eltern und Nachkommen, die Übergänge vom Menschen zum Tier sind eher metaphorisch zu verstehen und als physiognomische Regel anwendbar.

In den Monsterbeschreibungen des späten 16. und frühen 17. Jahrhunderts wird diese Perspektive auf das Monstrum aufgenommen und insofern verstärkt, als die Darstellung von Monstern enger an Theorien der menschlichen Reproduktion gebunden wurden. Neben die Diskussion der Monster als über-, wider- oder unnatürliche Erscheinungen tritt im 16. Jahrhundert zunehmend die Diskussion der Monster als Ergebnis der menschlichen Reproduktion. Die Auseinandersetzung mit Aristoteles' Überlegungen zu »Missbildungen« verlieh der beginnenden Monsterforschung der Neuzeit neue Impulse. Die Frage nach der Ursache und Entstehung von Monstren wird dabei immer zentraler. Auch Aldrovandi hat ihr eine größere Bedeutung zugewiesen, als je zuvor üblich. Zwar verkörperten Monster auch weiterhin Medien göttlicher Ratschlüsse, sie werden jedoch als solche mehr und mehr auf natürliche Vorgänge zurückgeführt. Dabei geht es häufig um einen Formwillen in der Natur und um Reproduktionsprozesse, wie etwa bei der Umdeutung des Papstesels zum Capriasino oder in der Auslegung des Drachen als einem hoffnungsvollen Omen. In beiden Fällen argumentierte Aldrovandi eher mit Theorien ihrer Entstehung, als mit der allegorischen Bedeutung von Gestalten und Figuren. Er folgt damit einer gegen Ende des 16. Jahrhunderts einsetzenden Tendenz der »Naturalisierung des Monstrums«.[494]

Das Monstrum als Ausgeburt der Natur

Neben der Deutungspraxis Aldrovandis und seinen Äußerungen zu den Ursachen des Monströsen gibt auch sein metaphorischer Gebrauch des Wortes »Monstrum« Aufschlüsse über die naturhistorischen Implikationen dieses Begriffs. Der Traktat »Avvertimenti del Dottore Aldrovandi sopra le pitture mostrifiche et prodigiose« wurde bereits im Rahmen seiner Bildtheorie vorstellt, wobei vor allem auf die signifikanten Überschneidungen von Kunst- und Naturbegriff hingewiesen wurde. Aldrovandi beschrieb in diesem Text die Natur einerseits als Künstlerin und verglich sie mit einem Schreiber, wobei die Monster ihre Schreibfehler darstellten. Andererseits bezeichnete er Fehler von Künstlern bei der Aufzeichnung von Natur als »künstliche Monstren«. Die Terminologien beider Bereiche überschneiden sich. Auch wenn es sich um metaphorische Wendungen handelt, wirft Aldrovandis Wortwahl ein Licht auf seine naturphilosophische Vorstellung vom Monstrum. So beschreibt er das Monstrum in seiner Bildtheorie wie eine Störung und in seiner Naturtheorie wie eine, zuweilen zu Naturwundern führende Abweichung von Ideal. Die Monstren verlieren dabei einen Teil ihres signalhaften Schreckens

494 Diesen Prozess, insbesondere die Rolle der Wunder und Monstren als Objekte der frühneuzeitlichen Naturforschungen, haben Lorraine Daston und Katharine Park untersucht. Zu Aldrovandi schreibt Findlen: »In his decision, to interpret the dragon as a natural phenomenon, devoid of metaphysical implications but rich in anatomical meaning, Aldrovandi participated in a broad cultural trend to normalise the marvellous in the late sixteenth and seventeenth century.« Daston und Park 1981; Findlen 1994, S. 22; Daston und Park 1998; Ceard in: Aldrovandi 2002 [1642], S. XI–XIII.

und gewinnen eher den Charakter von Naturerscheinungen. Beide Thematisierungen des Monstrums sind durch einen ähnlichen Schwerpunkt gekennzeichnet. Naturgeschichte und Bildtheorie stellen das Monstrum im Kontext des Schöpferischen dar, sie besitzen darin einen gemeinsamen Schnittpunkt. Diese Überblendung von Kunstbegriffen und Naturbeschreibungen ist symptomatisch für die Naturphilosophie seit 1550. Sie zeichnet sich besonders in der Auseinandersetzung mit natürlichen Kunstwerken ab, sogenannten Figurensteinen, die in keiner Kunst- und Naturalienkammer fehlen durften.[495] Sie ist auch in den Überlegungen über die spontane Generation von Tieren und Untieren aus der Natur enthalten. Immer stehen dabei Fragen der Formentstehung, der Genese von Gestalten in der Natur im Vordergrund.

Dass auch Monstren zu den Geschöpfen der Natur gezählt werden, ist ein neuer Aspekt der Monsterdarstellungen seit Mitte des 16. Jahrhunderts, für den keine antike Referenz genannt wird. Bezugspunkte lassen sich des ungeachtet finden. Sie liegen außerhalb der bekannteren Monstertheorien.

Mit Rückbezug auf Plinius hatte bereits Albertus Magnus die Entstehung von Metallen und Mineralen in der Erde als einen organisch anmutenden Wachstumsprozess beschrieben und damit eine These aufgestellt, die für die folgende Entwicklung der Fossilienforschung Gültigkeit behielt.[496] Noch Francesco Stelluti schildert die Entstehung von Fossilien als metamorphotisches Wachstum, bei dem aus unbelebter Erde die Strukturen von Holz, aber auch die Gestalten von lebenden Tieren entstehen können.[497] Dass figurale Bilder in Baumstämmen, Hühnereiern oder Steinen vorkommen, war für alle Sammler des 16. Jahrhunderts eine Tatsache. Ob Fliegen und andere Insekten aus verwesenden Körpern entstehen können, stellte noch zu Beginn des 17. Jahrhunderts einen Streitpunkt zwischen Athanasius Kircher und Francesco Redi dar.[498]

Auch diese Diskussionen können als späte Reflexionen antiker Mythologien gelesen werden, auch wenn dieser Bezug in der Literatur des 16. Jahrhunderts nicht ausdrücklich nachgewiesen wird. So besitzt die in der Fossilienforschung entwickelte Vorstellung des naturhaften Wachstums, aber auch zeitgenössische Beschreibungen des Monsters als Naturgeschöpf Ähnlichkeit mit antiken Fruchtbarkeitsmythologien, die in den Schriften von Empedokles und Lukrez überliefert wurden. Beide Autoren beschrieben Monstra als Urgeschöpfe eines Erd-Organismus.[499] Sie gehören zum Mythos einer urzeitlichen Welt, in der eine noch junge Erde wahl- und ziellos Geschöpfe generierte.[500] Empedokles entwirft in den »Fragmenten« ein Szenarium von einzeln herumirrenden Gliedmaßen: von Extremitäten ohne Körper und Augen ohne Kopf. In der einzig verfügbaren englischen Übersetzung heißt es: »Here many neckless heads sprang up. / Naked arms strayed about, devoid of shoulders, / And eyes wandered alone,

495 Baltrusaitis 1984; Findlen 1990 ; Alle Wunder dieser Welt 2001(AK); Diestelberger 2003 (AK); Die Entdeckung der Natur 2006.

496 Bredekamp 1981, S. 14; Böhme 1993.

497 Siehe Kapitel III.1. »Die figuralen Potentiale der Natur als Bild- und Forschungsthema«.

498 Siehe Kapitel II, Anmerkung 3.

499 Bredekamp 1981.

500 Auch zahlreiche Götter des griechischen Olymps hatten monströse Gestalt. Vergleiche dazu Macho 2001. S. 24–28.

begging for foreheads [...]« Sie bevölkern die Welt zu Beginn der Erdgeschichte. Diese urzeitlichen, grotesken lebenden Körperfragmente weichen später monströsen Kompositwesen, Hybridkindern göttlicher Vereinigung:[501] »But when god mingled more with god / these things came together as each happened, / and many others in addition to these were continuously born. / Many grew double-headed, double-chested / man-faced oxen arose, and again / ox-headed men-creatures mixed partly from male / partly from female form fitted with dark limps.«[502] Eine andere Variante des Monster gebärenden Erdorganismus' findet sich bei Lukrez. Auch er entwirft ein Schöpfungsszenario, in dem der Organismus der Erde mit Hilfe von Regen und Wärme Leben hervorbringt. Die bei Empedokles anklingenden Parallelen zwischen der Erde und dem weiblichen Körper werden hier noch weitgehender und bewusster gezogen. »Damals zuerst erzeugte die Erde sterbliche Wesen. Waren die Fluren doch reichlich durchdrungen von Wärme und Feuchte. Wo die jeweilige Lage günstig die Möglichkeiten darbot, bildeten gleichsam sich Schläuche, zutiefst im Erdreich verwurzelt. Sprengten die Jungen darin, im Zustand der Reife, die Hüllen, wollten der Feuchte entfliehen und frei in die Lüfte sich drängen, kehrte sogleich die Natur dorthin die Poren der Erde, nötigte sie zum Ergießen milchähnlichen Saftes aus ihren willig geöffneten Adern.« Doch die fruchtbare Erde bringt nicht nur Tiere und Pflanzen hervor: »Damals auch schuf die Erde versuchsweise, gleichsam zur Probe, zahlreiche Scheusale, Wundergeschöpfe, seltsam gegliedert, Mannweiber, doppelgeschlechtlich, indessen zu keinem gehörig, Wesen auch ohne Füße oder auch ohne die Hände, ohne den Mund und auch stumm, auch ohne Augen und Sehkraft. Andere waren gelähmt, die Glieder dem Rumpfe verwachsen, konnten nichts tun und sich nicht von der Stelle bewegen, vermochten weder Gefahren zu meiden noch gar ein Bedürfnis zu stillen. Solcherlei Missgestalten und Wunder zeugte die Erde letzthin umsonst: Die Natur versagte ihnen das Wachstum.«[503] In beiden Mythologien bestimmt Eros als Lebensprinzip das Werden und Sterben auf der Erde. Er ist es auch, der das Überleben hybrider Monster verhindert. Sie können, so argumentiert Lukrez, nicht existieren, da sie nicht fortpflanzungsfähig seien. »Aber Kentauren hat es niemals gegeben, in keinem Zeitraum vermochten Doppelgeschöpfe, aus zweierlei Körpern, widernatürlich zusammengefügt, ihr Leben zu fristen, niemals auch gleichstarke Nachkommen beider Körper zu zeugen.«[504] Bei aller Differenz sehen beide Autoren in den Monstra Geschöpfe einer experimentierenden Erde. Diese Schöpfungsmythologien werden in die Reproduktionstheorien der Neuzeit aufgenommen, wenn auch in modifizierter Form. So ist im 16. Jahrhundert die antike Trennung zwischen der personifizierten »Erde« und der »Natur«, die bei Lukrez das Gedeihen der Monster verhinderte, unscharf geworden und wird von den Naturphilosophen des 16. Jahrhunderts und insbesondere von Ulisse Aldrovandi eher nivelliert. Dagegen differenziert er stärker die physische von der idealen Natur. Dabei werden Monster zu Geschöpfen der physischen Natur. Diese Verschiebung innerhalb der Monsterdarstellung bei Aldrovandi hat andere Neubewertungen in der Diskussion über Monster zur Folge. Während einige Naturphänomene zu

501 Barnes 2001.
502 Barnes 2001. Mit Bezug darauf auch Hanafi 2000, S. 28.
503 Lukrez 1994, 834–844, S. 265.
504 Lukrez 1994, 877–882, S. 266.

neuen, bedrohlichen Monstern wurden, verloren andere Figuren ihren Schrecken und repräsentierten nun etwas Natürliches.

Die Zähmung des Monsters

Als Geschöpfe der Natur verlieren Monster den unmittelbar bedrohlichen Charakter eines göttlichen Warnzeichens und gewinnen eher den Status eines Naturwunders. Immer wieder deutet sich diese Wandlung in Aldrovandis Werk an. Sie lässt sich besonders eindrücklich anhand der Geschichte einer Gestalt verfolgen, die in Aldrovandis Zeichnungssammlung dokumentiert wurde und die für eine weitere, bisher noch nicht angesprochene Form des Monströsen steht.

Es handelt sich um die Darstellung einer jungen Frau mit behaartem Gesicht (Abb. 41). Die langen Gesichtshaare sind aus der Stirn gekämmt und zu einer Frisur gelegt worden, die aufwändig mit frischen Rosen geschmückt ist. Die Figur ist frontal dargestellt worden und richtet ihren offenen, ausgesprochen freundlichen Blick auf den Betrachter. Sie hält mit beiden Händen ein quadratisches, mehrfach gefaltetes Stück Papier, ihr rot gemustertes, helles Kleid bedeckt den ganzen Körper außer den Händen und dem Kopf. Laut Inschrift handelt es sich um eine »20jährige haarige Frau, deren Kopf einem Affen gleicht«.[505] Die Porträtierte ist eine Tochter des Pedro Gonzalez, einem der berühmtesten Wundermenschen des sechzehnten Jahrhunderts. Seine Geschichte wird im Folgenden ausführlicher behandelt. Sie schließt direkt an die im vorigen Kapitel geschilderte Geschichte des »Wilden Mannes« an, der von Bernhard von Breydenbach als Wüstenerscheinung gezeigt und von Conrad Gessner in der Beschreibung des »Strobelkopf« in die Naturgeschichte integriert worden war. Die gesamte Familie Gonzalez, ausgenommen die Ehefrau, litt an übermäßigem, den ganzen Körper und das Gesicht bedeckendem Haarwuchs.[506] Dieser vererbten Eigenschaft, die heute die Krankheitsbezeichnung »Hypertrichosis universalis« trägt,[507] verdankt Pedro Gonzalez sein Überleben und seine Berühmtheit. Spätere Generationen haben Menschen mit dieser Erbanlage als »Haarmenschen«, »Löwenmenschen« oder auch als »Waldmenschen« bezeichnet. Gonzalez wurde vor 1544 auf Teneriffa geboren und am Hof Heinrichs II. erzogen. Nach dem Tod Heinrichs lebte er in den Niederlanden, heiratete dort und gründete eine Familie. 1564 kam der erste Sohn, in den folgenden zwei Jahrzehnten ein weiterer Sohn und zwei Töchter zur Welt. 1579 bis 1581 lebte die Familie am Hof der Herzogin von Parma zuerst in Namur, ab 1582 oder 1583 in Parma.[508] Gonzalez lernte Fremdsprachen, verfasste Gedichte und führte ein bürgerliches Leben im Schatten der

---

505 »Mulier viginti annorum hirsuto, capite simiam imitante reliquo corpore glubro.« BUB, Tavoli di animali, T. I, c. 132.

506 Die Familie gehört zu den meistporträtierten Familien des 16. Jahrhunderts. Zapperi 2004.

507 Bartels 1879. Die Krankheit führt zu einer starken Behaarung des ganzen Körpers. Nach einem Porträt des Gonzalez auf Schloss Ambras wird die Krankheit zuweilen auch das »Ambras-Syndrom« genannt. Ende des achtzehnten Jahrhunderts identifizierte der Zoologe Edward Tyson den Orang-Utan mit dem »Homo sylvestris«. In den Sammlungen von Rudolf Virchow finden sich Aufnahmen von solchen »Haarmenschen«, die im 19. Jahrhundert auf Jahrmärkten auftraten. Theater der Natur und Kunst 2001 (Katalog), S. 167. Bis heute hat dieses Interesse kaum nachgelassen, wie ein Bericht »Frauen mögen das« über »Wolfsmenschen« in der Zeitschrift »View« zeigt. Claesen 2006.

508 Zapperi 1995.

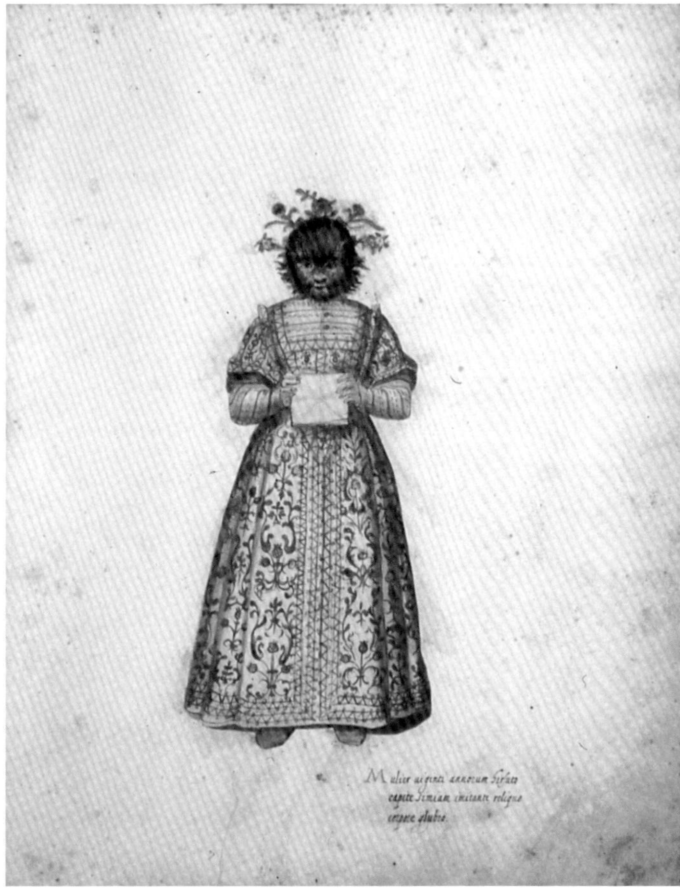

41 Porträt der Tochter des Pedro Gonzalez, Zeichnung aus der Sammlung Ulisse Aldrovandis in Bologna.

europäischen Höfe. Bilder seiner Familie haben sich in ganz Europa erhalten und zeugen von ihrer Bekanntheit.[509] Der humanistisch gebildete Gonzalez erregte mehr als andere Wundermenschen die Aufmerksamkeit der zeitgenössischen Sammler und Naturforscher.

---

509 In der Zeichnungssammlung Aldrovandis hat sich das Porträt einer Tochter des Gonzalez erhalten; Tav. Animal. T. 1, c. 122. Weitere Porträts der Familie beziehungsweise einzelner Familienmitglieder sind in der Porträtsammlung Ferdinand II. in Ambras, sowie im sogenannten »Museum Rudolph II.«, einem gemalten Sammlungsinventar der Rudolphinischen Kunstkammer, enthalten. Gonzalez' Porträt und die Porträts seiner Töchter bilden außerdem die ersten Blätter der Miniatursammlung »Die vier Elemente« von Joris Hoefnagel, ein weiteres Porträt des Ehepaars Gonzalez befindet sich im Nachlass der Zeichnungssammlung des Lazarus Roeting in Berlin. Gonzalez' Sohn Arrigo wurde auf einem Bildnis Caravaggios porträtiert. Gonzalez Tochter Antonietta hingegen auf einem Gemälde von Lavinia Fontana aus dem Jahre 1595. Ambrosini, der Herausgeber der »Monstrorum historia«, zählte die Familie, mit Hinweis auf die Vererbbarkeit ihrer Behaarung, wie auch aufgrund ihrer Herkunft von den Kanaren, zum mythischen Volk der »Wilden Leute«. Hackethal 1990; Staudinger; 1994; Zapperi 1995; 2004; Findlen 1996, S. 309; Gonzaga 2002 (AK), S. 132; Scarani in: Antonino 2004, S. 50.

In der »Monstrorum Historia« wurde die Familie als Exemplare des »Homo sylvestris«, des Waldmenschen, einer anderen Bezeichnung für den »Wilden Mann«, dargestellt.[510] Das hier abgebildete Doppelporträt zeigt Gonzalez und seinen Sohn im Halbprofil mit hochgeschlossenen Jacken in zeitgenössischer Mode mit Halskrause und Kragen.[511] Die folgenden Seiten zeigen die Töchter der Familie im Alter von acht und zwölf Jahren, wobei das Porträt der Achtjährigen zweifelsohne auf die oben beschriebene Zeichnung in Aldrovandis Sammlung zurückgeht. Die ausgefallene Frisur und die markante Musterung des Kleids stimmen bis ins Detail mit der Zeichnung überein.[512] In der »Monstrorum Historia« werden keine konkreten Lebenswege der Familie wiedergegeben, stattdessen zitiert Ambrosini zunächst Plinius und Solinus und die Reiseberichte von Mandelville und Pigafetta, welche auf ihren Reisen dem »Homo sylvestris« in Gestalt von Bewohnern ferner Länder begegnet waren. In der »Monstrorum historia« verkörpert Gonzalez' Familie kein individuelles Monstrum, wie den »Wilden Mann« oder die »Wilde Frau«, sondern eine Menschenart.[513] Damit erhält die Geschichte des »Wilden Mannes« nach Bernhard von Breydenbachs Abbildung und Conrad Gessners Berichten über den »Strobelkopf« eine weitere Wendung und wird als Geschichte eines exotischen Volkes fortgeschrieben.[514]

Berichte über exotische und merkwürdige Völker sind in der Literatur des 16. Jahrhunderts häufig anzutreffen. Besonders in den Reiseberichten der Zeit, so etwa in den schon erwähnten Berichten von Marco Polo oder in Pigafettas Schilderung von Magellans Weltumsegelung, wurde die Nachricht von »Wilden« immer wieder aktualisiert.[515] Dabei wurde in der Regel die Fremdheit der »Barbaren« hervorgehoben, die als gefährliche Tiermenschen geschildert werden.[516] Kolonisierte Länder und Gebiete bildeten die wichtigste Quelle für immer neue Berichte von monströsen Völkern. Der hier reaktivierte Mythos lieferte zugleich die Legitimation für ihre Kolonisation, wie auch die Grundlage für ihre romantisierende Verehrung als Geschöpfe exotischer Natur.

Für die meisten bildlichen Darstellungen der Völker von Rande der Welt dienten die Bilder aus Hartmann Schedels »Buch der Chroniken« von 1493 als Vorbild.[517] Schedel stellte die

---

510 Ambrosini stellt sie als Vertreter der »Homo sylvestris« von den Iberischen Inseln vor: »Item in Hybernia insula Anglorum regi subjecta.« Aldrovandi 2002 [1642], S. 16.

511 Aldrovandi 2002 [1642], S. 16.

512 Was Ambrosini zu der Korrektur der Altersangabe veranlasst haben mag, bleibt ungeklärt.

513 Um einen Begriff aus Augustinus »De civitate dei« zu nutzen, der geeigneter als die Ausdrücke »Rasse« oder »Volk« erscheint. Augustinus 1979, S. 115.

514 Gessner hatte den Strobelkopf auch »Certopithecus« genannt und mit »Cardanus Affen« identifiziert. Vergleiche II.3. Der wilde Mann.

515 Hildegard Frübis hat diese Darstellung des Fremden in der frühen Neuzeit genauer untersucht. Frübis 1995.

516 The Wild Man within 1972; Frübis 1995; Bartra 1997; Douthwaite 2002.

517 Besonders die Abbildungen Schedels werden bis heute regelmäßig kopiert. Schedel stellt sie im zweiten Kapitel der Weltchronik vor. Dieses Kapitel ist dem vorsintflutlichen Zeitalter gewidmet, die monströsen Völker wurden also einer erdgeschichtlichen Frühzeit zugerechnet, die nach der Zerstörung des Turmes von Babel anzusetzen sei. Schedel 2001 [1493], S. XII–XIII.

518 Zugleich bezieht Schedel sich damit auf die ikonografische Tradition, die monströsen Völker auf Weltkarten darzustellen. Bereits auf den ältesten heute noch erhaltenen Karten Europas, der »Hereforder Weltkarte« von 1300 und

Abbildungen monströser Völker neben eine ptolemäische Weltkarte und somit mittelbar in den Kontext der Geographie.[518] Dieser Ordnung zufolge bewohnen die monströsen Völker die topologische Peripherie der christlichen Welt und die Grenzen zur Wildnis.[519] Gleichzeitig besitzen sie, wie Schedel dargelegt hat, den Status eines Wunders, das die Unbegreiflichkeit der Schöpfung symbolisiert: »dan als der almechtig got wisset mit was gleichnus un manigformigkait er die schön der werlt beschuff do wolt er auch wundergestalte menschen in die werlt einführen.«[520]

Wie alle neuzeitlichen Berichte über monströse Völker bezieht sein Bericht sich auf Plinius, der sich seinerseits auf die historisch älteren Aussagen von Herodot, Aristoteles, Megasthenes und Varro stützt.[521] Plinius beginnt im siebten Buch seiner »Naturkunde«, der Anthropologie, mit Berichten über merkwürdige Völker, die in weit entfernten Gegenden leben. Dabei schildert er körperliche Merkwürdigkeiten genauso wie kulturelle Besonderheiten. Er erzählt von menschenfressenden Skythen, von Kyklopen und Arimaspen mit einem einzigen Auge auf der Stirn, die im hohen Norden lebten. Dort seien auch die Laistrygonen anzutreffen, die Menschenopfer bringen. Die meisten monströsen Völker lokalisiert Plinius jedoch in Indien. So gäbe es dort Menschen, die gegen Schmerz immun sind und Gymnosophisten heißen.[522] Diese stellt er in eine Reihe mit den Cynocephalos,[523] hundsköpfigen Menschen, die »sich in Felle wilder Tiere kleideten, statt der Sprache Gebell von sich geben, mit Krallen bewehrt sind und von der Jagd und vom Vogelfang leben.«[524] In Indien verortet Plinius auch die sagenhaften Völker der Einbeinigen, die Schattenfüßler (Skiapoden),[525] Satyre,[526] Sperlingsfüßler (Strouthopodes) oder die Mundlosen (Astomi), um nur einige Beispiele zu nennen.[527] Die Erzählungen von Plinius wurden von seinen Rezipienten nahezu stereotyp aufgegriffen, geografische Zuordnun-

---

der Ebsdorfer »Mappae mundi« aus der Mitte des 13. Jahrhunderts, bevölkern monströse Menschen und Tiere die Ränder der Welt. Dazu auch Wittkower 1996a; Harvey 1996 und 2006.

519 Seit Hartmann Schedels Dokumentation der monströsen Völker schwingt in fast jedem Bericht von Reisenden und Kolonisten dieses Jahrhunderts die Erfahrung mit, in den entfernten und exotischen Gefilden der von ihnen geografisch neu zu erschließenden Welt immer neuen wunderbaren Geschöpfen und Völkern zu begegnen. Frübis 1995. Vergleiche auch Kapitel III.3. »Der wilde Mann«.

520 Nach Schedel verkörpern diese Monster die Schönheit der Welt: »Vil geslecht mancherlay wunderperlich gestalter mensche sind nach der zungen zerteilung durch got beschehe an mache ende erschinne. dan als der almechtig got wisset mit was gleichnus un manigformigkait er die schön der werlt beschuff do wolt er auch wundergestalte menschen in die werlt einführen, und den etwlich also geformt sind wie hernach folgt.« Schedel 2001 [1493], XI verso.

521 Plinius 1996, 7. Buch; den Wandel dieser Überlieferung hat Rudolf Wittkower dokumentiert. Wittkower 1996a.

522 Er schreibt: Sie »betrachten von morgens bis abends unbewegten Blicks die Sonne und stehen dabei den ganzen Tag abwechselnd auf einem Fuße im glühenden Sand.« Die Beschreibung der Gymnosophisten erinnert an ein Klischee indischer Brahmanen. Plinius 1996, S. 27.

523 Hundsköpfige Menschen. Siehe auch Kapitel III.3. »Der wilde Mann«.

524 Plinius 1996, S. 29.

525 Dabei handelt es sich um Menschen mit einem einzigen großen Fuß, den sie zuweilen als Sonnenschirm benutzen.

526 Das sind mythische Mischwesen aus Mensch und Ziegenbock.

527 Doch bergen auch andere Landstriche wunderbare Bewohner. Besonders reich sei »Ägypten« an Wunderwesen. Jedoch leben hier eher merkwürdige Einzelwesen als monströse Völker, da in dieser warmen und feuchten Gegend die Natur besonders fruchtbar sei und viele Nachkommen zur Welt kommen. Auch mache »das Nilwasser besonders fruchtbar.« Plinius 1996, S. 35.

gen dabei jedoch dem jeweiligen aktuellen Wissensstand angepasst.[528] Immer werden die monströsen Völker als Bewohner peripherer Weltgegenden beschrieben. Diese Peripherie markierte sowohl die geografischen, als auch die kulturellen Grenzen der Ökumene. Auch der »Homo sylvestris« Gonzalez, den die »Monstrorum historia« präsentiert, ist ein Grenzwesen. Die von ihm bewohnte Grenze verläuft allerdings quer durch die westeuropäische Kultur. Denn der gezähmte »Wilde Mann« repräsentiert keinen Randbewohner, er wurde vielmehr in die Gesellschaft integriert und dort als »zivilisierter Wilder« gefeiert. Er wurde ein Monstrum, das am Hofe der Valois und der Medici lebte und deren Herrschaft über die Welt und die Natur repräsentierte. Bei dieser Umdeutung verlor der »Wilde Mann« seinen Schrecken, und er wurde eher als Naturwunder angesehen. Dieser, schon bei Hartmann Schedel anklingende Aspekt schwingt auch in allen Berichten über monströse Völker des 17. Jahrhunderts mit.[529]

Zahlreiche frühneuzeitliche Autoren nahmen bei der Darstellung von Erdrandbewohnern auch auf Augustinus Bezug. Er behandelte das Thema im Rahmen der Theologie und entwickelte in »De civitate dei« die Argumentationsgrundlage für seine spezifische Sicht auf das Problem »Monstrum«. Auch Augustinus arbeitet mit den Berichten des Plinius, sein Augenmerk richtet sich jedoch auf ein theologisches Problem. Er nutzt die Berichte von monströsen Völkern, um an ihrem Beispiel zu erörtern, inwieweit die Schöpfung überhaupt verstanden werden könne.[530] Im 8. Kapitel des 16. Buches des »Gottesstaats« erwähnt Augustinus die Überlieferung von Pygmäen, Zyklopen, Skiapoden,[531] Acephaloi[532] und anderen monströsen Völkern und geht zunächst der Frage nach, welchen Status sie innerhalb der Schöpfung einnehmen. Er steht den Berichten von monströsen Völkern zwar skeptisch gegenüber und bezeichnet die Bilder von monströsen Völkern als unglaubwürdig,[533] doch ungeachtet seines Misstrauens verfolgt er das Thema weiter. »Eine der Fragen«, so schreibt Augustinus, »lautet auch, ob es glaubhaft sei, dass sich aus den Söhnen Noes oder genauer aus dem einen Menschen, von dem auch sie stammen, gewisse monströse Menschenarten fortgepflanzt haben, von denen die Völkergeschichte erzählt.«[534] Seine oft zitierte Antwort lautet: »Wer immer irgendwo auf Erden als Mensch, also als sterbliches vernunftbegabtes Wesen geboren ist, er mag eine für unsere

528 Zum Beispiel in Umberto Ecos Roman »Baudolino«. Eco 2003.

529 Besonders in den religiös motivierten Weltbeschreibungen der Jesuiten wurde dieser Aspekt hervorgehoben. So beschreibt der Jesuitenpater Caspar Schott in der »Physica curiosa« die Gestalt des Gonzalez' als Wunder der Schöpfung. Für Schott verkörpert ein »Homo sylvestris« in besonderer Weise das Schöpfungswunder »Mensch«. In diesem Sinne stellt er den Menschen als edelsten, den Engeln vergleichbaren Erdbewohner dar: »Homo, animatium omnium nobilissimum, Angelorum consors, perfectissimum Deitatis exemplar, tantas in se uno claudit dotes ac praerogativas, ut meritò Favorinus praeter cum nihil in terris magnum agnoverit; meritò Aegyptiorum Sapientes titulo Dei mortalis insignierit; Mercurius Trismegistus animal divinitatis plenum, […]« Der Schauder vor dem Haarmenschen überlagert sich mit der Überhöhung des menschlichen Monstrum zum gottähnlichen Wesen, wie sie für die neoplatonische Naturphilosophie der Renaissance typisch ist. Schott 1662, S. 351.

530 Augustinus im 16. Buch, 8. Kapitel. Augustinus 1979, S. 115–120.

531 Vergleiche Anmerkung 525.

532 Kopflose Gestalten, die das Gesicht auf dem Bauch tragen.

533 Wörtlich spricht er sogar von »Scheinmenschen, wie sie die Mosaiken in der Meerstraße zu Karthago darstellen, die Büchern entnommen sind, die ausgefallene Seltsamkeiten der Geschichte behandeln«. Augustinus 1979, S. 117.

534 Augustinus 1979, S. 115.

Begriffe noch so ungewohnte Körperform haben, […]: kein Gläubiger soll zweifeln, dass er seinen Ursprung aus jenem einen zuerst gebildeten Menschen herleitet.«[535] Jedes exotische Volk, auch wenn es ungewöhnlich erscheint, gehört also zur Menschheit. Augustinus konkretisiert diesen Gedanken anhand eines Vergleichs der Schöpfung mit einem Kunstwerk. Die Schöpfung gliche einem übergroßen Mosaik, das aufgrund seiner Größe nicht auf einen Blick zu erfassen sei und vom Betrachter nur fragmentarisch wahrgenommen werden könne. Was an der Schöpfung für die Augen der Menschen hässlich erscheine, erkläre sich oft aus dem Zusammenhang des Ganzen. Ähnliches gelte auch für die Monstra, die aus der verengten Perspektive des Menschen missgestaltet, im Zusammenhang des Universums jedoch sinnvoll und wohlgestaltet wären. »Gott ist nämlich der Schöpfer aller, er weiß, wo und wann etwas hervorgebracht werden sollte oder soll, und er allein kennt die Schönheit des Alls, dessen Teile in Ähnlichkeit und Verschiedenheit zum Ganzen verwoben sind. Wer aber die Gesamtheit nicht zu überblicken vermag, wird durch die scheinbare Missgestalt eines Teils verletzt, bei dem er die Übereinstimmung vermisst, weil er sich seiner Beziehung zum Ganzen nicht bewusst wird.«[536] Monströse Völker, wie auch individuelle Monstra markieren für Augustinus die Grenze der menschlichen Erkenntnisfähigkeit.[537] Ähnlich wie Wunder verweisen sie auf einen nicht begreifbaren, überirdischen Aspekt der Schöpfung.[538] Einen ähnlichen Stellenwert hat auch die Darstellung der Familie Gonzalez in der »Monstrorum historia«. Sie wurde als Naturwunder behandelt und repräsentiert ganz im Sinne des Augustinus eine Erscheinungsform des Menschen. Aus der Schreckgestalt des »Wilden Mannes« wurde der zivilisierte Wundermensch Gonzalez.[539] Ganz in Augustinus' Sinne wird Gonzalez als Repräsentant der Gattung »Mensch« und nicht in erster Linie als Monstrum oder Missbildung beschrieben, er gewinnt jedoch zugleich einen Sonderstatus als Wundermensch. Die gezähmten Monster verbreiteten nun den Ruhm und die Macht der Habsburger.

So deutlich sich Aldrovandi auf antike Quellen bezieht, so sehr unterscheidet sich sein Blick auf Monster auch von den antiken Interpretationen. Die stärkere Konzentration auf anatomische und physiologische Merkmale bei der Deutung von monströsen Gestalten, die stärkere Betonung der wunderbaren Aspekte der Monstren, die eher als Natur, denn als übernatürliches Zeichen betrachtet werden, gehören zu den auffälligsten Charakteristika seiner Monsterdeutung. In der naturhistorischen Betrachtung des Monstrums durch Aldrovandi tritt eine deutliche Veränderung in der Monsterdiskussion zutage. Sie überlagert sich mit Aldrovandis Verwendung von Bildern in der Naturphilosophie und der Propagierung der Beobachtung als wichtigstem Erkenntnisweg eines Naturphilosophen. In beiden Fällen wird der Prozess der

535 Vergleiche Anmerkung 534.

536 Augustinus 1979, S. 117.

537 Zu dieser Kategorie von Natur gehören auch andere Wunder, konkret erläutert Augustinus im 4. und 5. Kapitel des 21. Buchs die unerklärliche Wirkung eines Magneten, Hölzer, die nicht schwimmen, Salze, die im Wasser brennen, Quellen, die Fackeln entzünden oder Steine, die leuchten. Augustinus 1979, S. 657–659.

538 Zwar relativiert Augustinus mit polemischem Gestus die Bedeutung der Wunder: »Wer heutzutage noch Wunder braucht, um zu glauben, ist selbst so etwas wie ein großes Wunder, weil er in einer gläubig gewordenen Welt ungläubig geworden ist.« Er erläutert sie dennoch ausführlich. Augustinus 1979, S. 767.

Bildgebung, im direkten und im übertragenen Sinn diskutiert. So waren Monster nicht mehr wegen ihrer allegorischen Implikationen für die Naturphilosophie interessant, sondern als Ausdruck naturhafter Prozesse. Das Monstrum wurde mehr und mehr zum Topos der Natur. Zugleich wird es bildlich dokumentiert und dabei in völlig neuer Form wissenschaftlich verhandelbar.

Groteske Bilder und Bilder des Grotesken

Die sich in den Texten Aldrovandis andeutende Verschiebung in der Darstellung und Interpretation des Monströsen war indes kein Prozess, der ausschließlich in der Naturphilosophie zu beobachten war. Er lässt sich auch auf anderen Gebieten verfolgen, wobei in diesem Kontext natürlich der Bereich der Malerei von besonderem Interesse ist. Hier finden sich genau die Bilder, gegen die Paleotti und Aldrovandi so vehement polemisieren. Doch besitzt die imaginierte Natur der Künstler viele Gemeinsamkeiten mit der dokumentierten Natur Aldrovandis. Auf beiden diskursiven Feldern wird die Natur zur Projektionsfläche des Monströsen, wobei auch in der Kunst ein ganz bestimmtes und sehr aufschlussreiches Bild des Monsters entworfen wird. Monströse Gestalten gehören zu den populärsten Motiven der bildenden Kunst um 1600. Dabei kann auch die Kunst des 16. Jahrhunderts auf antike kunst- und bildtheoretische Entwürfe zurückblicken. Als Horaz in der Eingangspassage von »De arte poetica«[540] Spott über jene Künstler ausschüttete, die ohne Regeln, aufs Geratewohl arbeiteten, beschwor er die Vorstellung eines Monstrums als Missgestalt. »Ein Menschenhaupt mit Pferdes Hals und Nacken: denkt euch, so schüfe die Laune eines Malers, dann trüge er buntes Gefieder auf, füge aus allen Arten die Glieder zusammen; zu unterst wär's ein hässlich grauer Fisch, und war doch oben als ein schönes Weib begonnen. Denkt euch, ihr Freunde wärt zur Schau geladen: würdet ihr Euch des Lachens erwehren?«[541]

Anders als für Horaz und anders als für Aldrovandi, stellte das Monstrum für die Künstler des Manierismus weitaus mehr dar, als eine lächerliche oder gefährliche Missgestalt. Den zahlreichen Grotesken, die in der Malerei des 16. und 17. Jahrhunderts kursierten, wohnen nicht nur komische oder unterhaltsame Momente inne; sie werden zum Ausdruck einer neuen Vorstellung von Natur,[542] die in der Kunst- wie in der Naturphilosophie entwickelt wurde. Dieser Doppelsinn wird in Arcimboldos[543] Kompositgemälden geradezu exemplarisch ausgespielt (Abb. 42). Sein Porträt Kaiser Rudolph II. als Vertumnus, dem griechischen Gott der Verwand-

539 Dazu ausführlich Zapperi 2004.

540 Horaz 1993.

541 Horaz 1993, S. 539. Dieses Diktum wurde im 12. Jahrhundert von Bernhard von Clairvaux aufgegriffen, der sich gegen figuralen Bauschmuck wendete, wie er in Cluny anzutreffen war: »Was nützen im Kreuzgang, unter den Augen der Brüder, die dort lesen, diese lächerlichen Ungeheuer, diese wundervoll missgestalteten Großartigkeiten, diese großartige Missgestalt? Welchen Sinn haben jene schmutzigen Affen, jene grimmigen Löwen, jene monströsen Kentauren, jene Halbmenschen, […]« Zitiert nach Meyer Schapiro 1987 [1947], S. 31.

542 Chastel 1997.

543 Giuseppe Arcimboldo (1527–1593), Hofmaler unter Maximilian II. und Rudolph II.

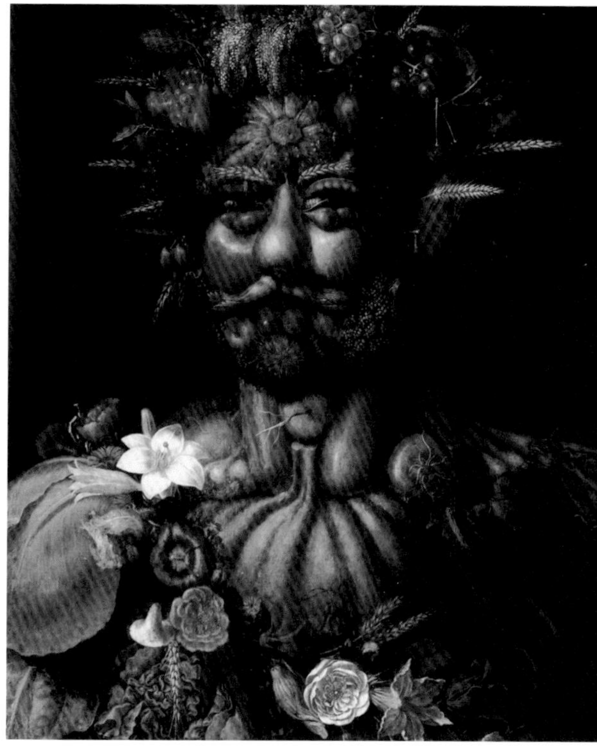

42 Giuseppe Arcimboldo, Rudolph II. als Vertumnus, 1591.

lung, stellt ein Monstrum dar: ein Hybridwesen aus Naturobjekten und Mensch.[544] Das Porträt zeigt das Antlitz des mächtigsten Mannes Europas als Kompositgemälde aus akribisch genau gezeichneten Blumen und Früchten. Als Gegenentwurf zu Horaz' lächerlichem Hybriden hat Arcimboldo in seinem Gemälde ein hybrides Monstrum im positiven und poetischen Sinne geschaffen. Rudolph II. nimmt in der Maske des vegetabilen Gottes eine Herrschaft für sich in Anspruch, die über die weltliche Macht weit hinausgeht und die gesamte Natur verkörpert.[545] Der Habsburger und sein Hofmaler Arcimboldo haben in der Gestalt des Vertumnus das Bild der metamorphotischen Natur für die Ikonografie der irdischen Herrschaft erschlossen, die souverän genug ist, komisch zu wirken, ohne lächerlich zu sein.[546] Arcimboldo führt somit vor, wie die Darstellung eines künstlichen Monstrums zum Insignium politischer Macht werden konnte.[547] Dieses Bild wurde zum Ideal manieristischer Kunst schlechthin. Für den Maler und

544 »Vertumnus (Kaiser Rudolf II.)«, 1590, auf Holz, 70,5 × 57,5 Zentimeter. Skokloster bei Uppsala, Sammlung Baron R. von Essen, DaCosta Kaufmann 1985.

545 Bredekamp 1981.

546 DaCosta Kaufmann 1993, 129–135.

547 Bredekamp1981, S. 7; DaCosta Kaufmann 1993.

Kunsttheoretiker Lomazzo[548] verkörperte es das Ideal einer Kunst zwischen treffender Erfindung und unbedingter Naturtreue.[549]

Ein anders gearteter Spannungsbogen zwischen Natur und Monstrum wird in der Arbeit des niederländischen Zeichners und Kupferstechers Jacques de Gheyn artikuliert.[550] De Gheyn war ein viel gerühmter Spezialist für genaue Naturdarstellungen.[551] Er war zugleich einer der effektivsten Erfinder monströser Gestalten und dämonischer Szenen.[552] Eines seiner Fantasietiere, das physische Merkmale eines Insekts und zugleich eines Vogels trägt, plustert sich in der linken oberen Ecke eines Studienblattes. (Abb. 43) Im Zentrum des Blattes steht die Zeichnung einer Libelle. Das überlebensgroß gezeichnete Insekt ist mit großer Plastizität dargestellt. Die Zeichnung will durch ihre Feinteiligkeit beeindrucken; besonders der Kopf, aber auch die transparenten Flügel sind sehr genau ausgearbeitet. In der linken unteren Ecke hat de Gheyn die Studie einer Kröte gesetzt, deren Konturen mit lockeren Federstrichen erfasst wurden. Eine Kopfstudie desselben Tieres steht rechts daneben, sie zeigt die physiognomischen Details des Krötenkopfes genauer. Das Blatt wird jedoch von dem Fantasietier beherrscht, das oben links platziert wurde. Sein übergroßer Kopf mit einem Schnabel und die vorgewölbte Brust erinnern an einen Vogel, wohingegen die zwei aufgespannten Flügelpaare eher an ein Insekt denken lassen. Ihre Muster erinnern wiederum an die Zeichnung von Schmetterlingsflügeln. Doch kann es sich weder um einen Vogel noch um ein Insekt handeln, da es auf vier dünnen Beinen hockt.[553] Das unmittelbare Nebeneinander von hyperrealistischer Naturdarstellung und grotesker Bilderfindung ist bezeichnend für die manieristische Kunst de Gheyns. Sein gezeichnetes Fantasma wirkt durchaus natürlich, weil er die Körperteile in optisch überzeugender, wenn auch anatomisch absurder Weise zusammenzufügen wusste. Die Gestalt ist umso beunruhigender, als Naturstudien und Bilderfindung bruchlos nebeneinander stehen. Weder der Kontext noch der Duktus der Zeichnung geben Aufschluss darüber, ob es sich um eine Bilderfindung handelt oder um eine Naturstudie. In einer Zeit, in der ständig neue Tiere mit oft exotischem Aussehen nach Europa gebracht wurden, war es für einen ungeschulten Betrachter keineswegs einfach, zwischen Fantasietieren und dokumentarischen Aufzeichnungen zu unterscheiden.

Das genaue Studium der Natur und die hybriden Bilderfindungen des Künstlers wurden auf diesem Blatt thematisch und kompositorisch eng aneinander gebunden. Doch wohnt diesem Spiel mit Körperfragmenten auch ein unheimliches Moment inne, das sich auf die nebenstehenden Naturstudien überträgt. In ihm wird eine ähnliche Angst vor den Kreaturen der Natur artikuliert, die bereits in Aldrovandis Warnung vor Bilderfindungen in der Wissenschaft

---

548 Giovanni Paolo Lomazzo (1538–1592), Mailänder Maler und Kunsttheoretiker.

549 Lomazzo 1974 [1584], S. 370; Zur Naturabbildung in der Renaissance siehe auch Gramaccini 1986; DaCosta Kaufmann 1985; Steinemann 2006, S. 103.

550 Regteren Altena 1983, Bd. III.

551 Jacques de Gheyn II. (1565–1629) niederländischer Stecher, Zeichner und Maler.

552 Swan 1997; 2005.

553 Es mag Zufall sein, dass de Gheyn das Fantasietier neben eine Kröte und eine Libelle auf einem Studienblatt vereinigte, doch hat er hier ausschließlich Tiere gegenübergestellt, denen dämonische Bedeutung zugemessen wurde. Dittrich 2004.

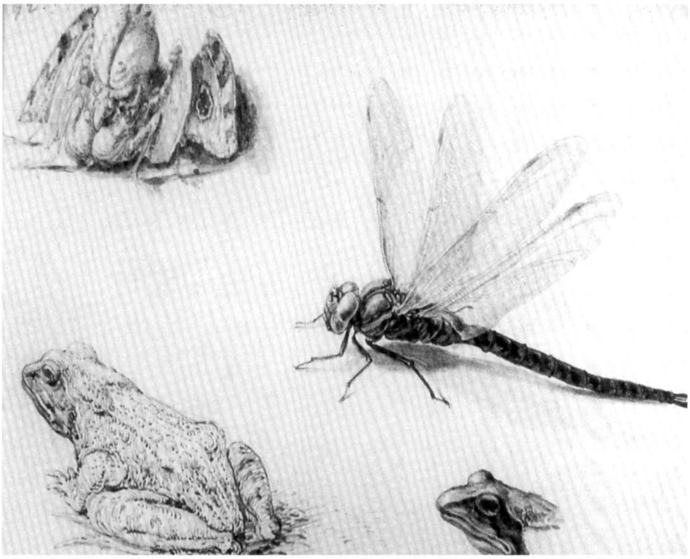

43 Jacques de Gheyn II., Studienblatt mit Libelle, Kröten und Fantasietier, ohne Jahr.

eine Rolle spielte. Natur wird in der Naturphilosophie wie in der Kunst zur Projektionsfläche von negativ aufgefassten Schöpfungs- und Wachstumsphantasien.

Für de Gheyn, genauso wie für Aldrovandi, stellten die Geschöpfe einer ungeregelten Kreativität paradigmatisch das Monströse dar, unabhängig davon, ob sie aus der Kunst, aus der Natur oder aus der Bildpraxis der Wissenschaft hervorgehen. Aldrovandi wendet sich dabei gegen Künstler wie Jacques de Gheyn. Auch nahm Kardinal Gabriele Paleottis gegenreformatorische Bildtheorie, niedergelegt in seiner Schrift »De sacris et profanis imaginibus libri V«,[554] ihren Ausgangspunkt in Aldrovandis naturwissenschaftlich orientiertem Bildideal, wobei er sich grundsätzlich am erkenntnisorientierten Bildideal Aldrovandis ausrichtete.[555] Aus dieser Sicht erklärt sich auch Paleottis leidenschaftliche Abneigung gegen Grotesken, die, ganz ähnlich wie Aldrovandis Furcht vor künstlichen Monstren, als Neulektüre von Horaz gelesen werden kann: »Wenn es die Aufgabe des Malers ist, die wahren und wahrscheinlichen Dinge nachzuahmen, wer zweifelt dann daran, dass einen Menschen zu machen, der die oberen Glieder eines Riesen hat, und der dann in den unteren [= Gliedern] in einen Baumstamm oder Felsen übergeht, oder Kerzen mit Gesichtern von Menschen zu formen, die aus dem Kopf Flammen speien, oder Muscheln, die Ströme von Wasser vergießen, oder Bäume, die aus Schlangen gebildet werden, oder Gesichter, Büsten, Beine, teils von Menschen, teils von Löwen, teils von Fischen, ineinander verschlungen, begleitet von Bäumen oder Felsen, ganz ohne die Ordnung der Natur, wer zweifelt dann daran, sage ich, dass solche Malerei nicht nur der Aufgabe

554 Erschienen in Bologna, 1582 und Ingoldstadt, 1594.
555 Steinemann 2006.

des Malers, sondern auch der Natur, der Vernunft und den vielen Büchern, die die Autoren jedweder Fakultät jemals geschrieben haben, zuwiderläuft? Wenn die Kunst die Natur nachahmt, dann sind die Grotesken nicht kunstgemäß; wenn die Bilder als Bücher der Leseunkundigen zu dienen haben, was anderes können diese dann lernen als Falschheiten, Lügen, Täuschungen und Dinge, die nicht existieren? Wenn es die Seele der Malerei ist, zu nutzen, und wenn sie dort, wo dieses Ziel nicht erreicht wird, wie ein toter Körper ist, was sagen wir dann von derjenigen Malerei, die nicht nur nicht nützt, sondern die Gesinnung der einfachen Leute in tausend Irrtümer verstricken kann.«[556] Vor allem Paleottis Ausgangspunkt, dass nämlich die Erkenntnis der aristotelischen Substanz der Welt nur über die Erkenntnis der phänomenalen, sich den Sinnen darbietenden Oberfläche zu erreichen ist, ist von Aldrovandis naturphilosophischer Perspektive geprägt.[557] Doch sind nicht nur dem Theologen die Vorstellung eines aus der Fantasie schöpfenden Künstlers suspekt, auch dem Naturphilosophen erscheinen die Kreaturen einer »schöpferischen« Natur nicht geheuer. Aldrovandis Naturtheorie ist hier der Bildtheorie der Theologen vergleichbar. Wenn Monstren auch nicht unmittelbare Zeichen Gottes sind, sondern als Werke der Natur angesehen werden müssen, so sind sie letztlich Produkte einer regellosen und unberechenbaren Natur, die Furcht und Bewunderung zugleich hervorrufen. Diese durchaus ambivalente Form des »Monstrums« wurde weit über die Naturphilosophie hinaus zur bedeutsamen Figur, die sowohl dazu dienen konnte, politische Machtansprüche zu formulieren, wenn ihr Erscheinen als positives oder negatives Signal in Bezug auf infrage stehende politische Entscheidungen ausgelegt wurde. Sie konnte in der bildenden Kunst und der Literatur aber auch dazu verwendet werden, um ambivalente oder dämonische Vorstellungen von der Natur zu entwerfen.

4 Von der Erkundung der Formen zur Darstellung der Formgenese

Die Embryogenese und das Monstrum

Im Zuge seiner Auseinandersetzung mit der Natur des Monströsen entwickelte und verfeinerte Aldrovandi die wissenschaftliche Beobachtung der Natur. Weiterführende Ansätze für die Naturalisierung des Monstrums wurden jedoch außerhalb von Aldrovandis Forschungen entwickelt. In diesen Forschungen wurde das Monstrum nicht nur metaphorisch und medial naturalisiert, sondern in ihnen wurden monströse Gestalten direkt im Kontext der menschlichen Reproduktion und des Wachstums in der Natur thematisiert. Entsprechende Theorien wurden von Ärzten zuerst formuliert. Sie waren es auch, die ihre neuartigen Darstellungen der Embryogenese in Bezug zu Erläuterungen von Monstren stellten.[558] Mit dem Forschungsfeld der

556 Zitiert nach Steinemann 2006, S. 55.

557 Steinemann 2006, S. 125.

558 Bates untersucht diesen zeitlichen Abschnitt aus der Perspektive eines Wissenschaftshistorikers mit Schwerpunkt auf der medizinischen Diagnostik, während an dieser Stelle eher die Theorien über die Entstehung von Monstren und Missbildungen untersucht werden sollen. Bates 2005.

Embryogenese wurde ein neuer Abschnitt in der Geschichte des Monstrums erschlossen. Dabei diente das embryogenetische Modell gleichzeitig als Modell für die Entstehung von Monstren, die dann als Missbildung interpretiert wurden. Die ersten Impulse, die in diese Richtung zielten, gingen von der Arbeit des Schweizer Arztes Jacob Rueff aus. Seine Publikation über die Entstehung des menschlichen Lebens und über die Geburtshilfe wurde für alle folgenden neuzeitlichen Monsterforscher, in erster Linie für Ambroise Paré und Bartholomäus Ambrosini prägend.[559] Am vorläufigen Ende der im Folgenden geschilderten Entwicklung steht die Publikation einer ersten umfassenden Naturgeschichte der Monstren, der »Monstrorum historia«, die direkt aus dem Umfeld der Naturaliensammlung Aldrovandis heraus entstand. Sie beginnt jedoch mit einer Publikation Jacob Rueffs.

Jacob Rueff[560] ist der Verfasser des »Schön lustig Trostbüchle von den empfengnussen und geburten der menschen«,[561] einem Hebammenbuch. Rueff behandelt in seinem Buch vor allem Fragen der Geburtshilfe, wie die Anatomie der weiblichen Geschlechtsorgane, Instrumente der Geburtshilfe, die Entwicklung eines Kindes im Mutterleib, seine Lage in der Gebärmutter.[562] Das letzte Kapitel seines Buches beschäftigt sich ausschließlich mit Monstern, deren Erscheinen er auf medizinische,[563] moralische[564] und theologische[565] Ursachen zurückführte.[566] Rueff richtete sich an dieser Stelle nach den um 1500 üblichen Erklärungsmustern und bildete circa 30 Monstren ab, die er aus zeitgenössischen Flugblättern entnommen hatte.[567]

Den spekulativen Mittelpunkt seines Buches bildet jedoch die Darstellung der Embryogenese, die sowohl den Moment der Empfängnis, als auch Entstehung der menschlichen Gestalt während der Schwangerschaft aus der »Innenperspektive« des weiblichen Körpers und der

---

559 Ambrosini war Nachlassverwalter Aldrovandis und gab als solcher die »Monstrorum Historia« heraus, als deren federführender Autor er anzusehen ist. Vergleiche Kapitel III.4. Die »Monstrorum Historia«.

560 Jacob Rueff (1500–1559), Arzt in Zürich, wo er neben seinem Hebammenbuch auch Theaterstücke und Gedichte veröffentlichte.

561 Rueff 1553. Bekannter ist die 1554 erschienene lateinische Ausgabe »De conceptu et generatione hominis«. Allgemeine Informationen über die neuzeitlich anatomische Beschreibung der weiblichen Geschlechtsorgane: Laqueur 1992, S. 96–117.

562 Rueffs Buch ähnelt im Aufbau dem etwas früher erschienenen Hebammenbuch von Eucharius Rösslin, das bereits 1513 erschien, der jedoch nicht die Entwicklung des Kindes direkt darstellt. Nach der mir zugänglichen Ausgabe von 1565. Rösslin 1565.

563 Rueff 1553, S. LXX verso.

564 »Wie aber soeliche Monstra und verkeerte mißburten empfangen und ufgehebt werden mögind / ouch wie soelichs der natur nach müglich sye im wachsen / zů̈nemmen und werden / solt du mercken / das soelchis nit on daß vorwüssē Gottes / zů unserer straaff / warnung und besserung geschähe.« Rueff 1553, S. LXX recto.

565 Rueff 1553, S. LXXI recto.

566 Er erwähnt sogar die Überlieferung über monströse Völker. »Plinius aber der natürlich meister schrybt / daß in Afrikca darumb mancherly seltzame und unerhörte thier werdind geboren / mit seltszamen gstalten / das vilerely seltzamer thier daselbst zůsamen kommend / welche dan uß grosser gleilheit mit einander vermischt / so sy einanderen unlgych sind / ouch unglyche geburten und Monstra wider den gemeinen bruch der natur gebärind.« Rueff 1553, S. LXXII recto.

567 Zu Rueff und den ersten medizinischen Beschreibungen monströser Geburten auch Bates 2005, S. 74.

Gebärmutter schildert.[568] Darstellungen von der Innenansicht des weiblichen Körpers hat es zwar schon im Mittelalter gegeben,[569] Rueffs Darstellung ist jedoch die erste Visualisierung der Embryogenese im medizinischen Kontext und in so ausführlicher Form. Mit diesen Darstellungen entwickelte Rueff nicht nur ein neues Bildthema der Medizin, ein Bildthema das seither eine rasante und noch lange nicht beendete Karriere durchlaufen hat. Rueff darf darüber hinaus auch als der erste Autor gelten, der diesen empirisch bis dahin völlig unerforschten Vorgang bildlich darstellte und ihn damit in der zeitgenössischen Naturphilosophie verankert hat. Die von Rueff verbal beschriebene Theorie der Embryogenese ist an sich nicht neuartig, sondern stellt eine Synthese bekannter Zeugungstheorien, besonders der von Galen, dar. Neu war jedoch die in seinem Bildprogramm dargelegte Vision der menschlichen Gestaltwerdung und ihre Kontextualisierung im naturphilosophischen Diskurs der Zeit. Es ist diese bildliche Darstellung eines im Verborgenen ablaufenden Prozess, um die es im Folgenden gehen soll. Rueff hat die Entwicklung eines Kindes in neun Abbildungen veranschaulicht.[570] Seine Abbildungen bilden eine Serie, in deren Folge die sukzessive Ausbildung des menschlichen Körpers dargestellt wird. Das erste Bild zeigt einen Schnitt durch den Uterus, der die Form einer in sich geschlossenen, ovalen Hülle besitzt (Abb. 44).[571] Ihr Aufbau wird in der folgenden Darstellung erschlossen (Abb. 45). Gezeigt wird der Moment der Zeugung, in dem sich männliche und weibliche Elemente, hier versinnbildlicht als umeinander fließendes Gewölk, vermischen.[572] In der Folge wird die Bildung der Leber (Abb. 46), der Blutbahnen (Abb. 47) und des Herzen dargestellt,

568 Diesen Vorgang hat er auch im Text beschrieben, wobei er die Vorstellung des Uterus als einer Art alchemistischen Ofen evoziert, in dem aus Hitze, männlicher und weiblicher Materie und Energien der menschliche Körper erschaffen werde. Rueff 1553, VI–VII. Mit solchen Vergleichen bildet Rueff keine Ausnahme. Dass in der alchemistischen Theorie, wie in der frühen Naturphilosophie leibmetaphorische Beschreibungen der Erde eingesetzt wurden, beschreibt Bredekamp 1981.

569 Tammen 2003.

570 Auch Karin Leonhard hat auf diese Bildreihe verwiesen, um eine auf Aristoteles zurückgehende Vorstellung der Verdichtung von Materie in den embryologischen Theorien des 16. Jahrhunderts zu veranschaulichen. Leonhard 2007.

571 Nach dem Moment der Zeugung zeigt Rueff die äußere Hülle der Gebärmutter, die von zwei Gewebeschichten und einer ringförmigen Struktur umschlossen wird.

572 Als Vertreter der galenischen Zwei-Samen-Theorie weicht seine Argumentation von der aristotelischen Fortpflanzungstheorie ab. Rueff geht davon aus, dass an der Fortpflanzung sowohl männliche als auch weibliche Elemente beteiligt sind. Er spricht hier von männlichen und weiblichen Samen, ohne damit etwas den Spermien Vergleichbares zu meinen. Die Spermien wurden erst mit der Entdeckung des Mikroskops entdeckt, ihre Funktion noch später. »Je bald aber die Bärmuter oder das geburtglid den natürlichē somē deß mans ufgehebt und empfangē hat / wirt der wyblich somen dem maennlichen vermist. Wiewol hie Aristoteles etwas yntrags machet / der dañ will / dß der natürlich som / und die unsuberkeit des wyblichs blůmens / sye nun ein zůgerüste materi der naturlichen frucht / welche von dem somen des mañs / der in einen laeblichē geist verwandlet sye / in dem burtglied / glych als von einem werckmeister / verordnet und zůbereit wird / darvon die empfangen frucht ußgemacht und vollbracht werde: dem glueyden ysen glych / so uß der heissen essz genommen / durch mittel deß hammers zu siner substanz durch das schmide gemachet und geformiert wird / durch die hilff und kunst deß werckmeisters. Galenus aber der wyß und hochgeleert mann / ist eines anderen verstands / und der meinung Aristotelis zuwider / der da wil und halt / daß bede wybliche und manliche somē vermißt / wie obgemeldt / sygind die erst materi darvon die frucht vollbracht un ußgemacht werde / und nit allein einer on des anderen hilff un zůthůn. Wiewohl under disen beden naturen der maenlich som hitziger und dicker ist / und deß wybs somen füchter und kelter gespürt wird / […]« Rueff 1553, V recto.

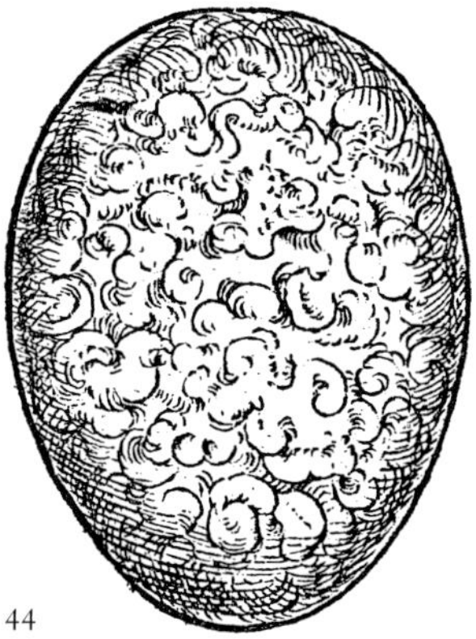

44

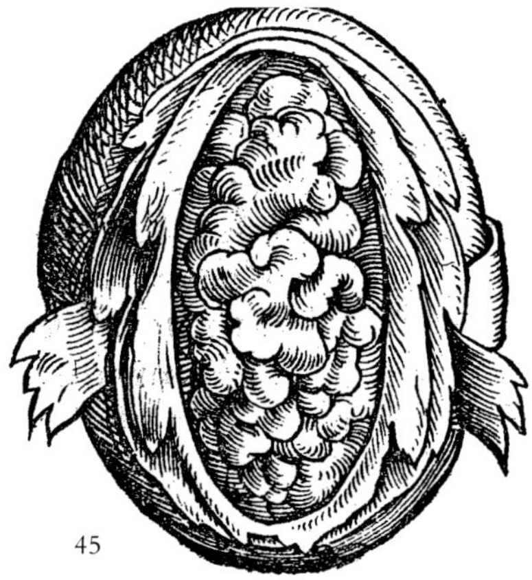

45

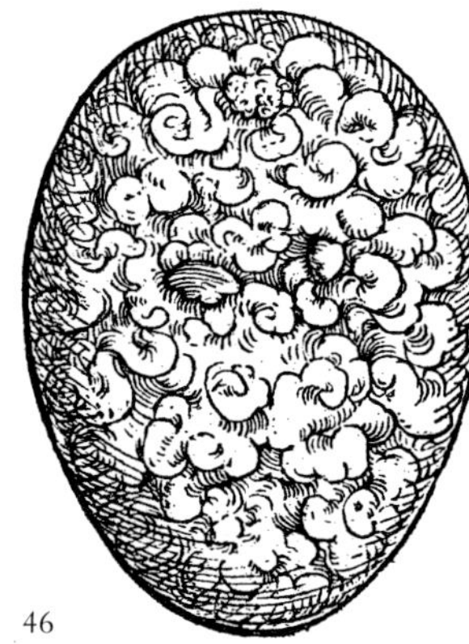

46

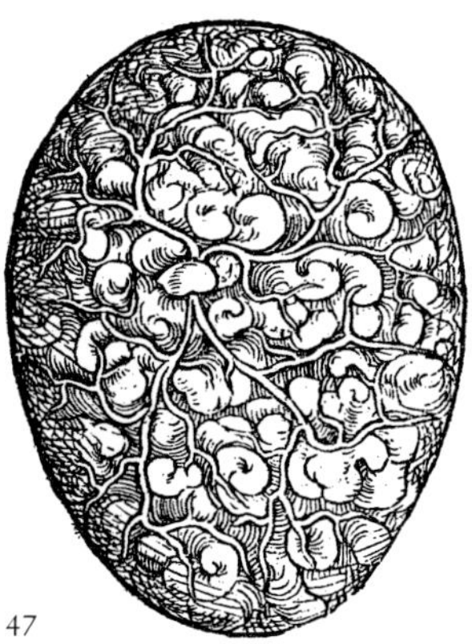

47

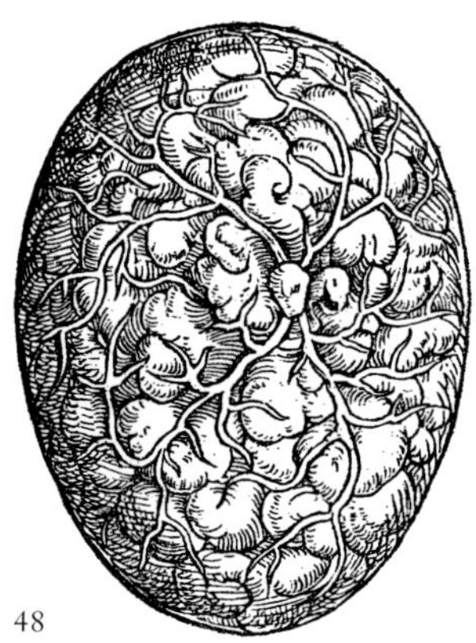

48

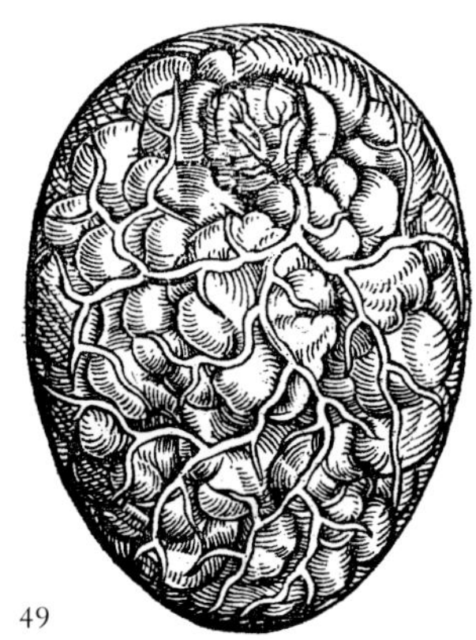

49

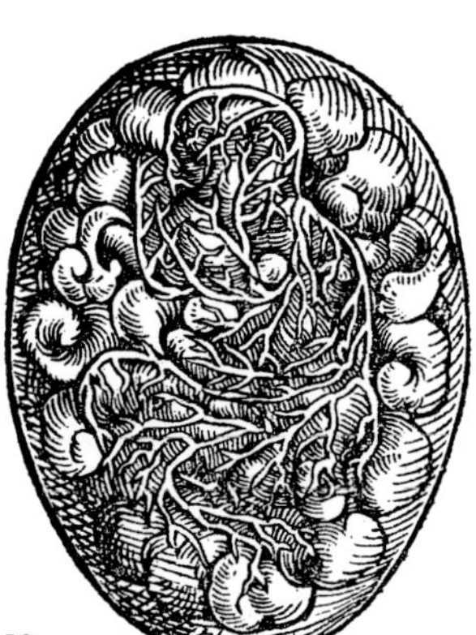

50

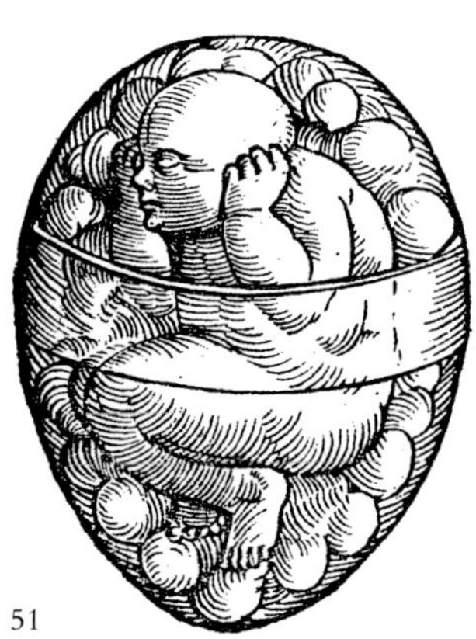

51

44–51 Jacob Rueff, De conceptu et generatione hominis, 1553, S. 3v–10r.

dessen Existenz nach damaliger Auffassung als zweitwichtigstes Lebensorgan den Beginn der Menschwerdung markiert (Abb. 48). Es folgen die Entstehung des Gehirns (Abb. 49) und des Nervengeflechts, dessen Umrisse bereits die Gestalt des Fetus bilden (Abb. 50).[573] Als letztes folgen Haut und Gesicht, welche die Darstellung eines Menschen vollenden (Abb. 51).

Rueffs Bildsprache enthält sowohl Elemente der alchemistischen, der christlichen als auch der medizinischen Ikonografie. Dabei handelt es sich um Bildzitate, die das Dargestellte in einen bereits bestehenden visuellen Kontext setzen. So ist der Darstellungsmodus der Serie der Bildsprache der Anatomie entlehnt und ist konkret den Darstellungen im Anatomieatlas von Andreas Vesalius vergleichbar.[574] In dem nur wenige Jahre zuvor erschienenen Werk wird der Aufbau eines menschlichen Körpers als Bildsequenz dargestellt. Diese Sequenz zeigt die Anatomie des Menschen als Bildreihe, wobei die einzelnen Bilder jeweils einer funktionalen Gruppe gewidmet sind. Muskeln, Knochen, Blut- und Nervenbahnen sowie die inneren Organe werden sukzessive dargestellt, wobei der Eindruck entsteht, dass der Betrachter eine idealisierte Sektion verfolgt. Ausgehend vom unversehrten Leib, werden Bild für Bild, beginnend mit der Haut, nach und nach einzelne Körperschichten »seziert«.[575] Dieses medizinische Darstellungsschema der Bildfolge hat Rueff aufgegriffen und auf die Embryogenese übertragen. Aber auch einzelne Motive von Rueffs Buch sind der Bildsprache von Vesalius sehr nahe. Besonders die Darstellung des Menschen als Umrissgeflecht aus Nervenbahnen wäre ohne Kenntnis des vesalschen Atlas kaum denkbar. (Abb. 52) Vesalius' bahnbrechende Darstellung einer anatomischen Sektion wurde bei Rueff zum Modell für naturhaftes Wachstum, bei dem aus unorganisierter Materie ein organisierter und funktionaler Körper entsteht. Rueffs Darstellungsmodus ist jedoch mehr als nur eine Referenz an einen berühmten Kollegen. Mit der Anlehnung an Vesalius' Atlas wird zugleich das dort konzipierte Körperverständnis auf die Vorstellung der Embryogenese übertragen. Das Entstehen eines Kindes verläuft demnach wie eine umgekehrt ablaufende Sektion ab. In beiden Darstellungen wird der menschliche Körper als Objekt gezeigt, das aus einzelnen, scharf voneinander getrennten, funktionalen Schichten besteht. Das Kind wächst von den inneren Organen nach außen, während Vesalius' anatomischer Körper von außen nach innen schwindet. Rueffs Referenz an die Anatomie verknüpft dieses, durch das chirurgische Handwerk geprägte moderne Körperbild mit seiner Darstellung von der Entstehung menschlicher Gestalt. Darüber hinaus brachte er die Darstellung der Embryogenese in Einklang mit naturphilosophischen Bildwelten aus völlig anderen Bereichen, vor allem der Alchemie und der Theologie. Dabei handelt es sich um Bildwelten, mit denen die Schöpfung der Welt und die allgemeinen Entwicklungspotentiale der Materie dargestellt wurden. So erinnert Rueffs Darstellung der Befruchtung an die Ikonografie der Genesis, etwa bei Robert Fludd (Abb. 53). Auch dort wird die Welt am ersten Tag der Schöpfung als Gewölk amorpher Materie innerhalb einer geschlossenen Form gezeigt. Während der Kosmos in der idealen Form eines Kreises visualisiert wird, hat Rueff die Hülle des »Mikrokosmos Mensch« oval dargestellt.

573 Rueff 1553, S. X–XI.
574 Vesalius 1543.
575 Vesalius 1998 [1543]; Holl 2000.

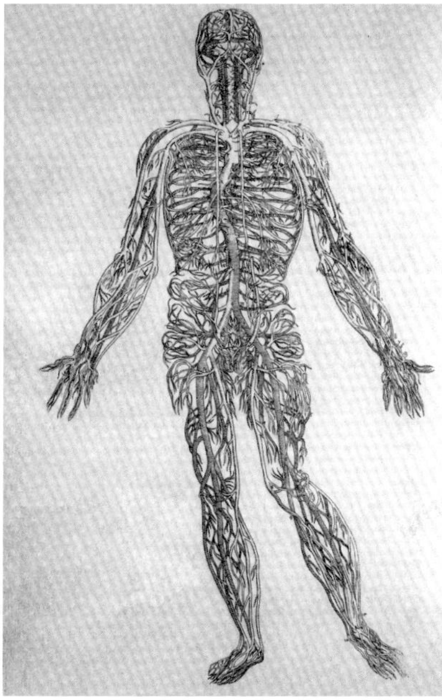

52 Andreas Vesalius, Blutbahnendarstellung, 1543.

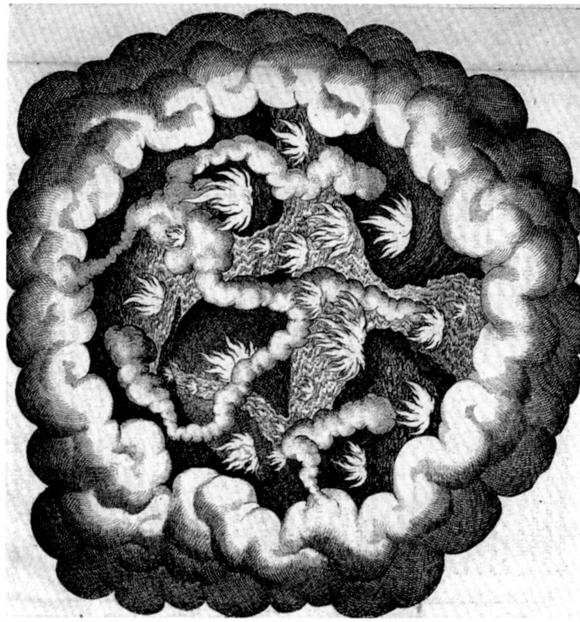

53 Robert Fludd, Genesis, Das Chaos der Elemente, 1617.

Die Kugel verkörpert unter den platonischen Körpern die perfekte Form. Der mittelalterlichen Vorstellung gemäß werden die überirdischen und überzeitlichen Aspekte des Universums, die Sonne, die Planeten oder ihre Umlaufbahnen als Kugel und Kreis gedacht. Erst die Entdeckung der ovalen Umlaufbahn der Planeten durch Kepler revolutionierte diese, für das mittelalterliche und frühneuzeitliche Weltbild essentielle Vorstellung. [576] Rueffs Oval könnte zum einen ein Gegenbild zur perfekten Form des Kreises repräsentieren. Das Oval, verstanden als quasi unperfekter Kreis, entspricht dem irdischen und vergänglichen Charakter des Menschen. Wichtiger in diesem Zusammenhang ist jedoch die eigenständige Bedeutung des Ovals als Symbol und als Naturgestalt. Denn die ovale Form des Eis ist sowohl ein universelles Symbol der Reinheit wie des Ursprungs. In der orphischen Tradition sowie in der indischen Kosmogonie entsteht die Welt aus einem geborstenen Ei.[577] Es ist weit über Europa hinaus das Symbol der Fruchtbarkeit und des Lebens; in Indien ein Sinnbild der Welt. In der christlichen Symbolik der

576 Bei Rueffs Darstellung handelt es sich jedoch nicht um eine herkömmliche Darstellung des hermetischen »Mikrokosmos Mensch«, der als Bildthema eine eigene Ikonologie besitzt. Wichtiger sind an dieser Stelle die Bezüge, die Rueffs Bilder zu Genesisdarstellungen entwickeln. Zur Ikonografie von Mikro- und Makrokosmos: Saxl 1957 [1927/28]. Zur Begrifflichkeit: Conger 1922; Saxl 1957 [1927/28]; Gatzemeier 1980; Clausberg 1980; Schipperges 1981; Böhme 1993.

577 Die christliche Begründung für den in Europa ebenfalls aus Fruchtbarkeitsmythen stammenden Brauch der Ostereier resultiert aus der Deutung des Eies als Auferstehungssymbol. Eliade 2002, S. 182.

Neuzeit steht das Straußenei für die jungfräuliche Geburt Christi und das Osterei für die Auferstehung Christi aus dem Grab im christlichen Osterfest.[578] In der Alchemie steht es für alle Prozesse der Transformation der Materie.[579] Dieses Symbol wird in das neue Modell menschlicher Fortpflanzung einbezogen und dies schon Jahrhunderte vor der Entdeckung der weiblichen Eizelle durch Ernst von Baer.

Rueffs Entwurf der Embryogenese schließt somit sowohl das damals moderne, von Vesalius geprägte und durch die Chirurgie konstituierte Körperbild ein, wie auch die Symbolik der alchemistischen Beschreibung von Natur. Das Ei ist hier ein Symbol für den metamorphotischen Charakter der Materie. Rueffs idealisierte Darstellung der Gebärmutter gleicht diesem Symbol naturhaften Wachstums, während seine Darstellung der Zeugung eines Kindes aus amorpher Materie sich an Bildern der Schöpfung der Welt orientiert.

Die Entwicklung des menschlichen Körpers, so wie Rueff sie darstellte, ist den Entwicklungsprozessen der Welt vergleichbar, und sie wird zugleich mit dem durch die handwerkliche Tätigkeit des Chirurgen geprägten Körperbild eines Anatomieatlas assoziiert. Rueffs Darstellung der Embryogenese wurde für die zeitgenössische Naturphilosophie prägend und hatte, wie im Fall Ambroise Parés deutlich wird, auch Auswirkung auf die Vorstellung vom Monstrum.

Denn bereits Rueff hatte seine außergewöhnliche Darstellung der Entstehung des Menschen mit Überlegungen zum Monstrum gekoppelt, die er ans Ende seines Buches setzte. Obwohl das Thema der Monster bei ihm nicht ausführlicher ausgearbeitet wird, ist allein schon die Kombination von Hebammenbuch, Fortpflanzungstheorie und Monstertraktat außergewöhnlich. Denn hier wird die Diskussion über Monster zum ersten Mal explizit in den Kontext der menschlichen Reproduktion gestellt. Ein Zusammenhang, der die Diskussion über Monster im 18. Jahrhundert dominieren sollte.[580]

Für Ambroise Paré,[581] den Verfasser eines weithin rezipierten Monsterbuches, aber auch für den Herausgeber der »Monstrorum historia«, Bartholomäus Ambrosini,[582] wurde Rueffs

578 Gefärbte und gewachste Eier in der Osterliturgie sind vereinzelt seit dem 4. Jahrhundert nachgewiesen. Becker-Hubert 2001.

579 In den Handschriften des alchemistischen Traktats »Splendor Solis« verkörpert das Ei das irdische Zusammenspiel der Elemente. Seine Gestalt repräsentiert dort die Hülle, die alle Polaritäten der Welt in sich birgt und aus der neues Leben entsteht, wobei die Schale die Erde symbolisiert, das Eiweiß das Wasser, die Haut zwischen beiden die Luft und der Dotter das Feuer. In seinem Zentrum wurde das fünfte Element lokalisiert, die Quintessenz, der Lebensimpuls. Dieses Gleichnis wird im dritten Traktat des »Splendor Solis« genutzt, um Veränderungs- und Transmutationsvorgänge zu erklären. Zitiert nach Splendor Solis 2005, S. 7, 56–57. Ähnlich spricht auch Paracelsus im »Paragranum« vom Weltenei, dessen Himmel eine Schale sei, welche die Welt und den Himmel Gottes voneinander scheide. Auch in der Darstellung von Jörg Breu versinnbildlicht das hermetische Ei, welches ein Hermaphrodit hält, die vier Elemente, aus deren Vereinigung neue Materie erwächst. Völlnagel 2004, S. 70–71; Splendor Solis 2005.

580 Hagner 1995; 1999.

581 Ambroise Paré (1510–1590) war Militärarzt und Chirurg, der auf den Schlachtfeldern Frankreichs Spezialist für die Behandlung von Schusswunden, der Amputation von Gliedmaßen und der Konstruktion von Prothesen wurde. Er gilt neben Vesalius als führende medizinische Autorität dieser Zeit in Frankreich. Obwohl Paré »nur« Barbier-Chirurg und kein Akademiker war, verfasste er viele medizinische Texte und setzte sich damit heftigen Angriffen von Seiten der medizinischen Fakultät aus. Der Physikus Paré betrat damit ein der akademischen Medizin vorbehaltenes Terrain. Paré 1963; Doe 1976.

Buch zum Vorbild. Besonders die erste Ausgabe von Ambroise Parés »Des monstres et prodiges« orientiert sich hinsichtlich der Gliederung und Abbildungen unverkennbar an Rueff.[583] Nach Rueffs Vorbild stellte Paré sein Monsterbuch zunächst in den Rahmen einer gynäkologischen Abhandlung, um dann erst die Missbildungen und Monster zu behandeln.[584] Vor allem die Darstellungen der Embryogenese hat er von Rueff übernommen. In der ersten Ausgabe seines Buches fällt der Abschnitt über Monster noch recht kurz aus. Erst in der zweiten Ausgabe von 1582 löst er sich von Rueffs Vorbild und erweitert das Thema um zahlreiche neue Beispiele. Darstellungen exotischer Säugetiere, Bilder von Meeresungeheuern, seltenen Vögeln sowie von Himmelserscheinungen ergänzen nun den Bericht. Paré hatte die Monsterfrage zu einem universalen, aber eigenständigen Thema gemacht, das einem naturhistorischen Kaleidoskop glich und alle Bereiche der Natur betraf.[585] Dem entsprach auch Parés eigene Definition des Phänomens »Monstrum«. So beschreibt Paré Monster als »Hervorbringungen männlicher und weiblicher Körper, von Tieren der Erde, von Vögeln und Meeresbewohnern«.[586] Breiter und zugleich eindeutiger kann man den Gegenstand einer Abhandlung über Monster und Prodigien kaum fassen. Das Monster ist nun ein universelles und rein körperliches Naturphänomen.

---

582 Bartholomäus Ambrosini (1588–1657) war Professor für Logik, Theorie und Praxis der Medizin und für Heilpflanzenkunde (Semplici). Er wurde ab 1632 Kustos des »Studio Aldrovandi«. Vergleiche Antonelli 1983, S. 96, Anmerkung 2.

583 »Deux livres de Chirurgie. I. De la generatio de homme, & maniere d' extraire les enfans hors du vetre de la mere, ensemble ce qui'il faut faire paur la faire mieux, & plus tost accoucher, avec la cure de plusiers maladies qui luy pevent survenir. 2. Des monstres tant terrestres que marins, avec leurs protraits, par Ambroise Paré, premier Chirurgien du Roy, & iuré à Paris«, Paré 1573.

584 Paré definiert Monstren als »choses qui apparoissent contre le cours de Nature« und Prodigien als »choses qui viennt du tout contre Nature«. In der Ausgabe von 1579 ist dies anders formuliert. Monstren sind hier als »choses qui apparoissent outre le cours de Nature.« Die Unterscheidung von Monstren und Prodigien ist bei Paré eine graduelle. Während Monstren nur Abirrungen vom Lauf der Dinge darstellen, sind Prodigien einer natürlichen Ordnung konträr entgegengesetzt. Auch Mathieu Castellani weist auf diesen Unterschied hin: Das Prodigium ist eine Manifestation übernatürlicher Kräfte, eine Botschaft, die von Gott stammt und in der Welt in Erscheinung tritt. Zitiert nach Castellani in: Boaistuau 1996, S. 9. Dazu auch Paré 1971 [1573], S. 3, sowie Céard in: Paré 1971 [1573], S. XXVIII.

585 Bei seiner Materialsuche hat der Autor auf Publikationen der Monsterliteratur zurückgegriffen, darüber hinaus aber die gesamte zeitgenössische naturphilosophische Literatur einbezogen. Wie Jean Céard nachgewiesen hat, schöpfte Paré als nicht lateinkundiger »Physikus« seine Informationen vor allem aus zeitgenössischen Publikationen in französischer Sprache, wie den »Histoires prodigieuses« des französischen Romanciers Pierre Boaistuau, aus Jean Wiers »Cinq Livres de l'Imposture et Tromperie des diables« von 1567 oder aus Ludwig Lavaters »Trois Livres des Apparitions des esprits«. Doch benutzte Paré auch Informationen aus den aktuellsten naturenzyklopädischen Büchern. Vor allem Conrad Gessners »Historiae«, Piere Belons und Guillaume Rondelets Fischbücher bildeten wichtige Quellen. Ein Vergleich mit Conrad Gessners Fischbuch ist aufschlussreich in Bezug auf Parés Zitierweise. So hat Paré die Abbildung des Nereidenpferdes von Gessner übernommen. Gessners bildkritischen Text, der dieses Wesen eindeutig als Fabeltier ausweist, hat Paré hingegen nicht berücksichtigt. Ob er aufgrund mangelnder Sprachkenntnisse nicht verstand, dass Gessner das Nereidenpferd als mythologisches Tier bezeichnet hatte, oder, was wahrscheinlicher ist, ob der Unterschied für Paré nicht maßgeblich war, sei dahingestellt. Fest steht, dass Parés Buch zu einem Erfolg wurde und in der Folge von allen wichtigen Autoren zitiert wird. Die Struktur seines Buches und seine Entstehungsgeschichte sind von Jean Céard minutiös recherchiert worden. Paré 1971 [1573]; vergleiche auch Céard 1977.

586 Paré in »De la generation de l'homme«, dem Band, an den »Des Monstres et Prodiges« unmittelbar anschloß. Zitiert nach Céard in: Paré 1971 [1573], S. XI.

Anders als noch seine Zeitgenossen thematisiert er das Monstrum nicht primär als historisches, topologisches oder moralisches Phänomen, sondern umschreibt es zunächst lediglich als »Naturhervorbringung«. Dennoch hat Paré seinen Gegenstand in den einzelnen Kapiteln noch stärker eingegrenzt. Im ersten Kapitel heißt es: »Monstren sind Dinge, die gegen den Lauf der Natur in Erscheinung treten (und die oft Zeichen für kommendes Unglück sind), wie ein Kind, das mit nur einem Arm geboren wird, (...) Prodigien sind Phänomene, die gegen die Ordnung der natürlichen Dinge sind, wie zum Beispiel eine Frau, die im Gegensatz zu den Gewohnheiten der Natur eine Schlange zur Welt bringt oder einen Hund oder eine andere missgestaltete Kreatur.«[587] In dem so begonnenen Kapitel beschreibt er Monster, die auf übernatürliches Wirken, also auf das Eingreifen Gottes hindeuten würden.[588] Es folgen im mittleren und umfangreichsten Abschnitt des Buches die Erörterungen von Monstren, die durch physische Mängel der männlichen und weiblichen Fortpflanzungsorgane entstehen. Hier erläutert er unter anderem körperliche Doppelbildungen, Zwergwuchs, Riesenwuchs oder sogenannte siamesische Zwillinge.[589] Im zweiten Teil des Buches erweitert er sein Themenfeld radikal und berichtet nun von exotischen Fischen, wundersamen Vögeln, merkwürdigen Säugetieren und Himmelserscheinungen: »Ohne Zweifel«, so schreibt er zu Beginn von Kapitel 34, »leben im Meer genauso viele merkwürdige Wesen, [...] Die Gründe, die wir oben angeführt haben, wie die Vermischung der Samen, können hier nicht mehr als Erklärung der Monster dienen. Daneben kennt man Bilder von Menschen und anderen Tieren, die in Felsen und Pflanzen zu sehen sind, ohne dass man eine andere Erklärung dafür hätte, als das die Natur sich selbst ihrer Werke erfreue.«[590] Neben Seeungeheuern und Nereiden präsentiert Paré in diesem Abschnitt Walfische, Krebse und Nautilusgehäuse. Er berichtet von Paradiesvögeln und dem Strauß, den er am französischen Hofe beobachten konnte, von Elefanten, Giraffen und Chamäleons. Monstra, so stellt es sich nach der Lektüre des Buches dar, sind für ihn seltene und erstaunliche Geschöpfe der Natur, wobei zweitrangig ist, ob sie als Effekt eines Naturspiels, eines Fehlers der Natur, un- oder übernatürlichen Wirkens entstanden. Zwar erwähnt er weiterhin die medialen Konnotationen der Monster als Zeichen und notiert historische Daten und Umstände ihres Erscheinens. Diese Informationen sind aber deutlich in den Hintergrund getreten. In den Vordergrund tritt

587 »D'avantage j'ay encore redueilly plusiers monstres, tant de ceux qui sont produits aux corpes des hommes et femmes, qu'és autres animaux terrestres, maritimes, et volatiles: et ay fait tailler leurs figures et protraicts, á fin que chacun recognoisse la grandeur de nature, chambriere de ce grand Dieu.« In der Ausgabe von 1579 ist dies anders formuliert. Monstren sind hier als »choses qui appaoissent outre le cours de natur.« bezeichnet. Zitiert nach Céard in Paré 1971 [1573], S. XXVIII.

588 »Example de la gloire de dieu«, »Example de l'ire de dieu«. Paré 1971 [1573], S. 5–8.

589 Dieser heute geläufige Name war um 1600 unbekannt. Er leitet sich vom chinesischen Zwillingspaar Chang und Eng Bunker (1811–1874) ab. Danach werden bei Paré in kürzeren Kapiteln verschiedene weitere Monstra behandelt, sogenannte »künstlichen Monstra«, womit er vorsätzlich amputierte Gliedmaßen meint und Berichte über diabolische und dämonische Monstra. Diese Systematik entwirft er auch in einem kurzen Einleitungskapitel. Paré 1971 [1573], Chap. I, S. 4. Paré unterscheidet hier nach den Ursachen und differenziert übernatürliche, natürliche und widernatürliche Ursachen. Vergleiche dazu auch die Unterscheidung von »preternatural« und »supernatural« in: Daston und Park 1981 sowie Daston und Park 1998, S. 120–122.

590 Paré 1971 [1573], S. 102.

dafür der Zusammenhang von menschlicher Fortpflanzung und Monstrum, der in Rueffs Buch zuerst aufgetaucht war. Im zweiten Abschnitt wurden Monstren und Prodigien darüber hinaus endgültig zu natürlichen Phänomenen im allgemeinsten Sinn.[591] Damit ist eine Tendenz zur Naturalisierung des Monsters umrissen, die sich zeitgleich, wenn auch mit anderer Konsequenz in den bereits beschriebenen Monsterauslegungen Aldrovandis andeutete. In der Arbeit seines Nachlassverwalters, Bartholomäus Ambrosini, fand sie ihre Fortführung.

Die »Monstrorum Historia«

Die »Monstrorum Historia« erschien 40 Jahre nach Aldrovandis Tod.[592] Ihr Herausgeber, zugleich Kustos der Sammlungen Aldrovandis, war Bartholomäus Ambrosini. Er hat die »Monstrorum Historia« aus dem Nachlass Aldrovandis zusammengestellt, dabei aber seine eigene Meinung und die Anschauungen anderer Autoren zuweilen über Aldrovandis Auffassungen gestellt. Das chaotische und daher problematische, aber zugleich faszinierende Buch besitzt viele Redundanzen, kein Inhaltsverzeichnis und nur wenig aufschlussreiche Register. Der Leser wird zunächst von der Vielzahl verschiedenster Text- und Bildinformationen überwältigt. Bereits auf dem Titelblatt wird der Gegenstand der »Monstrorum Historia« als ein äußerst facettenreiches Phänomen präsentiert. Es zeigt zwei allegorische Figuren auf einem architektonischen Titelrahmen: links der Glauben, rechts die Gerechtigkeit. Beide bekrönen das Porträt Ferdinands II., dem das Werk gewidmet ist. Um den auf einen Vorhang gedruckten Titel sind sieben Putti postiert. Sie halten sechs Medaillons, die in Wort und Bild jeweils eine Dimension der Monstra darstellen: »Divinitatis Nota«, »Sapientia Symbolum«, »Fertilitatis Indicium«, »Aevi Perennitas«, »Famae Hieroglyphicum« und »Firmitudo Bene Consuitorum«.[593] Die hier präsentierte Synopsis von naturhistorischen, antiquarischen, medizinischen und philosophischen Ebenen ist kennzeichnend für die »Monstrorum Historia«, die jedoch, ungeachtet ihrer inhaltlichen Fülle, kaum den Anspruch erfüllen kann, die Summe der bis dahin entwickelten Monsterbeschreibungen zu repräsentieren. In ihrer sprunghaften Organisation verschiedenster Figuren und unterschiedlichster Kontexte ist die »Monstrorum Historia« jedoch ein adäquates Dokument der »Monsterfaszination«, die das 16. und 17. Jahrhundert auszeichnet, eine Faszination, die alle methodischen und disziplinären Grenzen überschreitet.[594] Dennoch, vielleicht aber auch gerade deshalb stellt die »Monstrorum Historia« den ersten Entwurf für eine Naturgeschichte des Monsters dar.

---

591 Diesen Wandel konstatiert auch Céard in: Aldrovandi 2002 [1642], S. IX–XII.

592 Ungeachtet seines großen Interesses hat Aldrovandi keine Monografie zum Thema Monster veröffentlicht. Ob er eine naturhistorische Monografie geplant hat, ist fraglich. In den von ihm persönlich veröffentlichten Bänden der Naturgeschichte, etwa der »Ornithologia«, beschreibt er Monster innerhalb einer Tierart. Geplant war allerdings eine Naturgeschichte der Drachen, die Aldrovandi im Zusammenhang mit dem Fund des Bologneser Drachen verfasst hatte. Diese kam jedoch erst nach seinem Tod als Geschichte der Schlangen und Drachen heraus.

593 »Zeichen der Göttlichkeit«, »Weisheit der Symbole«, »Beweis der Fruchtbarkeit«, »Ewigkeit der Dauer«, »Die Überlieferung der Hieroglyphen« und »Sicherheit des Guten Rates«.

Ambrosini hat der »Monstrorum Historia« eine eigene Perspektive zugrunde gelegt und weicht häufig von Aldrovandis verbriefter Meinung ab. Neu ist vor allem Ambrosinis Zugang zum Thema, denn er behandelt das Monstrum zunächst im Rahmen einer Naturgeschichte des Menschen. Dieses Thema nimmt den gesamten ersten und weitaus umfangreichsten Abschnitt ein. Hier präsentiert Ambrosini, genau wie zuvor Rueff und Paré, zunächst die menschliche Fortpflanzung, seine Ontogenese, die Symmetrie des menschlichen Körpers, die Anatomie, die Altersstufen und Temperamente des Menschen, Sitten und Gebräuche sowie das Aussehen verschiedener Völker.[595] Schon im Kapitel »Differentiae« wird ein Gebiet berührt, das eine klassische Figur des Themas »Monstrum« enthält. In diesem Kapitel erläutert Ambrosini verschiedene Menschenarten, zunächst den Unterschied zwischen Männern und Frauen,[596] dann Berichte von Menschen entfernter Weltgegenden.[597] Er dokumentiert Aussehen und Sitten, beschreibt klimatisch bedingte Charakteristika und körperliche Eigenschaften.[598] Dabei folgt er in weiten Teilen dem Muster von Plinius' Berichten über die monströsen Völker und aktualisiert diese, indem er zum Beispiel Reiseberichte von Mandeville oder Berichte aus Lycosthenes' Monsterbuch einbezieht.[599] Ohne den Reichtum der Überlieferungen adäquat auszuschöpfen berichtet er hier von den »Homines Astomi«,[600] aber auch von neuartigen Erdrandbewohnern, wie den »Nigrita labio inferio pendulo«, dem »Homo Fanesius auritus«, dem »Aethiops quatuor oculis«, dem »Cyclopus«, dem »Homo, ore & collo Gruis« und dem »Homo pedibus aversis.« Dabei stellt er, wie bereits erwähnt, auch die historische Person Pedro Gonzalez und dessen Familie als Vertreter des »Homo sylvestris« vor.[601]

Im Kapitel »Differentiae«[602] sowie im Kapitel »Partus«[603] beschreibt Ambrosini die Fortpflanzung des Menschen, die weiblichen Geschlechtsorgane und die fötale Entwicklung.[604] Die

594 Ähnlich argumentiert auch Jean Céard im Vorwort der »Monstrorum historia« »La Monstrorum historia est l'un des plus séduisants témoins du difficile et complexe passage de l'ancienne tératologie à la nouvelle, qui s'opère au tournant du XVIe et du XVIe siecles.« In Aldrovandi 1642 [2002], S. VIII.

595 Zum Beispiel der »Regina insulae Florida«. Aldrovandi 1642 [2002], S. 106. Ansonsten bleibt die Gliederung dem Vorbild von Aldrovandis naturgeschichtlichen Publikationen verpflichtet. Es folgen als letzte Kategorien die »Verwendungsmöglichkeiten« des Menschen: »Usus in sacrificiis« »Usus in spectaculis«, »Usus in Bello«. Aldrovandi 2001, S. 315–317.

596 Monster sind hier im aristotelischen Sinne als eine Abweichung vom Aussehen des Vaters zu verstehen. Aldrovandi 2002 [1642], S. 4. Dieser Unterschied ist mehr als nur eine Geschlechterdifferenz. Für einige Autoren gehörten Männer und Frauen nicht der gleichen Spezies an. Aldrovandi 2002 [1642], S. 4–43.

597 Aldrovandi 2002 [1642], S. 4–43.

598 »Differentia ratione climatum«. Aldrovandi 2002 [1642], S. 5.

599 Lycosthenes 1557.

600 Mundlose, von denen Plinius auch berichtet. Plinius 1996, S. 25.

601 »Hoc syluestre genus hominum Bononiae primum visum est, cum Illustrissima Soranij Marchionissa Bononiam se conferés ab Illustrissmo viro Mario Casalio honorficentissimè fuit suspecta: secum enim deducebat puellam octo annorum pilosam filiam illus syluestris hominis aetatis annorum quadraginta in insulis Canarijs orti, qui non solum hanc filiam, sed aliam natu maiorem annorum duodecim,& filium annorum viginnti genuit; horumqu[e] omnium icones exibentur.« Aldrovandi 2002 [1642], S. 16

602 Aldrovandi 2002 [1642], S. 43–50.

603 Aldrovandi 2002 [1642], S. 50–65.

604 Aldrovandi 2002 [1642], S. 43.

hier verwendeten Darstellungen hat er von Ambroise Paré oder aber direkt von Jacob Rueff übernommen. Damit ist Ambrosini direkt in eine von Rueff ausgehende Linie einzuordnen. Das Monstrum wird hier, wie auch in Parés Buch, grundsätzlich als ein gewöhnliches Naturphänomen, als ein Teil der Naturgeschichte des Menschen und innerhalb der Erörterung der menschlichen Fortpflanzung behandelt. Wie Paré erweitert Ambrosini seinen Gegenstand in den letzten Kapiteln des Buches von einer Naturgeschichte des Menschen zu einer Naturgeschichte des Monstrums.[605] Auch hier regiert ein quasi medizinisches Regime, denn Ambrosini geht in anatomischer Reihenfolge vor und behandelt Missbildungen geordnet nach anatomischen Merkmalen. Nacheinander handelt er Missbildungen des Kopfes, der Hände und des Halses, der Genitalien, der Füße, der Haut und Behaarung, des Schwanzes bei Tieren ab. Er beschäftigt sich dann mit ungewöhnlichen Körpergrößen und Doppelbildungen. Auch hier werden mythologische und medizinisch relevante Fälle unmittelbar nebeneinander thematisiert. Dem Kapitel über die Sphinx hat Ambrosini zusätzlich noch einen Abschnitt über Hieroglyphen beigefügt.[606] Berichte von vegetabilen Missbildungen und monströsen Himmelserscheinungen schließen das Buch ab. Die »Monstrorum Historia« weist durchaus einige »moderne« Elemente auf, wie etwa die Sortierung der behandelten Fälle nach anatomischen Gesichtspunkten sowie die Verknüpfung der Frage nach dem Ursprung der Monster mit Fortpflanzungstheorien. Dennoch bleiben Ambrosinis Analysen grundsätzlich dem hermetischen Denken in Analogien verpflichtet, auch wenn dieses Denken in dem Sinne modernisiert wurde, dass Ambrosini bei seinen Analogiebildungen hauptsächlich physiologische Aspekte heranzog. Vor allem in diesem Punkt kommt Aldrovandis Erbe zum Tragen.[607] Ambrosinis Buch markiert speziell durch seinen allumfassenden Anspruch einen Wendepunkt in der Geschichte des Monstrums. Auch seine Einbindung der Geschichte des Monstrum in eine Naturgeschichte des Menschen ist von der Suche nach neuen Deutungsmustern geprägt, ohne dass er auf tradierte Darstellungs- und Interpretationsroutinen verzichten konnte. Vor welche immensen Probleme dieser Prozess der Neuorientierung die Naturphilosophen stellte und wie ungeradlinig er verlief, wird anhand der Überlieferungsgeschichte des sogenannten »Monstrum von Authun« im Einzelnen nachvollziehbar, einer Gestalt, die nicht nur ikonografisch mit dem Mythos von Medusa eng verbunden ist.

605 Aldrovandi 2002 [1642], S. 319–400.

606 Ambrosini nimmt dabei ein Thema auf, das innerhalb der Literatur zum Monstrum noch nie, weder von Aldrovandi noch von Paré noch von einem anderen zeitgenössischen Autor, behandelt wurde. Dabei handelt es sich um Auszüge aus der Veröffentlichung des Antiquars Enea Vico. Enea Vico: Vetustissimae tabulae Aeneae hieroglyphicis: hoc est sacris Aegyptiorum literis caelatae typus / quem ex Torquati Bembi musaeo an. MDLIX Aeneas Vicus parmensis edidit, ac Imp. Caes. Ferdinando dedicavit; Nunc denuo publicae utilitatis ergo e tenebris in lucem prodit; Opera et industria Jacobi Franci, Venetus. Aldrovandi 2002 [1642], S. 338–348, besonders S. 346.

607 Céard und Findlen haben diesen Prozess als Beginn einer »Naturalisierung des Monstrum« bezeichnet. Vergleiche dazu Findlen 1996, S. 22; Céard in Aldrovandi 2002 [1642], S. XI–XII.

Noch heute befindet sich unter den Zeichnungen Aldrovandis die Dokumentation des »Monstrums von Authun«, das zu den beunruhigendsten Schöpfungen des 16. Jahrhunderts gehört (Abb. 54, Farbabbildung 8).[608] Dargestellt ist ein Kopf im Profil mit jugendlich weichen Gesichtszügen, der von Schlangen umkränzt ist, die ihm aus Kinn und Kopf wachsen. Das Haupt schwebt in einem Vogelei mit aufgebrochener Schale, dort, wo normalerweise der Eidotter zu sehen wäre. Die Unterschrift: »Ovum anserinum monstrificium in quo caput humanum comae ac barbae serpentibus pilorum uice instructus«[609] gibt keine weitergehenden Aufschlüsse über das rätselhafte Bild.[610]

Betrachter der Gegenwart sind auf Grund seiner provozierenden Unwahrscheinlichkeit häufig irritiert oder sogar verärgert.[611] So bezeichnete Friedrich Holländer es ohne Zögern als »Blödsinn«, welcher der mangelnden Bildung der einfachen Leute im 16. Jahrhundert zu verdanken sei.[612] Noch heute verletzt das Bild das moderne Gefühl für wissenschaftliche Seriosität; in dieser Figur scheint ein schlagendes Beispiel für die Naivität der vorwissenschaftlichen Forschung gegeben. Dass frühneuzeitliche Wissenschaftler nicht naiv waren, muss indessen nicht mehr nachgewiesen werden. Der Blick auf diese so spröde Figur lässt vielmehr ein Charakteristikum neuzeitlicher Naturforschung deutlich hervortreten, das sich nicht ohne Weiteres in eine Erfolgsgeschichte moderner Naturwissenschaft einfügen lässt. In dieser Figur überlagern sich mehrere naturhistorische Paradigmen: Sie steht für die aktuellsten Forschungsinteressen des 16. Jahrhunderts und für die Ambivalenz des Naturbegriffs, die sich bereits in den Monsterdarstellungen des 16. Jahrhunderts, speziell bei Aldrovandi, abzeichnete. Die irritierende Figur enthält darüber hinaus zahlreiche Referenzen auf mythologische wie auch symbolische Beschreibungen von Natur.

Im August 1581 nahm Aldrovandi in den »Avvertimenti del Dottore Aldrovandi sopra le pitture mostrifiche et prodigiose« explizit auf dieses Monstrum mit dem Medusenkopf Bezug.[613] Er berichtet, dass er das Bild aus Frankreich zugesandt bekam und zieht es als Beispiel heran, um eine der wichtigsten Kausalkonstruktionen von Monstren zu erläutern. Diese, so schreibt Aldrovandi, seien aus »heiligen und höheren Ursachen, also dem Eingreifen Gottes oder dem

---

608 Nach Holländer befindet sich die vielleicht früheste Version des Medusenkopfes auf einem gedruckten Flugblatt von 1569, dabei handelt es jedoch um eine Version des Kopfes mit Turban. Holländer 1922, S. 279.

609 BUB, Tavoli di animali T. VII, c. 124.

610 Das Blatt enthält zwei weitere Abbildungen, von denen das obere Bild durch die Unterschrift als Gänseei in der Größe eines Taubeneis zu identifizieren und das untere nicht näher bezeichnet ist. Einige Blätter weiter im selben Band der Sammlung Aldrovandis findet sich eine weitere Variante einer ähnlichen Erscheinung. Tavoli di animali, T. VII, c. 114.

611 Veronique Dasen vermutet, dass die irritierende Gestalt des Gorgonenhaupts auf antike Darstellungen des Uterus zurückgeht. Auch diese These würde die Vorstellung, dass im »Monstrum von Authun« eine weiblich konnotierte »Fruchtbarkeit der Natur« thematisiert wird, unterstützten. Dasen 2002.

612 »Um die Notlüge einer Köchin winden nun die Gelehrten der Zeit eine Girlande von Aberwitz und Blödsinn und das Publikum schwört darauf.« Holländer 1922, S. 281.

613 Aldrovandi 1581, S. 116.

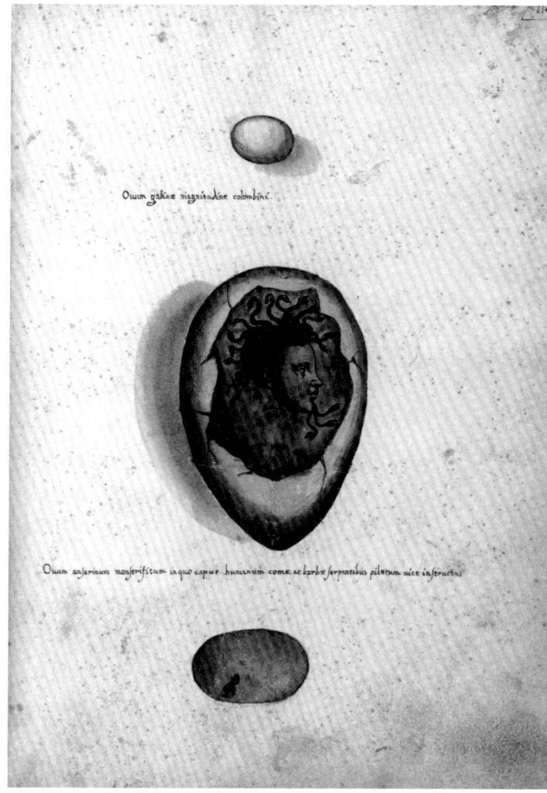

54 »Ovum anserinum monstrificum«, Zeichnung aus der Sammlung Ulisse Aldrovandis in Bologna (vgl. Farbabb. 8).

Einfluss der Gestirne«[614] abzuleiten. Sie erfüllen, so argumentiert er weiter, durch ihren zeichenhaften Charakter eine erzieherische Funktion.[615] In seiner Auslegung interpretiert er den Medusenkopf im Rückgriff auf die christliche Ikonografie und deutet die Schlange, das Tier des Sündenfalls, als ein Symptom häretischer Vorgänge in Frankreich, wo das Monstrum gefunden wurde.[616] Es wird also als Allegorie der politischen und religiösen Zustände in Frankreich ausgelegt.[617] Aldrovandi dürfte, anders als heutige Leser, nicht daran gezweifelt haben, dass diese

614 Aldrovandi 1581, S. 116.

615 Aldrovandi nennt sie »istromenti per ammonirci«. Aldrovandi 1581, S. 117.

616 »Ci è ancora il quarto modo et causa alla quale si ponno ridurre alcuni mostri, non si potendo ridurre ad alcuno di predetti: il quale genere di mostri mi pare piú miraculoso di tutti gli altri tre modi sopradetti; et io non lo riferisco ad altro, che alle constellationi celesti, et cause superiori et divine, si come si vede in quel mostro d'un ovo d'ocha che ho appresso di me dipinto dove fu ritrovato dentro in Francia un effigie humana; il quale in luoco di peli si della testa, come della barba haveva infinite vipere. Questo al mio giuditio era un presaggio dell'empia heresia, che va serpendo in quelle parti.« Aldrovandi 1581, S. 116.

617 Dort war es 1573, also kurz bevor das Monstrum auftauchte, zu religiös motivierten Blutbädern und zur sogenannten Bartholomäusnacht gekommen. Mit seiner Deutung könnte Aldrovandi auf diese Ereignisse anspielen.

Figur ein »reales Monster« zeigte. Für ihn stellte es eines der zahlreichen naturhaften Bilder dar, welche die Naturphilosophen des 16. wie des 17. Jahrhunderts beschäftigten. Naturhafte Bilder wie etwa Figurensteine und Fossilien mit konkret erkennbaren animalischen oder vegetabilen Formen gehörten, wie bereits dargestellt, zum festen Repertoire naturhistorischer Kabinette.[618] Zudem handelte es sich um einen weithin bekannten Fall. Als »Monstrum von Authun« wurde die Gestalt in fast allen Abhandlungen des 16. Jahrhunderts mehr oder minder ausführlich behandelt. Auch Ambroise Paré erwähnt es in der Ausgabe von »Des monstres et prodiges« von 1573[619] und ordnet es der Gruppe von Monstrositäten zu, die aufgrund fehlerhafter Fortpflanzung entstehen,[620] ohne die Gestalt jedoch ausführlicher zu deuten. Datum, Ort und Umstände, unter denen das Monstrum gefunden wurde, hat Paré aber genau wiedergegeben. »Das folgende Monstrum, das man im Bild dargestellt sieht, wurde in einem Ei gefunden. Es hatte das Gesicht und den Kopf eines Mannes, die Haare waren tatsächlich kleine lebendige Schlangen und der Bart war aus drei Schlangen gebildet, die aus dem Kinn wuchsen. Es wurde in Authun, in der Borgogne, am 15. März 1569 im Hause des Advokaten Baucheron von einer Dienstmagd gefunden, die einige Eier aufschlug, um Butter zu machen. Als sie das Ei aufschlug und das Monstrum mit dem menschlichen Gesicht und den Haaren und dem Bart aus Schlangen erschien, war sie erschrocken. Das Eiweiß dieses Eies wurde einer Katze zu fressen gegeben, die daraufhin starb. Sobald der Baron Senecey, ein Ordensritter, informiert wurde, wurde das Monstrum eilig an König Karl geschickt, der sich gerade in Metz aufhielt.«[621]

Vom »Monstrum von Authun« berichten noch die Monsterbücher des 17. Jahrhunderts. So beschreibt Johann-Georg Schenck zu Grafenberg im Jahre 1610 den Fund, wobei er sich auf Paré als Quelle bezieht, ohne jedoch Ort und Umstände des Auftauchens zu erläutern oder weitere Deutungen der Erscheinung zu wagen.[622] Fortunius Licetus spricht die Geschichte des Monsters 1634 in der reich bebilderten Ausgabe von »De Monstrorum caussis, natura et diffe-

618 Ein versteinertes Ei mit einer figuralen Oberfläche befindet sich heute im Museum Cospi, ein »Uovo con impressione del Sole«. Guida Palazzo Poggi 2002, S. 36. Im Museum Cospi befand sich ein weiteres monströses Ei mit dem Bild einer Viper, das sich heute im Zoologischen Museum Bolognas befindet. Gentili 1980, S. 231. Holländer berichtet von weiteren Flugblättern mit ähnlichen Motiven, auch Athanasius Kircher besaß in seiner Sammlung Eier mit Marienabbildungen. Das »Museum Metallicum« des Ulisse Aldrovandi beschäftigt sich fast ausschließlich mit natürlichen und künstlichen Formungen aus Steinen und Mineralien. In den Sammlungen des 16. Jahrhunderts gehören Abdrücke und sogenannte Zufallsbilder zum Standardrepertoire. Janson 1961, Bd. 1, S. 254–266; Bredekamp 1993, S. 19–26; Daston 1998, S. 232–253.

619 Paré 1971 [1573].

620 Konkret ordnet er es dem Kapitel zu, in dem Überschuss oder Mangel des Samens behandelt werden. Zur näheren Erläuterung des historischen Begriffs »Samen« siehe Anmerkung 572.

621 Paré 1971 [1573], S. 13.

622 »Im Jahr Christi 1569 den 15. Tag Mertzens ist in einem Dorff in Burgund / Baucheron genannt / diß unnatürliche und wunderbarliche Ey gefunden worden: welches nachedem es auffgethan und zerbrochen worden / erscheinet darin ein Menschliches Haupt / so an statt der Haar auff dem Kopff viel Schlänglin gehaabt hat / wie auch waren an dem Kin / da der Bart stehen solt / drey dergleichen Schlängelein zu sehen. Diß haben wir auss einem Patentbogen in Französischer Spraach gedruckt / aufgesetzt. Es gedenckt auch dessen Pareus in seinen Schriften der Wundarzney.« Schenck zu Grafenberg 1610, S. 162. Schenck, der wie Paré Arzt war, ordnet sein Material nach physiologischen Aspekten und sortiert die Monstren entsprechend ihrer körperlichen Missbildungen.

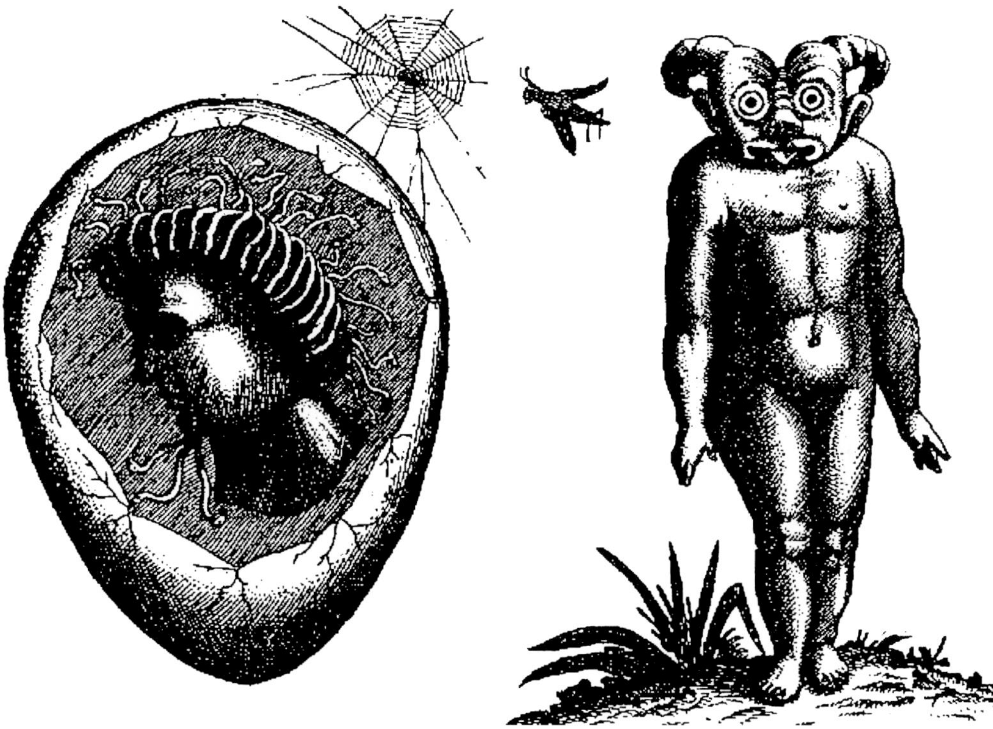

55 Fortunius Licetus, Monstrum von Authun, 1665.

rentiis« an.[623] Er zeigt das Bild des Monstrums auf einer Tafel zusammen mit einem gehörnten, humanoiden Monstrum, einem die Darstellung ergänzenden Spinnennetz und einer Heuschrecke (Abb. 55).[624] Licetus' verspielt gestaltete Bildtafeln untergraben mit ihren grotesken Randfiguren die dokumentarische Strenge früherer Monsterchroniken und stellen den skurrilen Charakter der monströsen Gestalten in den Vordergrund. Diese spielerische Repräsentation entspricht Licetus' Sicht auf das Phänomen. Er gehört zu den ersten Wissenschaftlern, die Monstra ausdrücklich nicht als Warnung oder als unheilvolles Vorzeichen kommender Ereignisse sehen möchten, sondern vehement die Ansicht vertreten, dass Monstren natürlichen

623 Licetus 1634.

624 Licetus, dessen Abhandlung über Monstren 1616 ohne Bilder erschien, druckte in seiner Ausgabe von 1634 auch Bilder ab. Die Abbildungen in dieser Ausgabe fallen durch ihre verspielten Beiwerke auf. Schmetterlinge, Fantasiemonstren und Spinnenweben umgeben die Darstellungen der monströsen Gestalten, die auf zuweilen reich ausgestatteten Blumenwiesen platziert sind. Hier zitiert nach der mir zugänglichen Ausgaben von 1665, S. 259.

Ursprungs sind:[625] »Alma rerum nostratium Natura parens, cuius effectus monstra sunt omnia, decreto Aristoteleo, quum semper alicuius finis gratia praestet quodcunque operatur.«[626]

In diese Richtung lassen sich auch seine Bilder interpretieren. Die Monster erscheinen hier als Geschöpfe der Natur, den kunstvollen Spinnenweben vergleichbar. Seine Behauptung, dass allein die Natur Ursache des Monströsen sei, verpflichtet ihn jedoch dazu, auch die merkwürdigsten Gestalten aus natürlichen Prozessen abzuleiten. Für das »Monstrum von Authun« entwickelte Licetus eine halsbrecherische, aber naturalistische Erklärung,[627] die auch der Herausgeber der »Monstrorum Historia«, Bartholomäus Ambrosini, später kolportierte. Ambrosini verweist dabei zunächst auf den apotropäischen Charakter des Bildes und präsentiert mit der Geschichte von Leda und dem Schwan sowie dem Medusenmythos zwei antiquarische Assoziationen zum Phänomen.[628] Die Herkunft des Medusenhaupts sieht er jedoch, ganz in der Nachfolge des Licetus, in der Natur und stellt Aldrovandis allegorische, auf eine christliche Religionspolitik gerichtete Interpretation des Blattes zurück. Ein solches Monstrum, so Ambrosini, könne nur durch eine Reihe unkontrollierter Befruchtungen zustande kommen.[629] Er spekuliert über eine Art Kettenreaktion, die sich folgendermaßen zusammenfassen lässt: der Begattung eines Huhns durch eine Schlange folgte der Kontakt des Huhns mit menschlichen Samen[630] über die Aufnahme menschlicher Ausscheidungen. Dabei hat der Autor nur bedingt moderne Fortpflanzungstheorien vor Augen, vielmehr kombiniert er neuzeitliche Theorien der geschlechtlichen mit Theorien der ungeschlechtlichen Reproduktion. Auch der Begriff des »Samens« entspricht nicht heutigen Vorstellungen, sondern zielt auf ein in der Materie angelegtes Wachstumspotential. Dieser Vorstellung nach kann sich unbelebte Materie, die jedoch Entwicklungspotential in sich trägt, durch die immaterielle Wirkung einer formenden Kraft zu gestalteter und belebter Materie entwickeln. Im Fall des Medusenhauptes werden also unterschiedliche Theorien der Reproduktion herangezogen, um das Zusammentreffen der drei Komponenten des Monstrums: Ei, Schlange und humanoide Gestalt zu erklären. Ambrosinis Erklärung stellt einen geradezu verzweifelten, aber vergeblichen Versuch dar, ein allegorisches Monster der frühen Neuzeit in den modernisierten Naturbegriff des 17. Jahrhunderts zu integrieren. Das Medusenbild, auch wenn es als apotropäische Erscheinung identifiziert wurde, hat seinen Status als Vorzeichen verloren, den es noch bei Paré und Aldrovandi besaß. Es verkörpert bei Ambrosini die Schrecken einer unkontrollierbar fertilen Natur.[631] Aus heutiger Sicht

---

625 Céard in Aldrovandi 2002 [1642], S. X–XIII.

626 Licetus 1634, S. 28.

627 Licetus 1634, S. 252–253.

628 Bei Ambrosini wird das Medusenhaupt im Kapitel 2 beschrieben, das den Monstren im Allgemeinen gewidmet ist. »Haec ova monstri fera in memoriam recovant caput Medusae fabulosum; nec non Laedam, quae duo ova anserina peperisse ferebatur, ex quorum altero Castorem, & Pollucem, ex altero autem Helenam, & Clytemnestram emerisse finxerunt.« Aldrovandi 1642 [2002], S. 389.

629 Licetus 1665, S. 252–254.

630 Wieder sind nicht explizit Spermien gemeint, da ihre Funktion bei der Fortpflanzung des Menschen zu diesem Zeitpunkt noch nicht bekannt war.

631 Nach Licetus sind Monstren nicht die Ursache zukünftiger Ereignisse, sondern sind allein Produkte der Natur. Licetus 1665, S. 6. Dazu auch Céard in: Aldrovandi 1643 [2002], S. XI–XII.

wirkt es zusätzlich wie eine groteske Verletzung wissenschaftlicher Seriosität und wirkt deshalb, wenn auch aus ganz anderem Grunde und im übertragenen Sinne monströs.

Die Veränderungen, die das »Monstrum von Authun« durchläuft, ist symptomatisch für den Wandel, der sich in der Naturwissenschaft vollzieht. Die zu einem schlangenumkränzten Jünglingshaupt transformierte Medusa erfährt dabei eine radikale Umdeutung, die stellvertretend für alle Monstren gilt. Medusa, die Blickdämonin des griechischen Mythos, ist als einzige ihrer Schwestern sterblich, und nur sie besitzt den oft beschworenen tödlichen Medusenblick.[632] Im griechischen Mythos dieser Figur erscheint Medusa als Monster, das von der Kriegs- und Wissenschaftsgöttin Athena besiegt wird. Sie trägt das von Perseus abgeschlagene Haupt der Medusa als Apotropaion auf ihrem Schild.[633] Dies ist auch die Form, in der Medusa am häufigsten dargestellt wird. Jedoch handelt es sich beim »Monstrum von Authun« nicht um die Gestalt der Medusa selbst: das Haupt wirkt durch den Schlangenbart eher androgyn, wie das Haupt eines Jünglings. Die Beziehung zwischen der antiken Medusa und dem medusenhaften Jüngling stellt sich jedoch nicht allein durch eine ikonografische Ähnlichkeit her. War der Blick der mythischen Medusa tödlich, so wirkt das medusenartige Haupt auf den Flugblättern der frühen Neuzeit eher warnend, doch alarmierend genug, um als übernatürliches Signal interpretiert zu werden. Bei Licetus wird die Gestalt zur Schöpfung einer blind reproduktiven Natur. Doch sie besitzt immer noch, wenn auch unter anderen Vorzeichen, einen abschreckenden Effekt.

Die mythische Wirkung des Medusenblicks haftet dem Monstrum noch entfernt an. In Licetus' und auch in Ambrosinis Interpretation des Medusenhauptes kündigt sich jedoch ein entscheidender Schritt zur Naturalisierung des Monstrums an. Hier entstand aber ein neues Schreckbild, das in die Vorstellung einer unkontrollierbaren Natur mündet und das bis heute aktiv ist. Die Metamorphosen der Medusa von der mythischen Gestalt zur Ausgeburt der Natur sind symptomatisch für eine Verschiebung, die sich in der Monsterforschung zu Beginn des 17. Jahrhunderts abzeichnet.

Der Mythos von Medusa erhielt in der Geschichte des »Monstrum von Authun« einen buchstäblich neuen Rahmen: In der Hülle des Eies werden die mythischen Schrecken der Medusa zu den Schrecken der Natur. Dabei kommt eine ähnliche Symbolik zum Tragen wie bei Jacob Rueff, der mit seiner Verwendung des Ovals die Embryogenese in einen neuen naturphilosophischen Kontext einbettete.[634] Wurde bei Rueff das Ei zur Hülle einer neuen menschlichen Gestalt, so wird das Ei hier zur Brutstätte eines Monstrums.

---

632 Stheno, Euryale und Medusa. Medusa, ist eine der Enkelinnen Gaeas, also eine Gottheit der Titanen-Generation. Campbell vermutet in ihrer Gestalt eine ältere, in der hellenistischen Kultur entmachtete weibliche Schlangengottheit. Cambell 1964, S. 152–156; Der Neue Pauly 1998; Bd. 4, 1154–1155; Clair 1989. Zum Bildkonzept der Medusa als Apotropaion und als Gegenkonzept zum »vera icon«: Wolf 2002, S. 345–355. Zur Ikonografie der Medusa im Italien des 16. Jahrhunderts, speziell zu Carravagio: Berra 2004.

633 Das Antlitz der Medusa ist häufig als Apotropaion dargestellt worden. Nach ihrer älteren Personifikation, der Gorgo, wird diese Figur zuweilen auch als ein Gorgonaion bezeichnet. Der Mythos der Medusa ist in der antiken Literatur häufig wiedergegeben, so in Ovids Metamorphosen, Hesiods Theogonie und bei Apollodorus. Pauly 1979, Bd. 2, S. 852; Rose 1978.

634 Vergleiche Kapitel III. 4. Die Embryogenese und das Monstrum.

Der Veränderung des alten Symbols liegt eine Verschiebung der Forschungsinteressen und -methoden zugrunde. Die Auseinandersetzung mit den Formungen der Natur war nicht mehr auf die Gestaltungen unbelebter Materie, wie beispielsweise der Fossilien konzentriert, sondern richtete sich auch auf die Entwicklung von lebenden Wesen. Neben dem Ei als Symbol der Alchemisten kommt das Naturobjekt »Ei« selbst ins Spiel. Von nun an spielte das Hühnerei erneut eine zentrale Rolle in der Naturphilosophie. Denn Gegenstand der folgenden Forschungen über die Genese von Lebewesen wurden die Embryonen von Hühnern, deren Entwicklung im Ei verfolgt wurde.

Seit der Antike dienten die bei Hühnereiern beobachteten embryogenetischen Vorgänge als Modell für Darstellungen der Ontogenese.[635] In den ältesten antiken Schriften zur Embryologie[636] werden bereits Beobachtungen der Entwicklung des Huhns auf die nicht beobachtbare Entwicklung des Menschen übertragen.[637] Auch Aristoteles erläutert in »De generatione animalium« die Entwicklung des Hühnerembryos ausführlich in mehreren, offenbar anhand von Beobachtungen festgestellten Entwicklungsstufen. In seiner »Historia animalium« schildert er die Beobachtung des »punctum salis«, des sprichwörtlich gewordenen springenden Punktes.[638] Dabei handelt es sich um das schlagende Herz eines drei Tage alten Hühnerembryos.[639]

Vergleichbare systematische Beobachtungen eines sich im Ei entwickelnden Hühnchens wurden erst im 16. Jahrhundert wieder unternommen. Es war niemand anders als Ulisse Aldrovandi, der diesen Schritt zur Empirie vollzog und die Embryogenese anhand der Entwicklung eines Hühnchens im Ei, seinem Ideal entsprechend, mit eigenen Augen beobachtete.[640] Aldrovandi hat allerdings, wie so oft, seine embryologischen Studien nicht veröffentlicht. Doch beschreibt er in der »Ornithologia« die Entwicklung des Hühnchens in kurzer Form.[641] Ein von ihm verfasstes Manuskript »De observatione foetus in ovis« aus dem Jahre 1564 ist erst in unserer Zeit veröffentlicht worden.[642] Aldrovandi hatte seinen Schüler Volcher Coiter zu embryologischen Studien angehalten, der seine Beobachtungen im Mai 1564 durchführte und sie in detaillierter Form 1573 veröffentlichte.[643] Er führte seine Beobachtungen anhand von 22 Eiern durch, die er von einer Henne brüten ließ und von denen täglich ein Ei geöffnet wurde. Coiter und Aldrovandi stellten anhand ihrer Experimente fest, wie eine Embryogenese abläuft, welche Organe und Körperteile sich zuerst bilden.[644] Damit hatte Aldrovandi als erster Forscher seit der Antike eine auf Beobachtung beruhende Embryologie praktiziert. Das Hühnerei diente dabei als Modell für die Entwicklung aller Lebewesen, auch der menschlichen Embryo-

635 Bäumer-Schleinkofer 1993; Tugnoli Pàttaro 2000, S. 19–55.
636 Bäumer-Schleinkofer 1993, S. 5–9.
637 Nach Bäumer-Schleinkofer in der hippokratischen Sammlung »De natura pueri«; Bäumer-Schleinkofer 1993, S. 4.
638 »quod punctum salit et movit ut animal.« Aristoteles: »Historia animalium« 561 a 10ff. und »De genitura animalium« 753 b 10–21. Zitiert nach Bäumer-Schleinkofer 1993, S. 21, Anmerkung 84.
639 Vergleiche Bäumer-Schleinkofer 1993, S. 21.
640 Dazu ausführlich Tugnoli Pàttaro 2000.
641 Aldrovandi 1600.
642 Aldrovandi 2000 [1564].
643 Bäumer-Schleinkofer 1993, S. 54; Coiter 1573.
644 Bäumer-Schleinkofer 1993, S. 57, 61.

genese. Im späten 17. und frühen 18. Jahrhundert avancierte das universelle Lebenssymbol »Ei« dann zu einem von vielen Forschern untersuchten Gegenstand. Dass alles Leben aus dem Ei entspringe, hat Francesco Redi mit der Formel »Ex ovo omnia«[645] auf den Punkt gebracht.[646] Damit ist allerdings keine Eizelle gemeint, sondern ein weiter aufzufassendes Prinzip der Fortpflanzung. Redis Theorie zufolge liegen in der Keimzelle, dem »Ei«, bereits alle Entwicklungspotentiale zum vegetabilen, animalischen oder rationalen Wesen vor. Sie werden durch die immateriell vorgestellte Wirkung eines Samens ausgelöst.[647] William Harvey[648] wendete den Begriff in einem universellen Sinne an, wobei auch er, wie alle seine Vorläufer, mit dem Begriff »Ei« kein konkret beobachtbares Phänomen bezeichnet, sondern ein Prinzip. Erst mit der Anwendung des Mikroskops in der Naturgeschichte konnte bei die meisten Tieren ihre Entstehung aus Larven und Eiern nachgewiesen werden.[649] Dass auch Menschen in Eizellen ihren Ursprung haben, war zu dieser Zeit noch nicht bekannt: die Eizelle des Säugetiers wurde erst im 19. Jahrhundert durch Karl Ernst von Baer entdeckt.[650]

Im Laufe des 17. Jahrhunderts verschärfte sich die Diskussion zu einer Debatte über den Charakter der menschlichen Fortpflanzung.[651] Die Vertreter der Präformationstheorie traten dabei gegen die Verfechter der Theorie von der Epigenesis an, wobei erstere davon ausgingen, dass jegliche Gestalt bereits seit der Schöpfung festgelegt, also präformiert sei, letztere von der individuellen Gestaltwerdung eines jeden Lebewesens ausgingen. Wieder standen die Monster im Zentrum der Diskussion. Dabei wurde die Existenz von Monstern als Argument gegen eine Präformation verwendet und für die Ansicht, dass Gestalt und Schicksal eines jeden Individuums eben nicht bereits seit der Schöpfung angelegt seien, sondern sich in jedem Falle jedes Individuum neu entwickele.[652]

Von dieser Diskussion war Aldrovandi noch weit entfernt, doch bereits seine Auseinandersetzung mit dem Monster als Naturprodukt bereitet diese Diskussion vor und verbindet so die traditionellen Monsterdiskurse mit der sich anbahnenden modernen Teratologie. Aldrovandis Beobachtungen sind die ersten empirischen embryologischen Forschungen seit der Antike.

---

645 Einführend zu Redi und dem sogenannten redischen Prinzip » ex ovo omnia« bei Jahn 1998, S. 227–230.

646 Redi stellte diese Theorie in der Auseinandersetzung mit den Theoretikern der spontanen Generation auf. Im Streit mit Athanasius Kircher, der an die spontane Entstehung von Insekten aus Wärme, Feuchtigkeit und Erde geglaubt hatte, stellte Redi das Argument der Entstehung des Lebens aus dem Ei.

647 Etwa zur gleichen Zeit entwirft Nathaniel Highmore eine auf dem Atomismus beruhende Theorie der Generation. Highmore geht dabei vom Zusammenwirken männlicher, spirituell wirkender Atome mit weiblichen, materiell wirkenden Atomen aus. Zu Harvey und Highmore siehe Bäumer-Schleinkofer 1997.

648 William Harvey (1578–1657), Arzt, tätig in London, vor allem durch seine Forschungen zum Blutkreislauf und zur menschlichen Reproduktion berühmt.

649 Leonhard 2004.

650 Einen wesentlichen Einfluss hatte dabei auch die Entwicklung neuer wissenschaftlicher Geräte, wie das Mikroskop. Bäumer-Schleinkofer 1997, S. 211, umfassender bei Jahn 1998, S. 336–339.

651 Eine Debatte zwischen Präformisten und den Theoretikern der Epigenesis. Letztere gingen davon aus, dass Gestalt und Charaktere von Individuen sich jeweils neu aus den Keimzellen entwickeln würden, während erstere die Überzeugung vertraten, dass jedes Lebewesen seit der Schöpfung in der Keimzelle gestaltet, also präformiert vorliege. Einführend dazu Jahn 1998, S. 254–270; Wellmann 2003.

652 Der falsche Körper 1995, S. 73–108; Hagner 1999.

Indem er diese Frage aufnahm, verfolgte er jedoch auch einen Gedanken weiter, der bereits bei Conrad Gessner zu finden war. Denn auch dieser suchte nach Erläuterung für die Prozesse der Gestaltgebung in der Natur. Ausgehend von der Untersuchung unbelebter natürlicher Figuren, weiteten sich die Forschungen dann auch auf die Frage nach der Entstehung der lebenden Natur aus.

Mit Ambrosinis Versuch, eine Naturgeschichte der Monster zu verfassen, wird ein Kapitel in der Geschichte der Naturphilosophie abgeschlossen, das von Conrad Gessner begonnen und von Ulisse Aldrovandi fortgesetzt worden war. Diese Entwicklung ist eng verbunden mit Gessners und Aldrovandis Versuchen, naturdokumentarische Bilder systematisch in die Naturphilosophie einzubetten. Ihre Anstrengungen, Naturphilosophie und Sinneswahrnehmung zusammenzubringen, stellten die ersten Versuche zu einer Beschreibung der animalischen Natur als physischem Phänomen dar. Die Bilder spielten in diesem Kontext eine Schlüsselrolle. Sie dienten der Konstruktion eines visuellen »Commen Sense«. Dies war die Grundlage, auf der ein methodisch fundiertes Konzept von Beobachtung aufgebaut werden konnte und Wahrnehmungen zu wissenschaftlich kommunizierbaren und verhandelbaren Tatsachen wurden. An dieser Entwicklung hatten Gessner und Aldrovandi wesentlichen Anteil. Sie stellten Naturforschung auf die Grundlage der Wahrnehmung und definierten in der dokumentarischen Zeichnung ein wichtiges Instrument dieser Erkenntnismethode. Mit ihr konnten naturadäquate visuelle Erfahrungen kommuniziert werden; sie diente insofern der Definition und Beschreibung des Gegenstands dieser neuen Naturwissenschaft. Der visuelle »Commen Sense«,[653] der dabei hergestellt wurde, war auch auf Naturformungen wie das Monstrum, auf das Außergewöhnliche und Individuelle gerichtet.

Zwischen 1550 und 1640 avancierte das Monstrum zu einem privilegierten Forschungsgegenstand. Für Aldrovandi, den »Meister der Wunder und Monster«, stellte es den Inbegriff von Natur dar. Eine Perspektive, die auch von anderen Naturphilosophen, so zum Beispiel von Fortunius Licetus, vertreten wurde. Auch die Publikation der »Monstrorum historia« ist ohne Zweifel von dieser Überzeugung motiviert. Die »Natur« im Allgemeinen und das »Monstrum« im Speziellen wurden dabei neu definiert. Monstren stellten von nun an nicht nur deutbare Zeichen eines willkürlich in den Lauf der Natur eingreifenden Demiurgen dar, sondern repräsentierten ein Charakteristikum der Natur selbst, der nun selbst metamorphotische Qualitäten, Unberechenbarkeit und somit eine gewisse Souveränität zugeschrieben wurden.

653 Wobei die Rede vom »visuellen Common sense« hier auf den Gemeinplatz, den locus communi als Ordnungskategorie in der frühen Neuzeit anspielt, aber auch als Gemeinsinn verstanden werden will, eine Wendung, die am ehesten mit der »virtuellen Zeugenschaft« vergleichbar ist, die Steven Shapin und Simon Shaffer in Bezug auf die experimentelle Arbeit im Labor beschrieben haben. Shapin und Shaffer 1985.

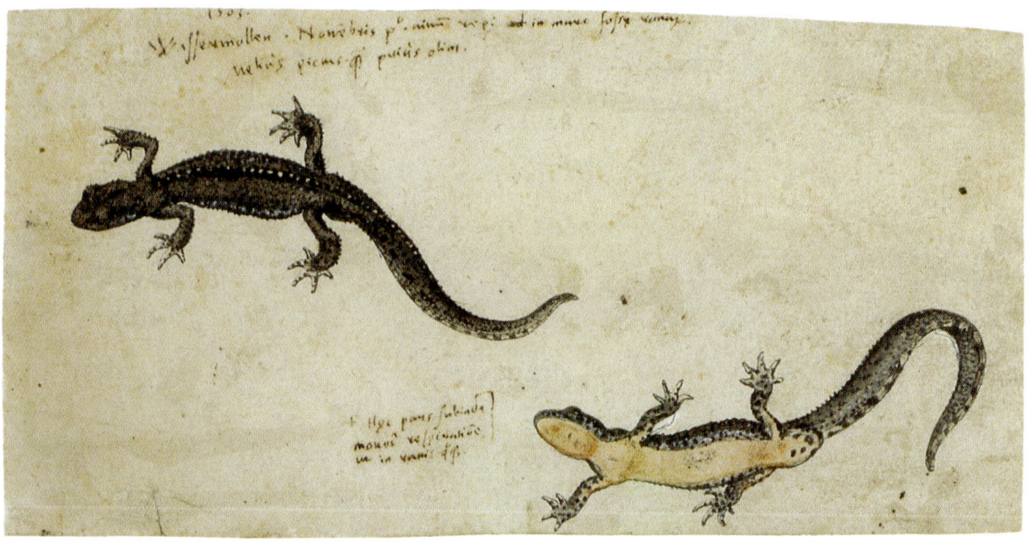

F1 Conrad Gessner, Wassermolche, undatiert.

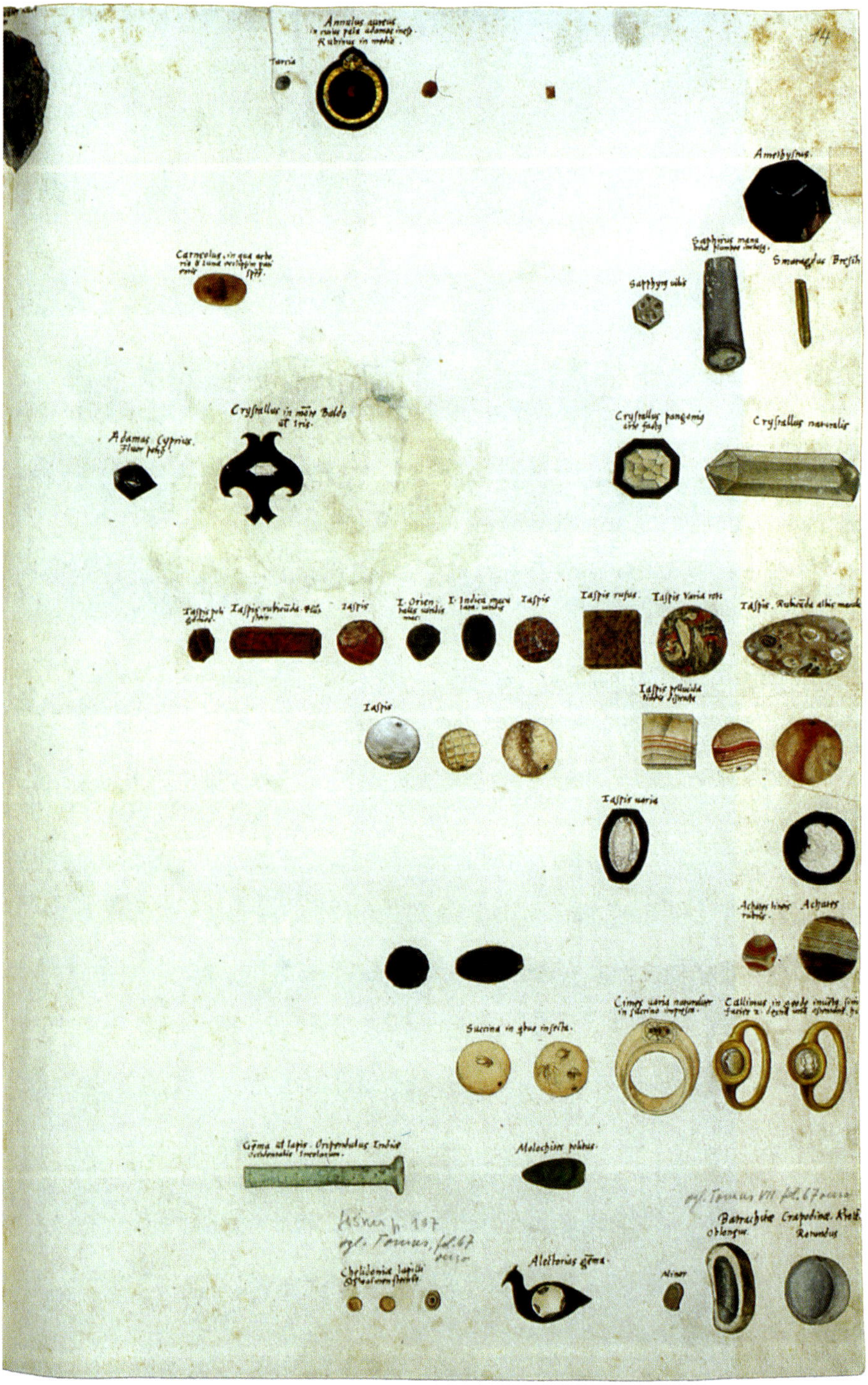

F2 Verschiedene Edel- und Halbedelsteine aus dem Fossilienbildalbum von Felix Platter, Blatt 14, undatiert.

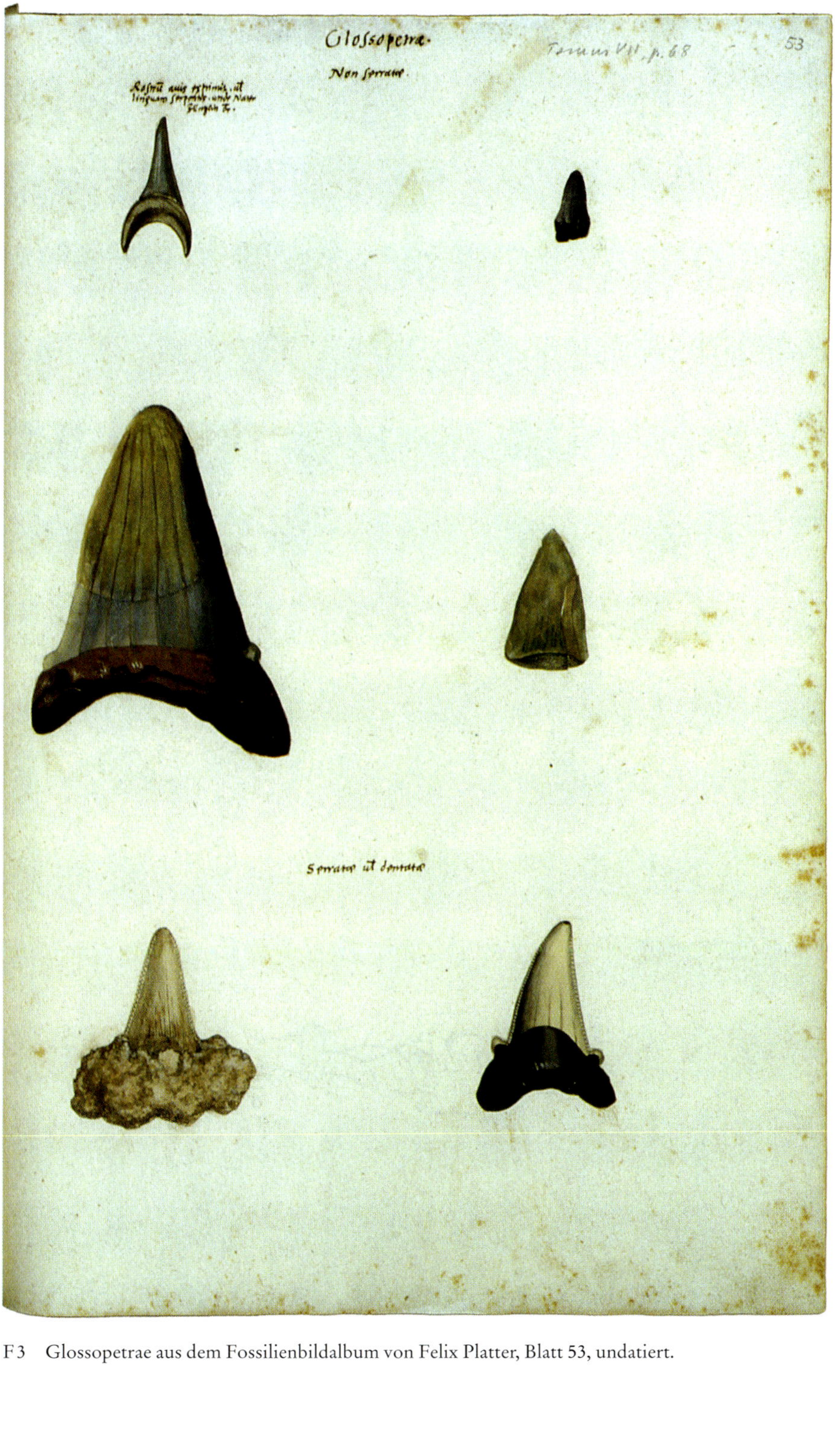

F3 Glossopetrae aus dem Fossilienbildalbum von Felix Platter, Blatt 53, undatiert.

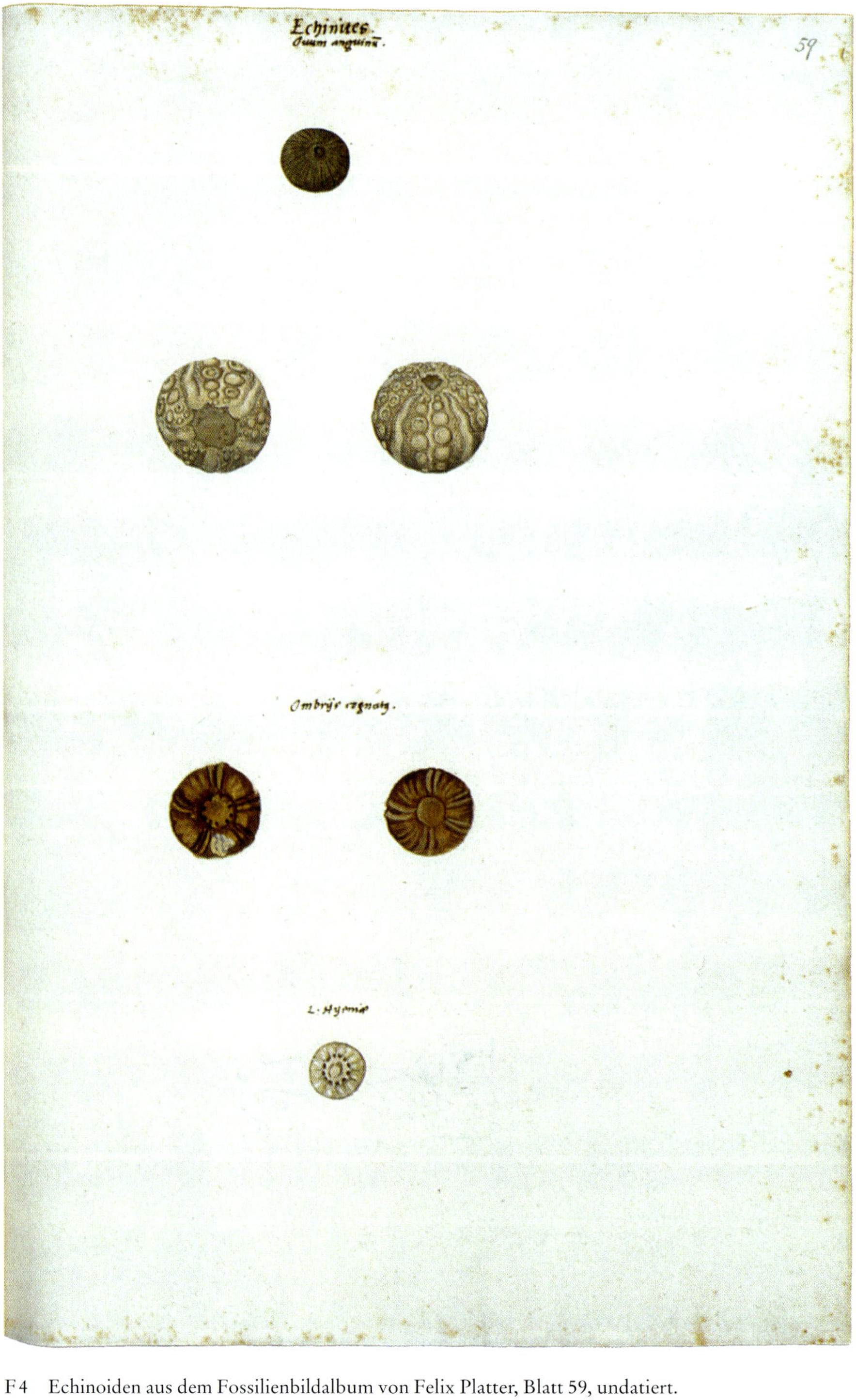

F4 Echinoiden aus dem Fossilienbildalbum von Felix Platter, Blatt 59, undatiert.

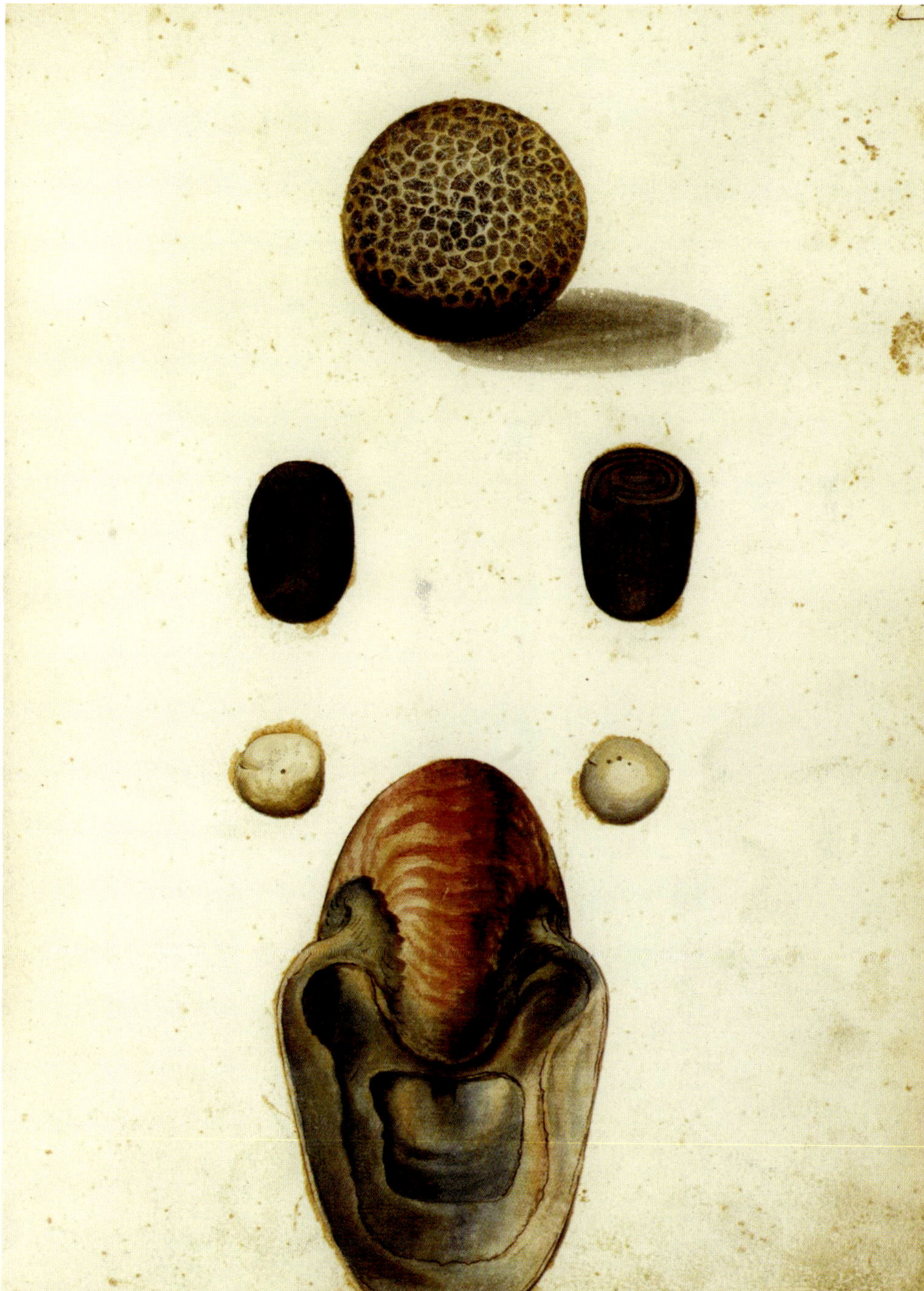

F5 Fossilien und Nautilusgehäuse, Zeichnung aus der Sammlung Ulisse Aldrovandis in Bologna.

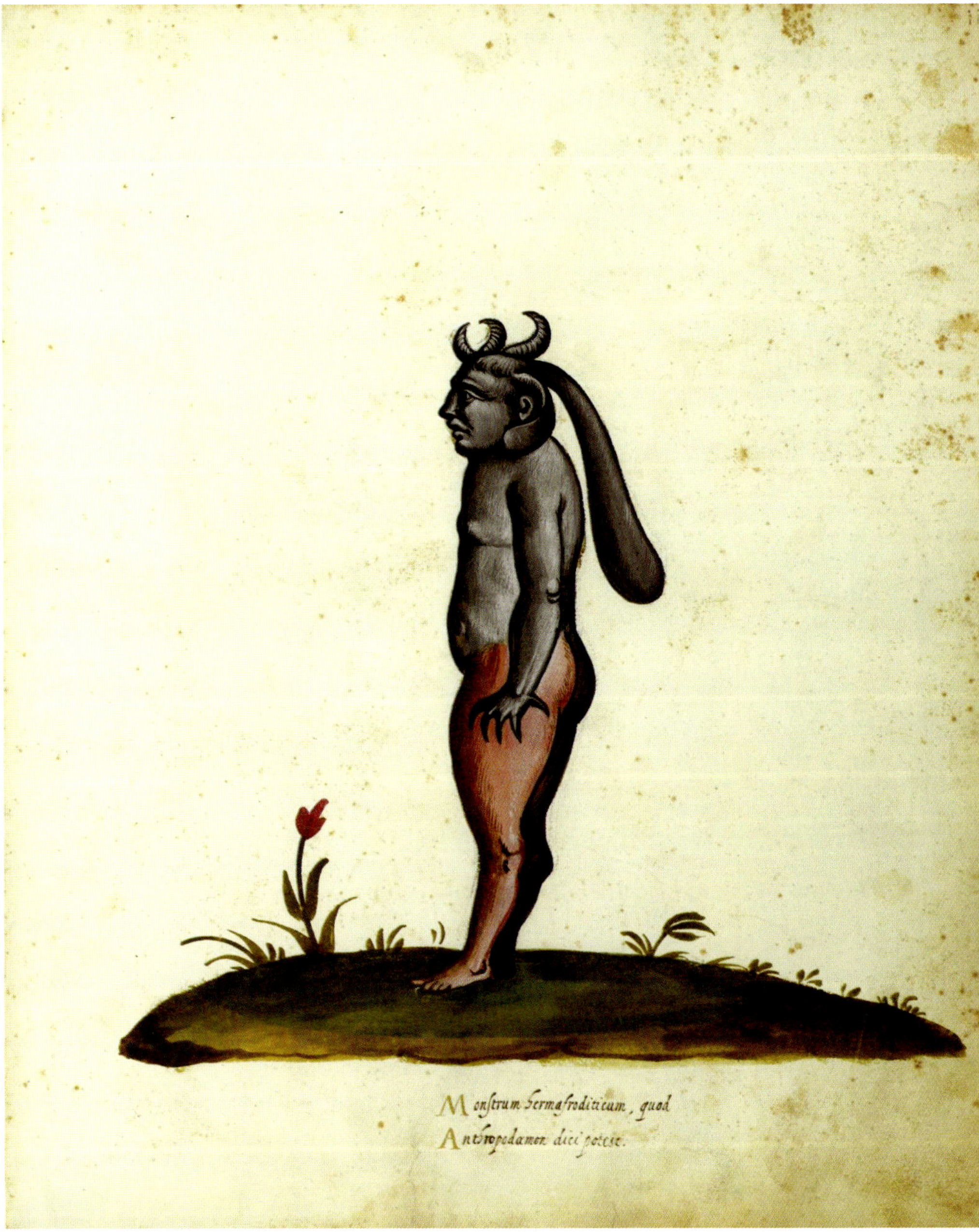

F6 »Monstrum hermaphroditicum«, Zeichnung aus der Sammlung Ulisse Aldrovandis in Bologna.

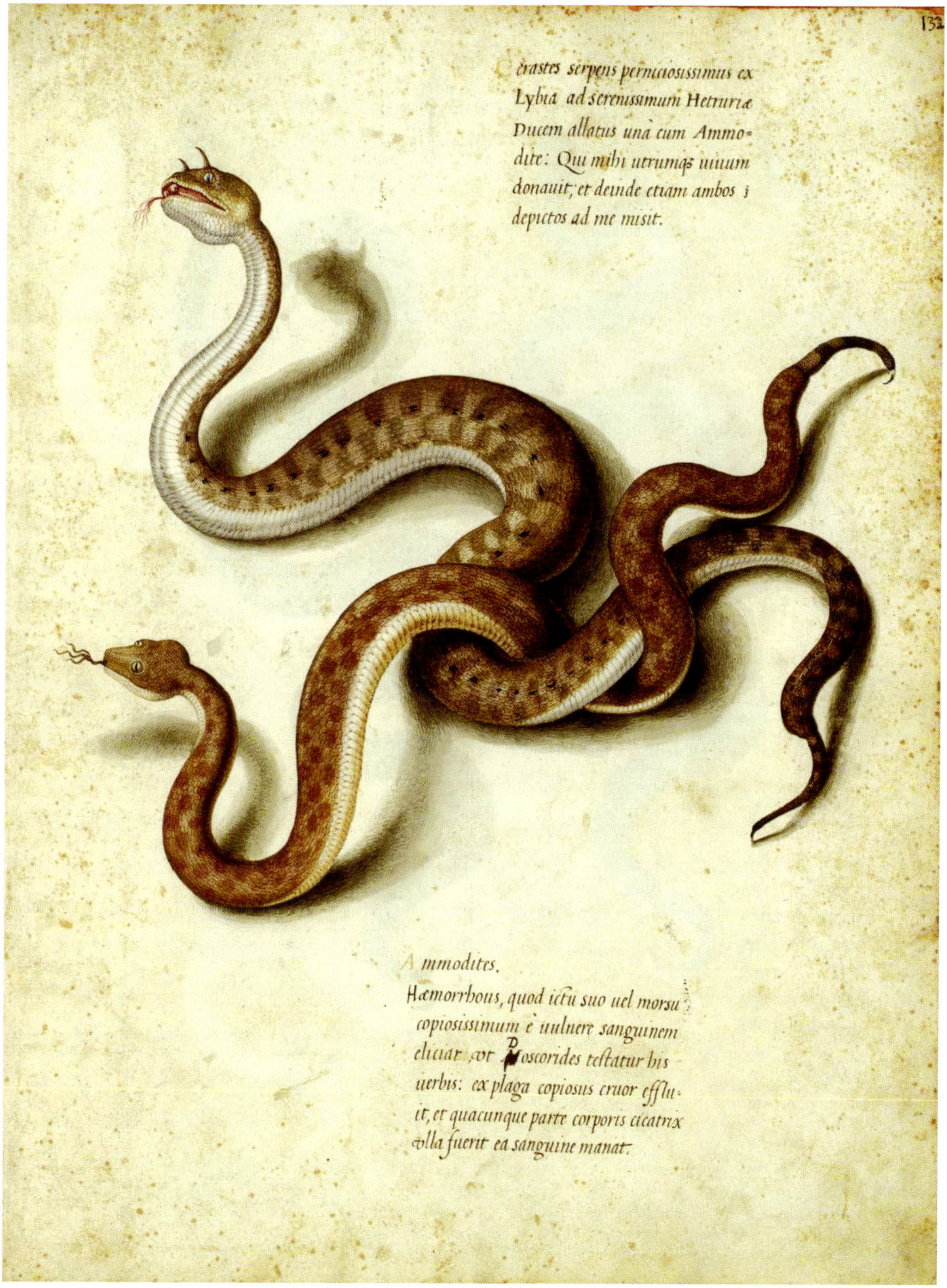

F7 Jacopo Ligozzi, Vipern, Zeichnung aus der Sammlung Ulisse Aldrovandis in Bologna.

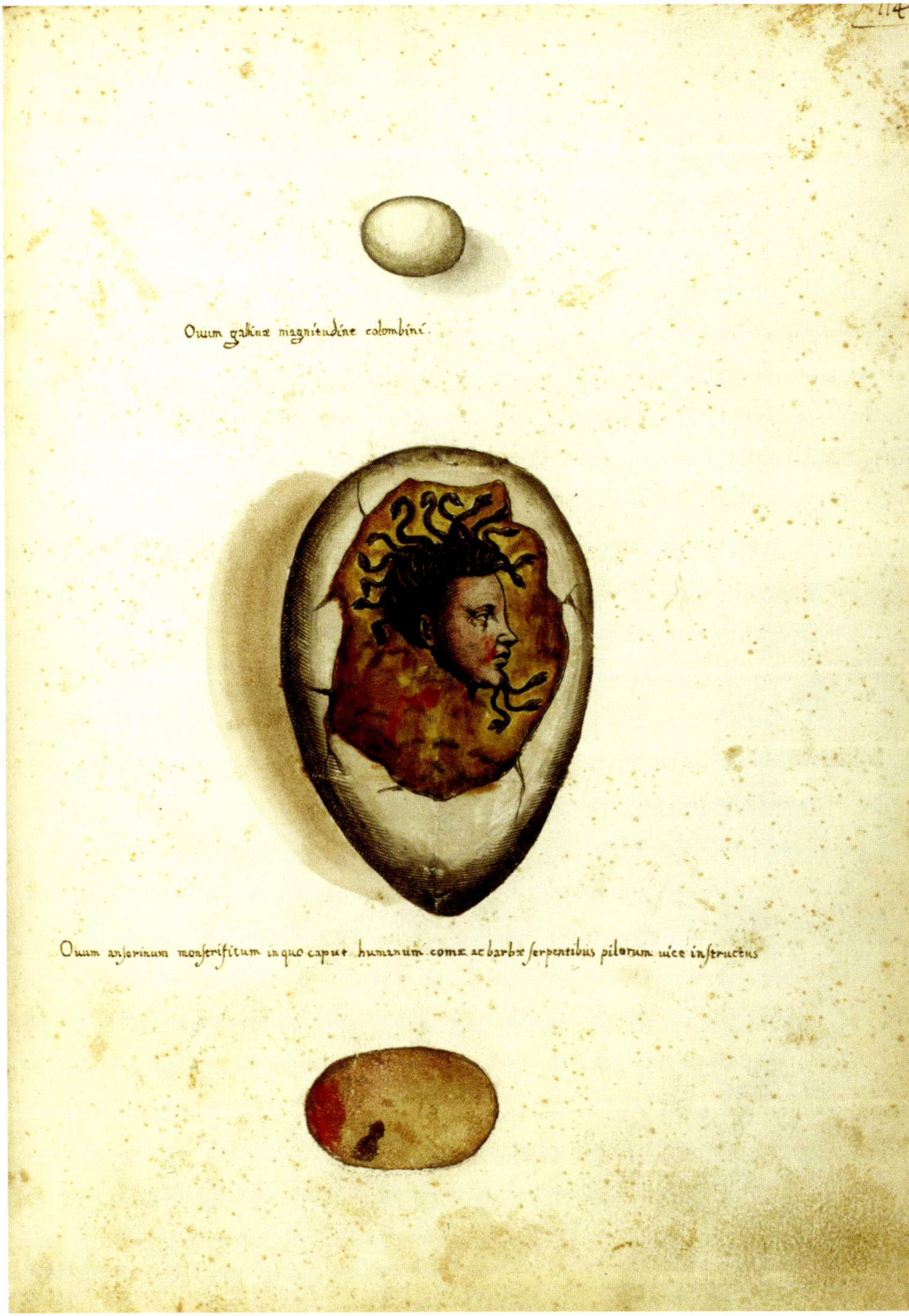

F8 »Ovum anserinum monstrificum«, Zeichnung aus der Sammlung Ulisse Aldrovandis in Bologna.

IV Fazit: Bilder der Naturerkenntnis

»Von allen Wundern, die der Mensch bewirkt hat, ist der Mensch das größere Wunder. Von den sichtbaren ist die Welt, von den unsichtbaren ist Gott das größte Wunder. Weil die Welt aber sichtbar ist, ist Gott glaubhaft.«[654] Diese selbstbewusste Beschreibung des Menschen als größtes Wunder der Schöpfung scheint im Widerspruch zu dem Porträt zu stehen, dem sie als Motto zugeordnet wurde (Abb. 56). Die Miniatur[655] zeigt Pedro Gonzalez, den in dieser Arbeit bereits ausführlich vorgestellten Wundermenschen des sechzehnten Jahrhunderts. Sein von einem fellartigen Haarwuchs bedecktes Gesicht ist von melancholischer Würde gezeichnet. Er ist neben seiner jugendlichen und schönen Ehefrau dargestellt, die ihre Hand Anteil nehmend auf die Schulter ihres Mannes gelegt hat. Beide stehen hinter einem Erdwall, der rechts oben in einem dürren Zweig beginnt und zum linken Bildrand abfällt.[656] So wie das Antlitz des Gonzalez zum Motto des Blattes im Kontrast steht, steht diese unwirtliche Szenerie im Widerspruch zur bürgerlichen Kleidung und kultivierten Haltung des Paares.[657] Der Autor dieser Miniatur, Joris Hoefnagel, zeigt Gonzalez als Menschen zwischen Zivilisation und Wildnis. Der Mensch, das größte Wunder der Schöpfung im Sinne des Mottos, ist in seiner physischen Gestalt ein Monstrum. Gonzalez' Porträt steht aber auch für eine neue Vision vom Menschen als kultivierbarem Wilden und melancholischem Monstrum, das sich seiner zwiespältigen Existenz bewusst ist.

Die hier entwickelte Vorstellung vom »Monstrum« hat ihren Schrecken als übernatürliches Zeichen verloren und eröffnet eher eine bedrückende Sicht auf die irdische, körpergebundene Existenz des Menschen. In diesem Sinne ist auch die Bildunterschrift akzentuiert; ein Vers aus dem Buch Hiob: »Der Mensch, vom Weibe geboren, lebt kurze Zeit und ist voller Unru-

---

654 »Omni miraculo quod fit per Hominem maius miraculum est Homo / Visibilium omnium maximus est Mundus, invisibilium DEUS / sed mundum esse conspicimus, Deum esse credimus.« Animalia Rationalia et Insecta (Ignis): Blatt I, National Gallery of Art, Washington, Gift of Mrs. Lessing J. Rosenwald, 1987.20.5.2.

655 Der Begriff der »Miniatur« bezeichnet hier weder ein Format noch ein Genre wie die »Porträtminiatur«, sondern eine bestimmte Technik von Tintenzeichnung auf Pergament, wie sie ursprünglich in der Buchmalerei verwendet wird. Colding 1951 und 1953.

656 Die ungewöhnliche Position des Paares in der Wildnis gehört zur Ikonografie des »Wilden Mannes«. Gonzalez und seine Familie wurden häufig vor einem solchen Hintergrund dargestellt. Vergleiche etwa das Bildnis des Paares in Ambras.

657 Monstra- und Wundergeburten, wie auch Darstellungen der Bewohner der neuen Kolonien wurden in der Regel unbekleidet dargestellt. Auch das Caracci-Porträt des Sohns von Gonzalez zeigt ihn als »Wilden«, allerdings in paradiesischer Umgebung. Siehe dazu Zapperi 1995.

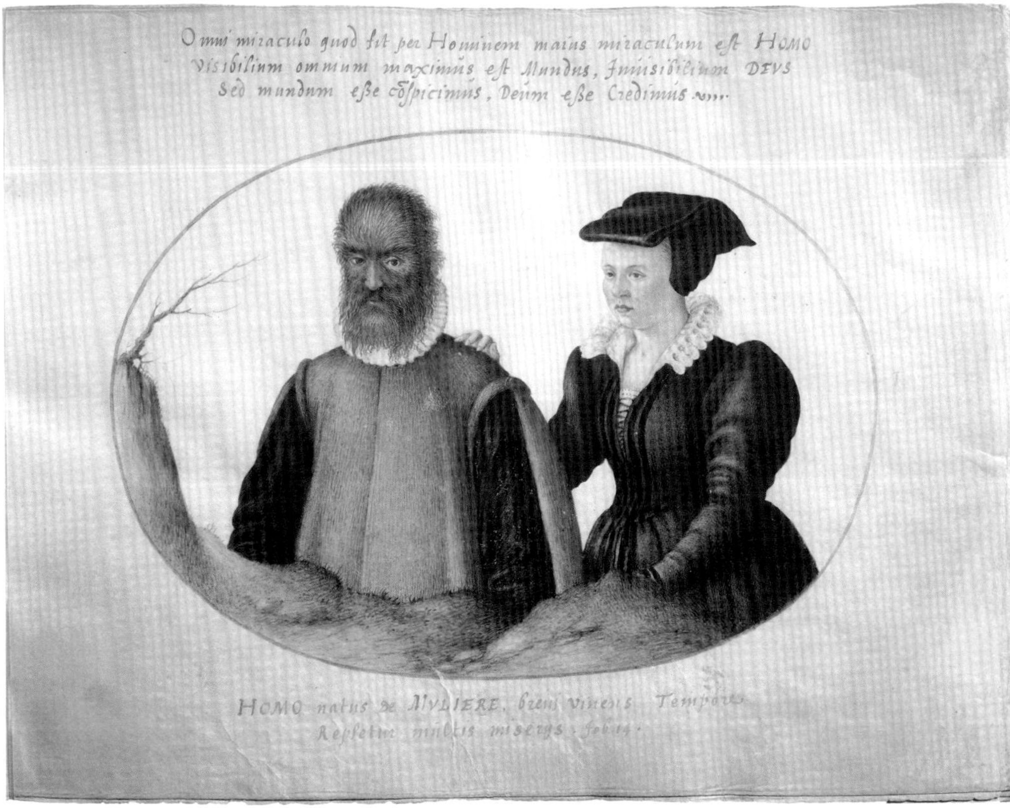

56 Joris Hoefnagel, Pedro Gonzalez, Animalia Rationalia et Insecta (Ignis), Plate I, 1575/1580.

he.«[658] Er konterkariert den Entwurf des Menschen als Souverän der Schöpfung, der im Motto formuliert wurde und der wie ein Zitat aus Pico della Mirandolas Schrift »De hominis dignitate« wirkt. Pico folgt darin der Frage, »warum das glücklichste und aller Bewunderung würdigste Wesen der Mensch sei und unter welchen Bedingungen es möglich sein könnte, dass er aus der Reihe des Universums hervorschritt, beneidenswert nicht nur für die Tiere, sondern auch für die Sterne, ja sogar für die überweltlichen Intelligenzen.«[659] Pico beantwortet die Frage mit dem Hinweis auf die Entwicklungsfähigkeit des Menschen: »Es steht Dir frei, in die Unterwelt des Viehs zu entarten. Es steht Dir ebenso frei, in die höhere Welt des Göttlichen Dich durch den Entschluss Deines eigenen Geistes zu erheben.«[660] Dieses Ideal eines sich zur Vollkommenheit

658 »Homo natus de Muliere, brevis vivens Tempore, Repletur multis miserys. Job. 14.« In Luthers Übersetzung: »Der Mensch, vom Weibe geboren, lebt kurze Zeit und ist voller Unruhe.« Buch Hiob, Kapitel 14, Vers 1.
659 Mirandola 1988 [1496], S. 11.
660 Mirandola 1988 [1496], S. 8.

erhebenden Menschen wird in Hoefnagels Miniatur ad absurdum geführt. Der Mensch, so wie er ihn auf diesem Blatt porträtierte, ist ein zur Selbstvervollkommnung verdammtes, hybrides Wesen.[661]

Das Porträt gehört zu Joris Hoefnagels Bildreihe »Die vier Elemente«.[662] Es eröffnet den ersten Band des Werkes »Ignis«, der auch das eingangs besprochene Blatt mit der Libellendarstellung enthielt. Dieses Opus ist Hoefnagels wichtigste und umfangreichste Arbeit. Sie ist als künstlerische Arbeit bereits umfassend gewürdigt worden.[663]

Hoefnagel selbst stand jedoch in engstem Zusammenhang mit den zeitgenössischen naturhistorischen Forschungen.[664] So stellt dieses wahrscheinlich lebenslang erarbeitete Bildkonvolut[665] aus mehreren hundert Einzelabbildungen einen enzyklopädischen Bildkatalog der animalischen Welt dar, der sich durchaus mit den Naturenzyklopädien Gessners und Aldrovandis messen könnte. Die in Deckfarben auf Pergament ausgeführten Zeichnungen sind durch eine ovale Linie gerahmt und meist wie ein Emblem dreiteilig strukturiert. Als emblematisches Werk gehört Hoefnagels Album zwar nicht in den unmittelbaren Kontext der Naturwissenschaft, doch gibt es enge Verbindungen zwischen der Emblematik und der Naturkunde um 1600.[666]

An Hoefnagels Bildersammlung wird deutlich, dass naturphilosophische Fragen weit über den konkret naturphilosophischen Kontext hinaus diskutiert und wahrgenommen wurden. So hatte er in seinem Zeichnungskonvolut die hochaktuelle Frage nach dem Monstrum an den Anfang gestellt und in sehr prägnanter Form interpretiert. Er hat darüber hinaus auch die Frage nach der Entstehung von Naturformen thematisiert, die sowohl Gessner als auch Aldrovandi umtrieb. Dieses Interesse wird besonders anhand der Systematik der Zeichnungen, vor allem der Rolle des ersten Kapitels »Feuer« deutlich. Hoefnagel hat seine Zeichnungen entsprechend den vier Elementen, also Feuer, Wasser, Erde und Luft sortiert.[667] Den letztgenannten drei Elementen wurden jeweils die Tiere eines Lebensraumes zugeordnet. Der Abschnitt »Wasser« zeigt demnach Fische, Muscheln und andere Wasserbewohner wie Otter oder Seelöwen, im Kapitel »Luft« erscheinen Vögel, während Säuge- und Kriechtiere im Abschnitt »Erde« auftauchen. Allein der erste Band, der das Element »Feuer« behandelt, weist eine von der Zuordnung eines Lebensraums abweichende Interpretation der »Vier Elemente« auf. Hier versammelte

---

661 Ein anderer Blickwinkel lässt Gonzalez aufgrund seiner Behaarung zumindest äußerlich als das unheimliche Tier »Mensch« erscheinen. Doch schon indem Hoefnagel Gonzalez in die Darstellung der animalischen Welt einreiht, interpretiert er ihn als »animalium«. Vergleiche dazu Macho 1998, S. 315–316.

662 Vergleiche dazu auch Kapitel I. 1. Naturphilosophie und Naturzeichnung

663 Vergleiche Anmerkung 1.

664 Sein Umkreis ist die Kunst am Hofe Rudolph II. Prag 1988 (AK).

665 Die »Vier Elemente« werden von Karel van Mander als Auftragswerk Rudolph II. ausgegeben, eine Angabe, die, wie Hendrix überzeugend nachweisen konnte, nicht der Wahrheit entspricht. Aller Wahrscheinlichkeit nach handelt es sich bei den »Vier Elementen« um ein Werk, das auf der Grundlage zahlreicher Kopien von bereits bestehenden Naturstudien entstand bzw. auf eigenen Studien Hoefnagels beruhte. Van Mander 1906 (1617), S. 80; Hendrix 1986.

666 Harms 1989.

667 Das Werk befindet sich in der Rosenberg-Stiftung der National Gallery Washington. Ein Nachdruck des Werkes ist nicht vorhanden. Einzelne Blätter befinden sich auch im Kupferstichkabinett Berlin. Die Dissertation von Lee Hendrix untersucht unter anderem die Quellen, auf die Hoefnagel zurückgriff. Viele der Abbildungen gingen auf Vorlagen Hans Bols zurück. Bol selbst setzte auch Motive Conrad Gessners ein. Hendrix 1986.

Hoefnagel die Bilder von menschlichen Monstern und Insekten; eine Zusammenstellung, die zumindest auf den ersten Blick unverständlich ist und die sich auch aus dem historischen Kontext nicht unmittelbar erklären läßt.[668] Doch handelt es sich bei diesem Kapitel um das erste und wichtigste der Sammlung. Es beschreibt dasjenige der irdischen Elemente, das am höchsten in der Hierarchie der Welt angeordnet ist und das für Entwicklung und Wandel steht. Die prominente Stelle, die Hoefnagel dem Bildnis des Haarmenschen Gonzalez als erstem Blatt seines Albums einräumt, bezeichnet sowohl die Stellung, die dem Menschen als Krone der Schöpfung eingeräumt wird, als auch den Rang, dem man dem »Monstrum« innerhalb der Naturgeschichte zuweist. Mit den Insekten hingegen hat Hoefnagel nicht nur die kleinsten und unscheinbarsten Tiere, sondern genau jene Geschöpfe an den Beginn seiner Sammlung gestellt, die Gessner schon aufgrund ihrer feinen Strukturen bewundert hatte. Die Form schien hier fast über die Materie zu triumphieren, sie galten als Geschöpfe »proprè[m] nullo corpore«.[669] Hoefnagel hat dem scheinbar in seiner Physis gefangenen Menschen jene Naturkörper hinzugestellt, welche diese Physis aufs kleinste reduzierten. Insekten galten zudem als Wesen, die spontan aus toter Materie entstehen konnten und standen somit für die formgebenden und dynamischen Seiten der Natur, die nicht nur Aldrovandi Zeit seines Lebens fasziniert hatten. Hoefnagels Zeichnungskonvolut ist insofern ein glänzendes Beispiel für die Tragweite und die Aktualität der in dieser Arbeit referierten naturphilosophischen Themen und Techniken.

In der Kunstwissenschaft, aber auch in der Wissenschaftsgeschichte ist der Zusammenhang von Naturphilosophie und naturdokumentarischem Bild so gut wie unerforscht. Wissenschaftshistorisch betrachtet waren die Zeichnungen der neuzeitlichen Naturphilosophie und Naturgeschichtsschreibung in die allgemeine Entwicklung um 1600 kaum einzuordnen. Sie unterscheiden sich deutlich von anderen Bildern, die in der Wissenschaft verwendet wurden, stellen oft Inhalte dar, die heute nicht mehr in den Bereich der Wissenschaft gerechnet werden und stellen insofern eine Herausforderung an eine bildwissenschaftliche Analyse dar.[670] Während schematisierende Pflanzenbilder in der Botanik der Identifikation von Pflanzen dienten, Andreas Vesalius in der Medizin anatomische Abbildungen nutzte, um die Autopsie als Erkenntnistechnik zu etablieren und in der Astronomie der Einsatz optischer Instrumente das Weltbild revolutionierte, ließen sich die Funktionen des Bildes in der Naturgeschichtsschreibung nicht in den allgemeinen Trend einordnen. Giuseppe Olmi hat die Bilder der Sammlung Aldrovandis und ihre Entstehungsgeschichte systematisch erforscht und sie in den Zusammenhang mit der Stilllebenmalerei gebracht.[671] Daran anschließend erweitert die vorliegende Studie die Perspektive auf die Frage nach den spezifischen Funktionen, welche naturdokumentarische

668 Das vollständige Inhaltsverzeichnis ist bei Hendrix veröffentlicht. Ignis: I–IV. Menschliche Wunder, V. Schreckliche Käfer, VI–XXIII. Schmetterlinge, XXIV–XXXIV. Motten, XXXV–XXXXI. Spinnen, XXXXIV–LII. Heuschrecken, LIII–LV. Libellen, LVI–LXXX. Ausgewählte fliegende Insekten. In: Hendrix 1986.

669 Vergleiche dazu Anmerkung 196. Gessner 1551. Epistola nuncupatoria, ohne Seitenzählung. Bei Gemlig-Nijbor 1977, S. 151.

670 Grundsätzlich über das Thema der naturdokumentarischen Zeichnungen: Freedberg 1991. Selbst er spart dieses Kapitel in seiner Geschichte der Accademia dei Lincei und ihrer Bildsammlung aus. Freedberg 2002.

671 Olmi 1976; 1982; 1982a; 1992.

Zeichnungen grundsätzlich in der Naturphilosophie erfüllen konnten und wie die Fülle der hier versammelten Wunder und Monster sich mit dem wissenschaftlichen Denken des 16. Jahrhunderts vereinbaren lässt.

Auch die Arbeit Conrad Gessners ist bislang vor allem aus literatur- und wissenschaftshistorischer Sicht gewürdigt worden. Zwar gehörte das Bild eines Tieres seit Gessner zu den Basisinformationen der Naturgeschichte, doch wurde Gessners Bildarbeit auf dem Gebiet der Naturgeschichtsschreibung bisher in keiner kunst- oder wissenschaftshistorischen Arbeit dahingehend analysiert. Sie schien wenig relevant für ein richtiges Verständnis der Arbeit Gessners, da sich seine Bilder nicht mit gegenwärtigen Zielen der wissenschaftlichen Klassifikation oder anderen wissenschaftlichen Interessen in Übereinstimmung bringen ließen.[672] Bei Aldrovandi dienten Bilder sogar einem aus heutiger Sicht geradezu anachronistischen Zweck: der Aufzeichnung individuellster Gestalten der Natur, der Monstren und Missbildungen. Es wäre jedoch zuviel verlangt, suchte man in frühneuzeitlicher Naturforschung nach Klassifikationen und nach Konstruktionen biologischer Systeme. Beide Fragen lagen noch nicht im Interesse der damaligen Naturgeschichtsschreibung.

Dennoch spielten Bilder hier eine Schlüsselrolle, in der zugleich Widersprüche und Probleme naturwissenschafticher Beobachtung erkennbar wurden. Die Bilder in Gessners »Animalium Historiae« dienten der Neudefinition des naturhistorischen Gegenstands selbst. Dabei wurde mit Hilfe verifizierter Darstellungen, die an eindeutige Bezeichnungen gebunden wurden, die wissenschaftliche Technik der Beobachtung mit etablierten Lektüretechniken gekoppelt. In diesem Prozess wurden einige Figuren als »simulacrae« aus dem Reich der Natur ausgeschlossen; andere, bisher nur textlich überlieferte Figuren, wurden mit lebendigen Geschöpfen identifiziert. Die dokumentarischen Bilder avancierten zur Schnittstelle zwischen visuellen Wahrnehmungen und textlich überliefertem Wissen. Der oft proklamierte Widerspruch zwischen dem Ideal einer rein visuell operierenden Beobachtung und der Konstruktion von Wissen durch andere, nicht visuelle Erkenntniswege erwies sich dabei als ein Scheinproblem. Naturdokumentarische Bilder sind, wie auch Texte, Instrumente der Tradierung und der Kommunikation von naturhistorischem Wissen.

Mit den dokumentarischen Bildern gelangte zugleich ein neuer Aspekt in die Naturgeschichtsschreibung, den Gessner explizit in seinem Fossilienbuch »De omni rerum Fossilium Genere«[673] ausgearbeitet hat. Dort beschrieb er die »Form« als ein naturhistorisch relevantes Charakteristikum der Natur. Gessner hatte den Terminus aus der Philosophie des Aristoteles abgeleitet, ihn aber zugleich als Gegenstand wissenschaftlicher Praxis neu verankert. In seiner Fossilienforschung wurde »Natur« auf der Grundlage einer Sammlungstechnik, die vor allem die äußeren Merkmale wie Farbe, Umriss und Muster dokumentierte, als Formenfundus definiert.[674] Dem ging eine Formalisierung des Forschungsinstrumentes »Bild« voraus, das als

---

672 Zum Problem der Klassifikation in Zusammenhang mit naturhistorischen Bildern der frühen Neuzeit. Swan 2002.

673 Gessner 1656.

674 Hier deutet sich möglicherweise ein Unterschied zu den enzyklopädischen Sammlungsprinzipien der Renaissance an, da Gessner mit seiner Konzentration auf Formen bereits eine bestimmte Kategorie zu sammeln scheint. Möglicherweise wurde die Kategorie aber auch anhand der Ansammlung von Steinen entwickelt. Macho 2000.

Medium der »reinen« Form buchstäblich aus jeglichem Zusammenhang einer Autorschaft, eines Sammlungskontexts oder einer emblematischen Symbolik »befreit« werden konnte. Die Bilder wurden daher wie »Naturalia« behandelt: man konnte sie sammeln, sortieren, ausschneiden und tauschen. In diesem Prozess diente die Zeichnung als naturadäquate Ausdrucksform und erhielt eine neue Funktion bei der wissenschaftlichen Kommunikation. Die Entwicklung der Naturgeschichte als Erkundung der sichtbaren Gestalt und der Form hatte ihre Voraussetzung in der Existenz adäquater wissenschaftlicher Arbeitstechniken. Erst sie gestatteten es, diesen visuellen Aspekt der Natur überhaupt zu beschreiben und zu kommunizieren: das Aufzeichnen, Ausschneiden und Ordnen von Formen und Umrissen in Zeichnungen; das Sammeln, Tauschen und Beurteilen von Bildern; die Publikation der Bilder im Kontext von systematisch geordneten Textstellen, die den gesamten Wissenskosmos der Bibliothek repräsentieren.

Der etwas jüngere Aldrovandi stand in einem spannungsreichen Verhältnis zu seinem Vorbild Conrad Gessner. Doch auch bei seinem Umgang mit Bildern wird deutlich, dass die Beobachtung von Natur keine Alternative zur Textlektüre darstellt, sondern als neue Aufzeichnungs- und Interpretationstechnik neben die Arbeit mit Texten tritt. Oft geht dieser Weg sogar von der Textlektüre aus und zuvor in Texten tradierte Motive werden durch die Übertragung in Zeichnungen zu beobachtbaren Objekten. So hat Aldrovandi für seine Sammlung zahlreiche, bereits in gedruckter Form veröffentlichte Figuren in Zeichnungen übertragen lassen. Diese Übertragung, so ließe sich als ein weiteres Ergebnis der Arbeit formulieren, hatte die Naturalisierung tradierter Naturikonografien zum Effekt. Die Zeichnung vermittelte jene von Aldrovandi geforderte Unmittelbarkeit der Wahrnehmung, welche für ihn die Voraussetzung moderner Naturphilosophie darstellte. Dabei wurde auch deutlich, wie sehr das Forschungsinstrument »Zeichnung« die Vorstellung von »Natur« determinierte. Dies wurde in Aldrovandis Bild- und Naturmetaphorik deutlich. Besonders in seiner Bildkritik zeigt sich, wie eng Aldrovandi die Begriffe der Kunst und der Natur miteinander verbunden hatte, zum Beispiel, indem er das Monstrum als Kunstfehler der Natur bezeichnete. Natur und Kunst werden hier gleichermaßen als potentielle Produzenten »falscher« oder missgebildeter Geschöpfe begriffen.

Dass in Aldrovandis berühmter Zeichnungssammlung vor allem monströse und individuelle Naturgestalten aufgezeichnet wurden, steht im Einklang mit dem wachsenden wissenschaftlichen Interesse an den Naturformen und seinem besonderen Interesse an den individuellen Schöpfungen der Natur. Denn Aldrovandi ging es um die lückenlose Dokumentation einer kontinuierlich organisierten»Kette der Wesen«. Zum anderen liegt das besondere Profil seiner Sammlung in seinem spezifischen Verständnis der Natur als einer schöpferischen Instanz. Die Frage nach der Entstehung individueller und monströser Gestalten stellte sich zunächst in der Fossilienforschung und wurde dann auch auf den Bereich der animalischen Welt ausgeweitet. Ausgehend von Jacob Rueff und Ambroise Paré, der Monster als »Hervorbringungen männlicher und weiblicher Körper«, als Geschöpfe einer naturhaften Reproduktion bezeichnete und das Thema »Monstrum« um die Darstellung exotischer und wunderbarer Wesen erweiterte, wird das Monstrum in der folgenden Zeit zu einem Topos der Natur. Diese Natur wird in den Monstertraktaten des 16. Jahrhunderts als metamorphotisch beschrieben und zugleich als hochgradig ambivalent charakterisiert, indem das Monstrum als ein Effekt fehlgeleiteter naturhafter Kreativität beschrieben wurde, dessen Ursache vor allem in den Prozessen der Reproduktion vermutet wurde. Auch diese Forschung wurde auf das Fundament der Beobachtung gestellt. Es ist daher kein Zufall, dass ausgerechnet Aldrovandi als einer der ersten neuzeitlichen Wissenschaftler die antiken Forschungen zur Embryologie wieder aufnahm. Anhand der antiken Beschreibungen der Entwicklung des Hühnchens im Ei suchte er den Prozessen naturhafter Gestaltwerdung und der Entstehung von Leben durch eigene Beobachtung auf die Spur zu kommen.[675] Der »Meister der Monster und Prodigien« wird somit auch zum Begründer der beobachtenden Embryologie. Auch für diese Forschung und der dabei entstehenden neuen Ikonografie des Eies gibt es Zeugnisse in Aldrovandis Zeichnungssammlung (Abb. 57). Auf einer ansonsten leeren Seite befindet sich die Zeichnung eines toten Kükens, das voll entwickelt ist und zum Teil von der Eischale befreit ist. Die Flaumfedern sind bereits getrocknet und aufgerichtet, das Auge ist geöffnet, ein zusammengekrümmter Fuß hängt nach unten. Die sehr detailliert ausgeführte Zeichnung zeigt ein noch ungeschlüpftes Küken; sie ist in Aldrovandis Zeichnungssammlung das einzige erhaltene bildliche Zeugnis für die embryologischen Beobachtungen in Aldrovandis Studio. Die Zeichnung, gerade im Vergleich mit den Darstellungen des »Monstrums von Authun«, lässt den paradigmatischen Wechsel, aber auch die Kontiunitäten zwischen der alten und der neuen Wissenschaft geradezu greifbar werden. Die Embryologie interessierte sich eher für die Entwicklung eines normalen Kükens, als für Medusenköpfe, die in Eiern heranwachsen. Gegenstand der Forschung ist jedoch in beiden Fällen das Ei, als Urform der Entwicklung des Lebens.

Im Zuge der hier zu verzeichnenden wissenschaftlichen Neuorientierung erhielt auch das Thema »Monstrum« eine neue Dimension. Einige Figuren des Monströsen wurden dabei regelrecht domestiziert, wie anhand der Geschichte des Pedro Gonzalez deutlich wurde. Dieser Prozess begann bei Conrad Gessner, wurde von Aldrovandi fortgeführt und fand bei Hoefnagel seinen vorläufigen Abschluss. Als Gegenstand einer an naturhaften Wachstumsprozessen interessierten Forschung hatte dieses Monstrum seinen Schrecken als übernatürliches Zeichen verloren und verkörperte nun, in Gestalt des Pedro Gonzalez, die Schrecken einer unkontrollierbaren Natur.[676]

Es ist nicht nur der Wandel des Naturbegriffs, der sich in der Darstellung des zivilisierten Monsters in Hoefnagels Miniatur andeutet. Davon zu unterscheiden ist eine zweite Ebene der Naturerfahrung. So sticht vor allem die Formulierung: »weil die Welt sichtbar ist, ist Gott glaubhaft« aus dem Kontext des Blattes heraus. Auch dieses Motiv reflektiert den Kontext der zeitgenössischen Naturgeschichte. Schon Gessner steigert die Sinneswahrnehmung der Natur zu einer Erfahrung Gottes, die, wie er schrieb, nicht angemessen in Worte gefasst, noch vom Verstand erfasst werden könne.[677] Die Erhabenheit der Natur offenbarte sich Gessner sowohl

675 Bäumer-Schleinkofer 1993; Tugnoli Pàttaro 2000.

676 Das Monstrum als staunenswertes Naturwunder wurde zugleich zu einem wichtigen Thema der Wissenschaft des 17. Jahrhunderts. Dear 1990; Daston 1991; Daston 1994; Daston 2000a; Daston und Park 1981; Daston und Park 1998; Krämer 2007; Fischel 2008.

677 Siehe Anmerkung 195; Gessner 1551, ohne Seitenzählung; Gemlig-Nijbor 1977, S. 154.

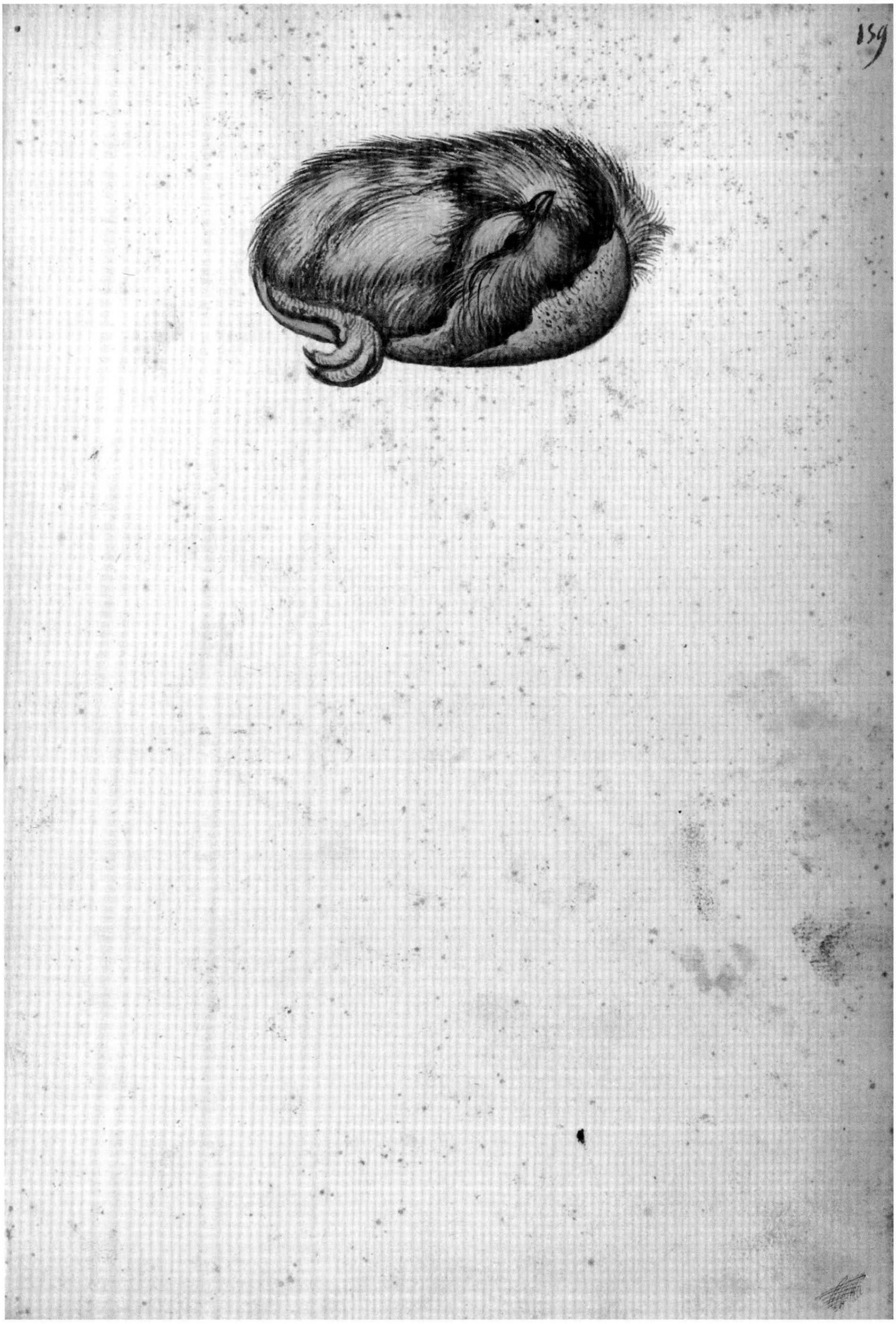

57 Küken im Ei, Zeichnung aus der Sammlung Ulisse Aldrovandis in Bologna.

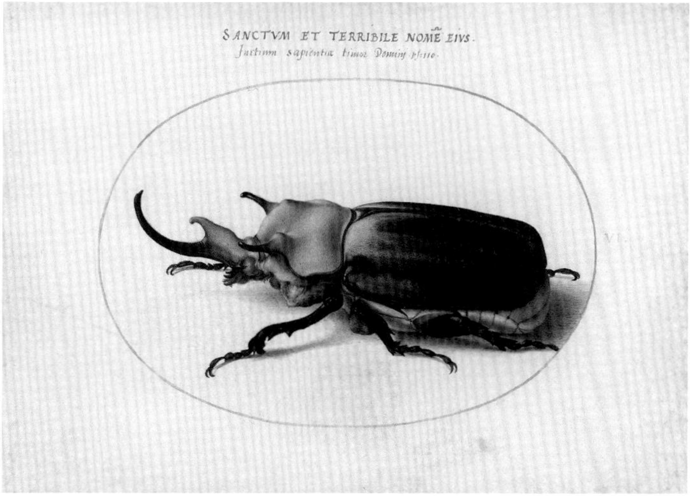

58 Joris Hoefnagel, Nashornkäfer, zwischen 1575–80, Animalia Rationalia et Insecta (Ignis), Plate VI.

im Gebirge als auch in den unscheinbarsten Gestalten der Insekten, die aus seiner Perspektive so zart sind, dass sie fast von der Materie abstrahiert erscheinen.[678] Diese neue Schönheit der Natur wird auch bei Hoefnagel thematisiert. Die Eindrücke, die Hoefnagel auf den folgenden Blättern beschreibt, unterscheiden sich vom distanzierenden Blick ins Antlitz des berühmten Gonzalez. Vielmehr spielt er in diesen Zeichnungen auf eine im Vorgang des Sehens selbst vermittelte metaphysische Dimension an.

»Sactum et terribile nomen eius. Initium sapientia timor Domini. Psalm 110« lautet das Lemma, das Hoefnagel der Darstellung eines Nashornkäfers vorangestellt hat (Abb. 58). Der nicht aussprechbare Name Gottes, auf den die Überschrift deutet, steht über dem Bild eines Nashornkäfers. Der weit überlebensgroß gezeichnete Käfer[679] wird nach links gewandt auf dem Pergament dargestellt. Ein ebenfalls von links einfallendes Licht zeichnet sich als Schatten unter seinem Körper ab und reflektiert sich auf seinem matt schimmernden Panzer. Sein bizarrer Kopf, dessen untere Seite von einem Pelz bedeckt scheint, besitzt vier Hörner, zwei kleinere links und rechts des Kopfes und zwei größere, die den Hörnern eines Nashorns vergleichbar sind. Hoefnagels martialische Inszenierung eines Nashornkäfers ist von einer anatomisch genauen Darstellung weit entfernt.[680] Hoefnagel hat die Anatomie des Tieres verfremdet und mit Hilfe seiner ausgefeilten Zeichentechnik in eine Inszenierung der Natur als Medium der Sichtbarkeit und Unsichtbarkeit gewendet. Während die Oberfläche des Käfers so eindringlich

678 Gessner 1551. Epistola nuncupatoria, ohne Seitenzählung. Bei Gmelig-Nijboer 1977, S. 151.

679 Nashornkäfer gehören zwar zu den größten Käfern Europas, werden aber nur etwa vier Zentimeter groß. Das gezeichnete Exemplar ist mit etwa neun Zentimeter mehr als überlebensgroß.

680 Das Geweih und die buckelartigen Vorsprünge am Kopf sind vergrößert, der ganze Körper erscheint schlanker und gestreckter als der eines Nashornkäfers, auch das Verhältnis von Kopf und Körper ist verschoben. Die bei Hoefnagel fellartige Behaarung erscheint auf Fotografien des Tieres eher borstig.

gezeichnet wurde, dass die gegensätzlichen Texturen des Panzers und des Pelzes fast greif- und spürbar werden, bleibt die materiale Struktur der Zeichnung: Pinselstriche, Ansätze, Wendungen der Hand unsichtbar. Hoefnagel entwirft in seiner Darstellung ein neues, allein durch seine Zeichentechnik vermitteltes Naturwunder. Der Beginn der bildorientierten Naturforschung ist auch der Beginn einer neuen Metaphysik der Natur; diese Metaphysik wird an die sichtbare Erfahrung der Natur gebunden, die auf einen außerhalb der Wahrnehmung und der irdischen Physis liegenden Erfahrungsbereich deutet. Dass Hoefnagel das Wunder »Mensch« einer so andersartigen Gruppe von Tieren wie den Insekten zugeordnet hat, erhält vor diesem Hintergrund einen Sinn. Der Abschied vom Monstrum als Zeichen Gottes und seine Neudefinition als Naturwunder koinzidiert mit der Beschreibung eines neuen, bildtechnisch determinierten Naturwunders, des Insekts. Es repräsentiert den Triumph der Form über die Materie, den Gessner an den Insekten herausgestellt hat. Zugleich werden die Insekten und Käfer, wenn sie als Geschöpfe dargestellt werden, deren feinste Strukturen sich dem menschlichen Blick entziehen, zu Sinnbildern menschlichen Unvermögens. Die Zweifel an der Kompetenz des menschlichen Augenscheins, die Hoefnagel in seinen Insektenbildern artikulierte, lagen Naturhistorikern wie Gessner und Aldrovandi fern, doch schließt Hoefnagels Bildrhetorik an ihre naturphilosophische Praxis an. Denn auch ihnen wurde die Sinneswahrnehmung und vor allem das Sehen zur Grundlage metaphysischer Erfahrungen, die Hoefnagel explizit in seinen Bildern thematisiert. Dieser Zweifel wurde für das neue Sehen mit optischen Instrumenten, welches seit Beginn des 17. Jahrhunderts als Beobachtungstechnik etabliert wurde, geradezu paradigmatisch. Aufgrund seiner überaus feinen Darstellungstechnik gilt Hoefnagel daher als ein Wegbereiter der mikroskopischen Bildlogik.[681] Doch unterscheidet sich seine Blickführung grundlegend von der Optik der frühen Mikroskopie. Denn Hoefnagel hat sein Vergrößerungsinstrument nicht etwa genutzt, um Natur zu beobachten, sondern um Zeichnungen anzufertigen. Anders als die Anwender der Mikroskopie, die Tiere oder Pflanzen betrachteten, nutzte Hoefnagel ein optisches Vergrößerungsinstrument, um seine eigenen Bilder von Pflanzen und Tieren anzufertigen. Die Erfindung der Natur als Mikrostruktur, mithin die Konzipierung des Mikroskops, war somit einer Bildinszenierung zu verdanken, nicht in erster Linie der Erfindung eines optischen Instruments.[682]

In Hoefnagels augentäuschenden Naturinszenierungen, Gessners »wahrhaftigen Abbildungen« und Aldrovandis dokumentarischen Bildern werden unterschiedliche Aspekte der determinierenden Funktion naturdokumentarischer Bilder deutlich. Der Beginn moderner naturhistorischer Forschung kann vor dem Hintergrund einer bildwissenschaftlichen Analyse nicht als eine Berichtigung von antiken und mittelalterlichen »Vorurteilen« durch Beobachtung beschrieben werden. Beobachtung und Textlektüre stellen vielmehr zwei sich ergänzende, ja

681 Böhme 2003.

682 Eine »Erfindung« des Mikroskops konnte bislang nicht rekonstruiert werden. Lupen und Vergrößerungsgläser waren bereits seit der Antike bekannt und in Anwendung, bevor Antonie von Leeuwenhoek, der als Textilhändler Lupen zum Fadenzählen nutze, sie auf organische Materie und kleinere Tiere richtete. Ähnliche Versuche wurden in mehren Ländern gleichzeitig unternommen. Turner 1980; Gloede 1986; Ford 1985; Wilson 1995; Leonhard 2004; Fischel 2002; 2005.

bedingende Techniken dar. Indem Gessner den Status der Bilder als Signifikanten der »res ipsa« festgelegt hatte, wurden sie zum Gegenstand, auf den naturhistorische Texte bezogen werden können; sie repräsentierten die Sache selbst. Sie konnten daher in immer neue Zusammenhänge übertragen, mit immer neuen Texten beschrieben werden. Sie wurden jedoch nicht nur bildtheoretisch, sondern vor allem praktisch aus ihren angestammten Kontexten isoliert, um in Briefen und Büchern zwischen Wissenschaftlern zu kursieren. Mit Gessners Bildarbeit wurde die Bibliothek zum Raum der kollektiven Naturerfahrung. Der herbeigesehnte Ausbruch der Naturgeschichte aus der sprichwörtlichen Enge der Bibliotheken hin zur Unmittelbarkeit von Anschauung und Naturbetrachtung blieb insofern der Bibliothek als Resonanzraum verpflichtet.

Aldrovandi verfolgte diesen Weg weiter. Er beschrieb in seinen bildkritischen Texten naturdokumentarische Zeichnungen als theoretisch geschichtslose Objekte, die auf keine Autoren, sondern auf »Augenzeugen« zurückzuführen sein sollten. Aldrovandis paradox anmutendes bildtheoretisches Ideal, dass die ideale Naturzeichnung ihren Betrachter täuschen, also ihren Status als Bild verlieren und als naturadäquates Objekt wahrgenommen werden solle, spielt bereits mit dem Zweifel an den Fähigkeiten des Menschen zur Wahrnehmung der Natur. Für Aldrovandi stellte diese Art der Täuschung noch kein Hindernis dar; für das humanistisch geformte Menschenbild Hoefnagels, das der Selbstvervollkommnung verpflichtet war, wurden diese Grenzen der Wahrnehmung zu einer Herausforderung, die in seiner Nachfolge durch immer neue optische Techniken immer neue Wunder der Natur offenbaren sollte.

Bibliografie

Primärquellen

ALDROVANDI 1556
Ulisse Aldrovandi: Delle statue romane antiche, che per tutta Roma in diversi luoghi, et case si vegono. In: Lucio Mauro: Le antichità de la citta Roma, Rom 1556.

ALDROVANDI 1564
Ulisse Aldrovandi: De observatione foetus in ovis. In: Tugnoli Pàttaro 2000, S. 233–297.

ALDROVANDI 1572/1573
Ulisse Aldrovandi: Discorso naturale. In: Tugnoli Pàttaro 1981, S. 172–232.

ALDROVANDI 1581
Ulisse Aldrovandi: Avvertimenti del Dottore Aldrovandi sopra le pitture mostrifiche et prodigiose. In: Olmi 1992, S. 112–117.

ALDROVANDI 1581a
Ulisse Aldrovandi: Avvertimenti dell dottore Aldrovandi all'Ill. Mo e R.Mo Cardinale Paleotti sopra alcuni capitoli della pittura. In: Barocchi 1961, Band 2, S. 511–517.

ALDROVANDI 1582
Ulisse Aldrovandi: Modo di esprimere per la pittura tutte le cose dell'universo mondo, enarrazione di tutti i generi principali delle cose naturali et artificiali che ponno cadere sotto la pittura per Ulisse Aldrovando Proffessore Publico all'Ill. Mo e Rev.Mo Mons. Il Cardinale Paleotti. In: Barocchi 1981, S. 923–930.

ALDROVANDI 1599
Ulisse Aldrovandi: Ornithologiae, hoc est de avibus historia libri XII, Bologna 1599.

ALDROVANDI 1600
Ulisse Aldrovandi: Ornithologiae tomus alter, Bologna 1600.

ALDROVANDI 1618
Ulisse Aldrovandi: De Quadrupedibus solipedibus volumen integrum, Frankfurt 1618.

ALDROVANDI 1623
Ulisse Aldrovandi: De reliquis animalibus exanguibus, ut pote de mollibus, crustaceis, testaceis & zoophytis, Frankfurt 1623.

ALDROVANDI 1642
Ulisse Aldrovandi: Quadrupedum omnium bisulcorum historia, quam Ioannes Cornelius Vterverius Belga colligere incoepit, Frankfurt 1642.

ALDROVANDI 1642a
Ulisse Aldrovandi: Monstrorum historia, cum paralipomenis historiae omnium animalium. Bartholomaeus Ambrosinus [...] volumen composuit, Bologna 1642.

ALDROVANDI 2002 [1642]
Ulisse Aldrovandi: Monstrorum historia, cum paralipomenis historiae omnium animalium. Bartholomaeus Ambrosinus [...] volumen composuit, Bologna 1642, Theatrum sapientiae, Textes, 4, Preface de Jean Céard, Paris 2002.

ARISTOTELES 1978
Aristoteles: Werke, griechisch-deutsch und mit sacherklärenden Anmerkungen, Neudruck der Ausgabe Leipzig 1860, Aalen 1978.

ARISTOTELES 1978a
Aristoteles' fünf Bücher von der Zeugung und Entwicklung der Tiere, übersetzt und erläutert von Hermann Aubert und Friedrich Wimmer. In: Aristoteles 1978, Band 3.

Aristoteles 1989
Aristoteles: Metaphysik, griechisch-deutsch, Neubearbeitung der Übersetzung von Hermann Bonitz, Hamburg 1989.
Augustinus 1979
Aurelius Augustinus: Der Gottesstaat, De civitate dei, Paderborn 1979.
Belon 1551
Pierre Belon: L' histoire naturelle des estranges poissons marins, avec la vraie peinture & description du daulphin, Paris 1551.
Belon 1553
Petri Bellonii Cenomani: De aquatilibus, libri duo cum eiconibus ad vivam ipsorum effigiem, quoad eius fieri potuis, expressis, ad amplissimum Cardinalem Castillionaeum, Paris 1553.
Boaistuau 1996 [1560]
Pierre Boaistuau: Histoires prodigieuses les plus mémorables qui ayent esté observées, depuis la nativité de Iesus Christ, iusques à nostre siècle, extraites de plusieurs fameux autheurs, grecz, & latins, sacrez & profanes, Paris 1560, preface de Giséle Mathieu-Castellani, Paris 1996.
Brehm 1869
Alfred Brehm: Tierleben, Band V, Hildburghausen 1869.
Breydenbach 1486
Bernhard von Breydenbach: Peregrinatio in terram sanctam, Mainz 1486.
Brunfels 1532
Otto Brunfels: Herbarium vivae eicones, Strassburg 1532.
Coiter 1573
Volker Coiter: De ovorum gallinaceorum generationis primo exordio pregressuque et pulli gallinacei creationis ordine, Nürnberg 1573.
Della Porta 1593
Giovanni Battista della Porta: De humana physiognomia, Hanover 1593.
Erasmus 1540
Desiderius Erasmus: Omnia opera, adagiorum chiliades quatuor cum sesquicenturia complectens, Basel 1540.
Fischart 1993 [1590]
Johann Fischart: Catalogus Catalogorum, gedruckt zu Nienendorff/bei Nirgendheim im Mentzergrund, Straßburg MDXC, mit einer Einleitung und Erläuterung herausgegeben von Michael Schilling, Tübingen 1993.
Fuchs 1542
Leonhard Fuchs: De historia stirpium comentarii insignes, Basel 1542.
Galilei 1980 [1610]
Gaileo Galilei: Siderius Nuncius (Nachricht von neuen Sternen), Dialog über die Weltsysteme, Vermessung der Hölle Dantes, Marginalien zu Tasso, herausgegeben und eingeleitet von Hans Blumberg, Frankfurt am Main 1980.
Gessner 1551
Conrad Gessner: Historiae animalium liber I, de quadrupedibus viviparis, Zürich 1551.
Gessner 1553
Conrad Gessner: Historiae animalium liber II, qui est de piscium & aquatilium animantium natura, Zürich 1553.
Gessner 1553a
Conrad Gessner: Icones animalium quadrupedum viviparorum et oviparorum, Zürich 1553.
Gessner 1554
Conrad Gessner: Historiae animalium liber III, qui est de quadrupedibus oviparis, Zürich 1554.
Gessner 1555
Conrad Gessner: Historiae animalium liber IV, qui est de avium natura, Zürich 1555.
Gessner 1555a
Conrad Gessner: Icones avium omnium, Zürich 1555.
Gessner 1560
Conrad Gesser: Icones animalium quadrupedum viviparorum et oviparorum, quae in historiae animalium Conradi Gesneri libro I. et II. describuntur, Zürich 1560.
Gessner 1560
Conrad Gessner: Icones animalium aquatilium in mari & dulcibus aquis degentium, Zürich 1560.

Gessner 1563
Conrad Gessner: Thierbuch, Das ist ein kurtz beschreybung aller vierfüssigen thieren / so auff der erde und in wassern wonend / sampt irer waren conterfactur: alles zu nutz un gutem allen liebhabern der künsten / Artzeten / Malern / Bildschnitzern / Weydleüten und Köchen gestelt, erstlich durch den hochgeleerten herren D. Cunrat Geßner in Latin beschriben / yetzunder aber durch D. Cunrat Forer zu mererem nutz aller menglichem in das Teütsch gebracht / und in ein kurtze komliche ordnung gezogen, Zürich 1563.
Gessner 1565
Conrad Gessner: De omni rerum fossilium genere, gemmis, lapidibus, metallis, et huismodi, Libri aliquot, plerique nunc primum edit, Zürich 1565.
Gessner 1587
Conrad Gessner: Schlangenbuch, Frankfurt 1587.
Horaz 1993
Horaz: Sämtliche Werke, lateinisch und deutsch, München 1993.
Irenaeus 1584
Christoph Irenaeus: Von seltsamen Wundergeburten, Ursel 1584.
Isidor von Sevilla 1988 [1911]
Isidori Hispalensis Episcopi: Etymologiarum sive originum libri XX, [1911], edited by W. M. Lindsay, Oxford 1988.
Leibniz 1749
Gottfried Wilhelm Leibniz: Protogaea, sive de prima facie tellvris et antiqvissimae historiae vestigiis in ipsis natvrae monvmentis dissertatio: ex schedis manuscriptis viri illustris in lvcem ed. a Christiano Lvdovico Scheidio, Göttingen 1749.
Lemnius 1593
Levinus Lemnius: De miraculis occultis naturae libri III, Frankfurt 1593.
Licetus 1616
Fortunius Licetus: De monstrorum caussis, natura et differentiis, Libri duo, Padua 1616.
Licetus 1634
Fortunius Licetus: De monstrorum caussis, natura et differentiis, Libri duo, Passau 1634.
Licetus 1665
Fortunius Licetus: De monstrorum caussis, natura et differentiis, Libri duo, Amsterdam 1665.
Lomazzo 1974 [1584]
Gian Paolo Lomazzo: Trattato dell arte [1584] In: Scritti sulle arti, a cura di Ciardi, Bd. 2, Florenz 1974.
Lukrez 1994
Lukrez: Vom Wesen des Weltalls, aus dem Lateinischen von Dietrich Ebener, Berlin und Weimar 1994.
Lycosthenes 1557
Conradus Lycosthenes: Prodigum ac ostentorum chronicon, Quae praeter naturae ordinem, motu et operationem, et in superioribus & his inferioribus mundi regionibus, ab exordio mundi usque ad haec nostra tempora acciderunt, Basel 1557.
Lycosthenes, 1557a
Conrad Lycosthenes: Wunderwerck oder Gottes unergründliches vorbilden / das er inn seinen geschöpffen / allen so Geystlichen / so leyblichen / in Fewr / Lufft / Wasser / Erden / auch auß denselben vier urhaben ineingefügtem stuck dem Mentschen / in Gflügel / Vieh / Thier / Visch / Gwürm / von anbegin der weldt / biß zu unserer diser zeit erscheynen/hören/brieven lassen, Aus Herrn Conrad Lycothenis Lateinisch zusamen getragner beschreybung / mit grossem fleiß / durch Johann Herold / uffs treuwlist inn vier Bücher gezogen und verteutscht, Basel 1557.
Matthioli 1554
Petri Andreae Matthioli: Medici senensis Commentarii, in Libros Sex Pedachii Disocoridis Anazarbei, de Medica Materia, Venedig1554.
Megenberg 1475
Conrad von Megenberg: Buch der Natur, Augsburg 1475.
Mercati 1717–1719
Michele Mercati: Metallotheca Vaticana, opus posthumum, auctoritate & munificentia Clementis XI. e tenebris in lucem eductum, Rom 1717–1719.
Mirandola 1988 [1496]
Pico della Mirandola: Über die Würde des Menschen [1496], aus dem Neulateinischen übertragen von Herbert Werner Rüssel, mit einer Lebensbeschreibung Picos von Thomas Morus, Zürich 1988.

MÜNSTER 1544
Sebastian Münster: Cosmographie, Basel 1544.
PARÉ 1573
Ambroise Paré: Deux livres de Chirurgie. I. De la generatio de l'homme, & maniere d'extraire les enfans hors du vetre de la mere, ensemble ce qui'il faut faire paur la faire mieux, & plus tost accoucher, avec la cure de plusiers maladies qui luy pevent survenir. 2. Des monstres tant terrestres que marins, avec leurs protraits, Paris 1573.
PARÉ 1582
Ambroise Paré: Opera, Paris 1582.
PARÉ 1963
Ambroise Paré: Rechtfertigung und Bericht über meine Reisen in verschiedene Orte, aus dem Französischen übersetzt und eingeleitet von Erwin Ackerknecht, Stuttgart und Bern 1963.
PHYSIOLOGUS 1987
Physiologus, frühchristliche Tiersymbolik, aus dem Griechischen übersetzt und herausgegeben von Ursula Treu, Berlin 1987.
PLATTER 1680
Felix Platter: Observationum Felixis Plateri Libri tres, Basilieae 1680.
PLINIUS 1973–1994
Plinius Secundus d. Ä: Naturalis historiae Libri XXXVII, lateinisch – deutsch, herausgegeben und übersetzt von Roderich König in Zusammenarbeit mit Joachim Hopp und Wolfgang Glöckner, München 1973–1994.
PLINIUS 1978
Plinius Secundus d. Ä: Naturkunde, 35. Buch: Farben, Malerei, Plastik. München 1978. In: Plinius 1973–1994, Bd. 35.
RABELAIS 1994 [1552]
François Rabelais: Gargantua und Pantagruel [1552], Frankfurt am Main und Leipzig 1994.
RONDELET 1558
Guillaume Rondelet: Histoire entiere des poissons, Lyon 1558.
RÖSSLIN 1565
Eucharius Rößlin: Hebammenbüchlin, von der Menschen empfengnus und geburt und der schwangeren allerhandt zufelligen gebrechen, Frankfurt 1565.
RUEFF 1553
Jacob Rueff: Ein schön lustig Trostbüchle von den empfengnussen und geburtn der menschen und iren vilfaltigen zuefaellen und verhindernussen mit vil unnd mancherley bewaerter stucken und artznyen ouch schoenen figuren/darzu dienstlich zu trost allen gebärenden frouwen und eigentlichem bericht der Hebamen erst neuwlich zusammen geläsen durch Jacob Rueff/ burger und Steinschnyder der loblichen Statt Zürich, Zürich 1553.
RUEFF 1554
Jacob Rueff: De conceptu et generatione hominis, it iis quae circa hec potissimum consyderantur, Libri sex, congesti opera Iacobi Rueff chirurgi Tigurini, Zürich 1554.
SALVIANI 1554
Hippolytus Salviani: Aquatilium animalium historiae, liber primus, cum erorumdem formis, aere excusis, Rom1554.
SCHEDEL 2001 [1493]
Weltchronik: kolorierte Gesamtausgabe von 1493, Einleitung und Kommentar von Stephan Füssel, Nachdruck der Ausgabe Nürnberg, Anton Koberger 1493, Köln 2001.
SCHENCK VON GRAFENBERG 1584
Johann Schenck von Grafenberg: Observationes medicae de capite umano, hoc est, exempla capitis morborum, causarum, signorum, eventum, curationum, ut singularia, sic abdita et monstrosa, Basel 1584.
SCHENCKEN VON GRAFENBERG 1610
Johann Georg Schencken von Grafenberg: Wunderbuch von den Menschlichen unerhörten Wunder- und Mißgeburten, so wider den gemeinen Lauff der Natur erschröcklich frembd undd seltsam gebildet, doch glaubwürdig in diese Welt gebohren werden, Frankfurt 1610.
SCHOTT 1647
Caspar Schott: Physica curiosa sive mirabilia naturae et artis libris XII, Nürnberg 1647.
SORBIN 1570
Arnoldi Sorbini: Tractaus de Monstris que á temporis Constantini hucusque ortum habuerut, ac de iis, qua circa eorum tempora miseré acciderunt, ex Historiarum, tum Cracorum cum Latinarum testimoniss, Paris 1570.

Stelluti 1637
Francesco Stelluti: Trattato del legno fossile minerale, Rom 1637.
Stelluti 1984 [1637]
Francesco Stelluti: Sul »Trattato del legno fossile minerale« di Francesco Stelluti accademico linceo da Fabriano, con ristampa anastatica dell'opera Rom 1637, a cura die Edoardo Biondi, Fabriano 1984.
Thevet 1575
André Thevet: La cosmographie universelle, Paris 1575.
Thomas von Aquin 1996
Sancti Thomae Aquinatis doctoris Angelici opera omnia, Vol. 25, Quodlibet VIII, Rom 1996.
van Mander 1906 [1617]
Karel van Mander: Het Schilderboeck. Das Leben der deutschen und niederländischen Meister, herausgegeben und übersetzt nach der Ausgabe von 1617 von H. Floerke, München 1906.
Vesalilus 1543
Andreas Vesalius: De humani corporis fabrica libri septem, Basel 1543.

Sekundärquellen

Ackermann 1985
James Ackermann: The Involvement of Artists in Renaissance Science. In: Science and the Arts in the Renaissance 1985, S. 94–129.
Agricola 1958 [1546]
Georg Agricola: De natura fossilium libri X [1546], übersetzt und bearbeitet von Georg Fraunstadt in Verbindung mit Hans Prescher, Berlin 1958.
Albus 2003
Anita Albus: Paradies und Paradox. Wunderwerke aus fünf Jahrhunderten, Frankfurt am Main 2003.
Aldrovandi 2001 (AK)
Il Teatro del mondo di Ulisse Aldrovandi (Catalogo), a cura di R. Simili, Bologna 2001.
Alle Wunder dieser Welt 2001 (AK)
Alle Wunder dieser Welt. Die kostbarsten Kunstwerke aus der Sammlung Erzherzog Ferdinand II. (1529–95) (Ausstellungskatalog), herausgegeben von Wilfried Seipel, Wien 2001.
Antonelli 1983
Enzo Antonelli: Ulisse Aldrovandi e la metamorfosi del mostruoso. In: Studi e memorie per la storia dell Universita di Bologna, Bologna 1983, S. 196–241.
Antonino 2004
Animali e Creature Mostruose di Ulisse Aldrovandi, a cura di Biancastello Antonino, Milano 2004.
Art in History, History in Art 1991
Art in History, History in Art. Studies in Seventeenth-Century Dutch Culture, edited by David Freedberg and Jan de Fries, Santa Monica 1991.
Assmann 1995
Aleida Assmann: Die Sprache der Dinge / Der lange Blick und die wilde Semiose. In: Materialität der Kommunikation 1995, S. 237–205.
Baltrusaitis 1984
Jurgis Baltrusaitis: Imaginäre Realitäten: Fiktion und Illusion als produktive Kraft, Köln 1984, S. 55–89.
Baltrusaitis 1996 [1978]
Jurgis Baltrusaitis: Der Spiegel. Entdeckungen, Täuschungen, Phantasien, [Le miroir, 1978], Giessen 1996.
Barnes 2001
Jonathan Barnes: Early Greek Philosophy, London 2001.
Barney 2006
The etymologies of Isidore of Seville, edited by Stephen A. Barney, Cambridge 2006.
Barocchi 1961
Paola Barocchi: Trattati d'arte del Cinquecento fra Manirismo e Contreriforma, 3 Bd., Bari 1961.
Barocchi 1981
Paola Barocchi: Scritti d'arte del Cinquecento, Milano 1981.

Bartels 1879
Max Bartels: Über abnorme Behaarung beim Menschen. In: Zeitschrift für Ethnologie, Organ der Berliner Gesellschaft für Anthropologie, Ethnologie und Urgeschichte, 11, 1879, S. 110–129.
Bartra 1997
Roger Bartra: The Artificial Savage, Modern Myths of the Wild Man, Ann Arbor 1997.
Bates 2005
Alan W. Bates: Emblematic Monsters, Unnatural Conceptions and Deformed Births in Early Modern Europe, Amsterdam 2005.
Bauer und Haupt 1976
Rotraut Bauer und Gerhardt Haupt: Die Kunstkammer Rudolph II. in Prag, ein Inventar aus dem Jahre 1606–1611. In: Jahrbuch der kunsthistorischen Sammlung in Wien, Wien 1976, Vol. 72.
Bäumer 1991–1996
Änne Bäumer: Geschichte der Biologie, 3 Bd., Frankfurt am Main 1991–1996.
Bäumer-Schleinkofer 1993
Änne Bäumer-Schleinkofer: Die Geschichte der beobachtenden Embryologie, die Hühnchenentwicklung als Studienobjekt über zweitausend Jahre, Frankfurt am Main 1993.
Bäumer-Schleinkofer 1997
Änne Bäumer-Schleinkofer: Biologie im Barock. Forschungen zur Embryologie. In: Naturwissenschaft und Technik im Barock, München 1997, S. 211–222.
Baxter 1998
Ron Baxter: Bestiaries and their Users in the Middle Ages, London 1998.
Becker-Hubert 2001
Manfred Becker-Hubert: Lexikon der Bräuche und Feste, Freiburg 2001.
Belting 1990
Hans Belting: Bild und Kult, eine Geschichte des Bildes vor dem Zeitalter der Kunst, München 1990.
Berhard von Breydenbach 1977 [1483]
Bernhard von Breydenbach: Die Reise ins Heilige Land, ein Reisebericht aus dem Jahre 1483, übertragen und mit einem Nachwort versehen von Elisabeth Geck, Wiesbaden 1977.
Berra 2004
Giacomo Berra: La »Medusa tutta serpegiata« del Caravaggio: fonti mitologico-letterarie e figurative. In: Caravaggio 2004, S. 55–83.
Bestiaire 1990
Herbert Haupt, Thea Vignau-Wilberg, Eva Irblich und Manfred Staudinger: Le Bestiaire de Rodolphe II., Cod. Min. 129 et 130 de la Bibliothèque national d'Austriche, Paris 1990.
Blumenberg 1986
Hans Blumenberg: Die Lesbarkeit der Welt, Frankfurt am Main 1986.
Bock 2005
Sebastian Bock: Ova struthionis, die Straußeneiobjekte in den Schatz-Silber- und Kunstkammern Europas, Leipzig 2005.
Bodenheimer 1928
Friedrich Simon Bodenheimer: Materialien zur Geschichte der Entomologie bis Linnè, Berlin 1928.
Böhme 1989
Gernot Böhme: Der offene Leib, Interpretation der Mikrokosmos-Makrokosmos-Beziehung bei Paracelsus. In: Transfigurationen des Körpers 1989, S. 44–58.
Böhme 1993
Hartmut Böhme: Die hermetische Ikonologie der vier Elemente. In: Mediale Hamburg 1993 (AK), S. 84–97.
Böhme 2003
Hartmut Böhme: Die Metaphysik der Erscheinungen, Teleskop und Mikroskop bei Goethe, Leeuwenhoek und Hooke. In: Instrumente in Kunst und Wissenschaft 2003, S. 359–396.
Böhme 2007
Hartmut Böhme: Das reflexive Bild: Licht, Evidenz und Reflexion in der Bildkunst. In: Evidentia. Hrsg. von Gabriele Wimböck, Karin Leonard und Markus Friedrich, Berlin 2007, S. 331–365.
Braun 1981
Lucien Braun: Paracelse, Nature et Philosophie, Straßbourg 1981.
Braun 1990
Lucien Braun: Conrad Gessner, Genua 1990.

Bredekamp 1981
Horst Bredekamp: Die Erde als Lebewesen. In: Kritische Berichte, 9. Jahrgang 1981, Heft 4/5, S. 5–37.
Bredekamp 1992
Horst Bredekamp: Der simulierte Benjamin, mittelalterliche Bemerkungen zu seiner Aktualität. In: Frankfurter Schule und Kunstgeschichte 1992, S. 75–83.
Bredekamp 1993
Horst Bredekamp: Antikensehnsucht und Maschinenglauben, die Geschichte der Kunstkammer und die Zukunft der Kunstgeschichte, Berlin 1993.
Bredekamp 2000
Horst Bredekamp: Gazing Hands and Blind Spots, Galileo as Draftsman. In: Sience in Context, 13 (2000) 3–4, S. 424–462.
Bredekamp 2003
Horst Bredekamp: Bildmedien. In: Kunstgeschichte 2003, S. 355–378.
Bredekamp 2004
Horst Bredekamp: Die Fenster der Monade, Gottfried Wilhelm Leibniz' Theater der Natur und Kunst, Berlin 2004.
Bredekamp 2007
Horst Bredekamp: Galilei der Künstler. Die Zeichnung, der Mond, die Sonne, Berlin 2007.
Breitenfellner und Kohn-Ley 1998
Kirstin Breitenfellner und Charlotte Kohn-Ley: Wie ein Monster entsteht. Zur Konstruktion des Anderen in Rassismus und Antisemitismus, Bodenheim 1998.
Broszinski 2002
Hartmut Broszinski: Der Seele und des Leibes Heil, die »Fart vber mer zu dem heiligen grab« und der »Gart der gesundheit« Bernhards von Breydenbach (1440–1497), Kassel 2002.
Burmeister 1975
Karl-Heinz Burmeister: Achilles Pirim Gasser, 1505–1577, Arzt – Naturforscher – Historiker und Humanist, Bd. III. Briefwechsel, Wiesbaden 1975.
Campbell 1964
Joseph Campbell: The Masks of God, Occidental Mythology, London 1964.
Caspar David Friedrich 2004 (AK)
Caspar David Friedrich, Der Watzmann (Ausstellungskatalog), Köln 2004.
Céard 1977
Jean Céard: La Natur et les Prodiges, l'insolite au XVI Siecle en France, Geneve 1977.
Chastel 1997 [1988]
Andre Chastel: Die Groteske, Streifzug durch eine zügellose Malerei, Berlin 1997.
Claesen 2006
Daniel Claesen: Die Frauen mögen das. In: View. Bilder des Monats. Nr. 9, September 2006, S. 146–152.
Clair 1989
Jean Clair: Méduse, Contribution à un Anthropologie des Arts visuels, Paris 1989.
Clausberg 1980
Karl Clausberg: Kosmische Visionen, mythische Weltbilder von Hildegard von Bingen bis heute, Köln 1980.
Colding 1951
Torben Holck Colding: Über die Beziehung zwischen Buchmalerei und Kabinettminiatur. In: Nordisk Tidskrift för bok och bibliotheksväsen, Jg. 38, 1951, S. 160–180.
Colding 1953
Torben Holck Colding: Aspects of Miniature Painting, its Origins and Development, Copenhagen 1953.
Conger 1922
George Perrigo Conger: Theories of Macrocosms and Microcosms in the History of Philosophy, New York 1922.
Conigliello 1990
Lucilla Conigliello: Alcune note su Jacopo Ligozzi e sui Dipiniti del 1594. In: Paragone 41, 2, 1990, S. 21–42.
Conigliello 1991
Lucilla Conigliello: Jacopo Ligozzi per Rudolfo II. In: Paragone 42, 1, 1991, S. 22–29.
Connecting Spheres 2000
Connecting Spheres, European Woman in a Globalizing Word, 1500 to the Present, New York, Oxford 2000.

Coupe 1966
William A. Coupe: The German illustrated Broadsheet in the Seventheenth Century, Baden-Baden 1966.
Cutler 2003
Allan Cutler: The Seashell on the Mountaintop, a Story of Science, Sainthood and the Humble Genius who discorerd a New History of the Earth, New York 2003.
DaCosta Kaufmann 1976
Thomas DaCosta Kaufmann: Arcimboldos Imperial Allegories. In: Zeitschrift für Kunstgeschichte, 39, 1976, S. 275–296.
DaCosta Kaufmann 1985
Thomas Da Costa Kaufmann: Arcimboldo und Propertius, a Classical Source for Rudolf II. as Vertumnus. In: Zeitschrift für Kunstgeschichte, Bd. 48, 1985, H 1, S. 117–123.
DaCosta Kaufmann 1993
Thomas DaCosta Kaufmann: The Mastery of Nature, Aspects of Art, Science and Humanism in the Renaissance, Princeton 1993.
DaCosta Kaufmann 1998
Thomas DaCosta Kaufmann: Caprices of Art and Nature: Arcimboldo and the Monstrous. In: Kunstform Capriccio 1998, S. 33–47.
Dämonen, Monster, Fabelwesen 1999
Dämonen, Monster, Fabelwesen, herausgegeben von Werner Wunderlich und Ulrich Müller, St. Gallen 1999.
Darwin 1988
Charles Darwin's Beagle diary, edited by Richard Darwin Keynes, Cambridge 1988.
Dasen 2002
Veronique Dasen: Métamorphoses de l'Uterus d'Hippocrate à Ambroise Paré. In: Gesnerus 59, 2002, S. 167–186.
Daston 1991
Lorraine Daston: Marvelous Facts and Miraculous Evidence in Early Modern Europe. In: Critical Inquiry, Vol. 18, No. 1 (Autumn, 1991), S. 93–124.
Daston 1994
Lorraine Daston: Neugierde als Empfindung und Epistemologie in der frühmodernen Wissenschaft. In: Macrocosmos in Microcosmo 1994, S. 35–59.
Daston 2000
Lorraine Daston: Biographies of Scientific Objects, edited by Lorraine Daston, Chicago und London 2000.
Daston 2000a
Lorraine Daston: Preternatural Philosophy. In: Daston 2000, S. 15–41.
Daston und Galison 2002
Lorraine Daston und Peter Galison: Das Bild der Objektivität. In: Ordnungen der Sichtbarkeit 2002, S. 29–99.
Daston und Park 1981
Lorraine Daston und Katherine Park: Unnatural Conceptions, the Study of Monsters in Sixteenth- and Seventeenth-Century France and England. In: Past and Present, No. 92, Aug. 1981, S. 20–54.
Daston und Park 1998
Lorraine Daston und Katherine Park: Monsters and the Order of Nature. New York 1998.
Dear 1990
Peter Dear: Miracles, Experiments and the Ordinary Course of Nature. In: Isis, Vol. 81, No. 4. (Dec. 1990), S. 663–683.
Didi-Hubermann 1999
Georg Didi-Hubermann: Was wir sehen, blickt uns an, München 1999.
Diestelberger 2003
Rudolph Diestelberger: Die Kunst des Steinschneidens. Prunkgefäße, Kameen und Commessi aus der Kunstkammer, Wien 2003.
Dittrich 2004
Sigrid Dittrich: Lexikon der Tiersymbole: Tiere als Sinnbilder in der Malerei des 14.–17. Jahrhunderts, Petersberg 2004.
Doe 1976
Janet Doe: Ambroise Paré. A bibliography 1545–1940, Amsterdam 1976.
Douthwaite 2002
Julia V. Douthwaite: The wild girl, natural man, and the monster. Dangerous experiments in the Age of Enlightenment, Chicago 2002.

Dumaître 1986
Paul Dumaître: Ambroise Paré. Chirurgien de quatre rois de France, Paris 1986.
Ebert-Schifferer 2002
Sybille Ebert-Schifferer: Deceptions and Illusions. Five Centuries of Trompe-l'Oeil Painting, Washington 2002.
Eco 2003
Umberto Eco: Baudolino, München 2003.
Edgerton 1975
Samuel Y. Edgerton: The Renaissance Rediscovery of Linear Perspective, New York 1975.
Einhorn 1976
Jürgen Werinhard Einhorn: Spiritualis Unicornis. Das Einhorn als Bedeutungsträger in Literatur und Kunst des Mittelalters, München 1976.
Einsamkeit 2000
Einsamkeit, herausgegeben von Aleida und Jan Assmann, Archäologie der literarischen Kommunikation VI, München 2000.
Eliade 2002
Mircea Eliade: Die Schöpfungesmythen, Düsseldorf 2002.
Ellenius 2003
Allen Ellenius: Notes on the Function of Early Zoological Imagery. In: The Power of Images 2003, S. 167–180.
Die Entdeckung der Natur 2006 (AK)
Die Entdeckung der Natur. Naturalien in den Kunstkammern des 16. und 17. Jahrhunderts (Ausstellungskatalog), herausgegeben von Wilfried Seipel, Wien 2006.
Ewinkel 1995
Irene Ewinkel: De monstris. Deutung und Funktion von Wundergeburten auf Flugblättern im Deutschland des 16. Jahrhunderts, Tübingen 1995.
Der falsche Körper 1995
Der falsche Körper. Beiträge zu einer Geschichte der Monströsität, herausgegeben von Michael Hagner, Göttingen 1995.
Fantuzzi 1774
Giovanni Fantuzzi: Memorie della vita di Ulisse Aldrovandi Medico e Filosofo Bolognese, con alcune Lettere scelte d'Uomini eruditi a lui scritte, e coll'Indice delle sue Opere Mss., che si conservano nella Biblioteca dell'Istituto, Bologna 1774.
Faust 1999
Ingrid Faust: Zoologische Einblattdrucke und Flugschriften vor 1800, unter Mitarbeit von Klaus Barthelmess und Klaus Stopp, Stuttgart 1999.
Fehrenbach 2002
Frank Fehrenbach: Leonardo da Vinci. Natur im Übergang, Beiträge zu Wissenschaft, Kunst und Technik, herausgegeben von Frank Fehrenbach, München 2002.
Findlen 1989
Paula Findlen: The Museum, its classical Etymology and Renaissance Genealogy. In: Journal of the History of Collections, Vol. 1, 1989, S. 59–78.
Findlen 1990
Paula Findlen: Jokes of Nature and Jokes of Knowledge. The Playfullness of Scientific Discourse in Early Modern Europe. In: Renaissance Quarterly, Volum XLIII, Nr. 2, Summer 1990, S. 292–331.
Findlen 1994
Paula Findlen: Die Zeit vor dem Laboratorium. Die Museen und der Bereich der Wissenschaft 1550–1750. In: Macrocosmos in Microcosmo 1994, S. 191–208.
Findlen 1996
Paula Findlen: Possessing Nature. Museum, Collecting and Scientific Culture in Early Modern Italy, Berkely 1996.
Fischel 2002
Angela Fischel: Sehen, Darstellen, Beschreiben. Mikroskopische Beobachtung in den Kupferstichen der Micrographia. In: kunsttexte.de, Sektion Bild – Wissen – Technik, Nr. 1, 2002, 10 Seiten. (www. Kunsttexte.de, 27.11.2006)
Fischel 2005
Angela Fischel: Bildtechniken, Mikroskopie in populärwissenschaftlichen Büchern des 17. und 18. Jahrhunderts. In: Sichtbarkeit und Medium 2005, S. 19–46.

Fischel 2008
Angela Fischel: Zeichnung und Naturbeobachtung. In: Das Technische Bild, 2008, S. 212–224.
Ford 1985
Brian S. Ford: Single lens, the story of the simple microscope, London 1985.
Foucault 1993 [1966]
Michel Foucault: Die Ordnung der Dinge. Eine Archäologie der Humanwissenschaften, [Les mots et les choses, Paris 1966], Frankfurt am Main 1993.
Four Centuries of the Word Geography 2004
Four Centuries of the Word Geography, Ulisse Aldrovandi 1603 in Bologna, edited by Gian Battista Vai und William Cavazza, University of Bologna, Bologna 2004.
Frankfurter Schule und Kunstgeschichte 1992
Frankfurter Schule und Kunstgeschichte, herausgegeben von Andreas Berndt, Peter Kaiser, Angela Rosenberg und Diana Trinkner, Berlin 1992.
Frati 1907
Ludovico Frati: Catalogo dei Manoscritti di Ulisse Aldrovandi, a cura di Ludovico Frati, con la collaborazione di Allessandro Ghigi e Albano Sorbelli, Bologna 1907.
Freedberg 1989
David Freedberg: The power of images, Chicago 1989.
Freedberg 1991
David Freedberg: Science, Commerce, and Art, neglected Topics at the Junction of History and Art History. In: Art in History, History in Art 1991, S. 377–428.
Freedberg 2002
David Freedberg: The Eye of the Lynx. Galileo, his Friend and the Beginnings of Modern Natural History, Chicago 2002.
Friedrich 1995
Udo Friedrich: Naturgeschichte zwischen artes liberales und frühneuzeitlicher Wissenschaft, Tübingen 1995.
Frübis 1995
Hildegard Frübis: Die Wirklichkeit des Fremden. Die Darstellung der neuen Welt im 16. Jahrhundert, Berlin 1995.
Gatzemeier 1980
Matthias Gatzemeier: Makrokosmos/Mikrokosmos. In: Historisches Wörterbuch der Philosophie 1971–, Bd. 5, Basel 1980. c. 640–642.
Geimer 2005
Peter Geimer: Wir im Labor, Olaf Breidbach beobachtet den Beobachter. Rezension zu: Olaf Breidbach: Bilder des Wissens, München 2005. In: Süddeutsche Zeitung vom 28.04.2005.
Gentili 1980
Carlo Gentili: Musei scientifico a Bologna tra Cinquecento e Settecento. In: Capire l'Italia: I Musei, Milano 1980, S. 229–233.
Georg und Yapp 1991
Wilma Georg and Brunsdon Yapp: The Naming of the Beasts, London 1991.
Gessner 1967 (AK)
Conrad Gessner 1516–1565. Universalgelehrter, Naturforscher, Arzt, mit Beiträgen von Hans Fischer, Georges Petit, Joachim Stadtke, Rudolph Stieger, Heinrich Zoller (Austellungskatalog), Zürich 1967.
Giesecke 1998
Michael Giesecke: Der Buchdruck in der frühen Neuzeit. Eine historische Fallstudie über die Durchsetzung neuer Informations- und Kommunikationstechnologien, Frankfurt am Main 1998.
Gloede 1986
Wolfgang Gloede: Vom Lesestein zum Mikroskop, Berlin 1986.
Gmelig Meyling-Nijboer 1973
Caroline Aleid Gmelig Meyling-Nijboer: Conrad Gessner (1516–1565) considered as a modern naturalist. In: Janus, Revue internationale de l' histoire des sciences, de la médicine de la pharmacie et de la technique, LX, (1973) 1–2–3, S. 41–50.
Gmelig-Nijboer 1977
Caroline Aleid Gmelig-Nijboer: Conrad Gessners »Historia animalium«, an Inventory of Renaissance Zoology, Meppel 1977.
Gonzaga 2002 (AK)
Gonzaga. La Celeste Galeria, a cura di Raffaella Morselli, Milano 2002.

GRAMACCINI 1986
Norbert Gramaccini: Das genaue Abbild der Natur. Riccios Tiere und die Theore des Naturabgusses. In: Natur und Antike (AK) 1986, S. 198–225.
GUIDA PALAZZO POGGI 2002
Guida Palazzo Poggi. Guide to Palazzo Poggi Museum, Science and Art, Bologna 2002.
HABIGER-TUSCAY 1999
Christa Habiger-Tuscay: Wilde Frau. In: Dämonen, Monster, Fabelwesen 1999, S. 603–616.
HACKETHAL 1990
Sabine Hackethal: Betrachtungen zur Tierdarstellung in der Renaissance anhand der Aquarelle von Lazarus Röting (1549–1614). In: NTM, 27 (1990) 1, S. 49–64.
HACKETHAL 1992
Sabine Hackethal: Das »Gothaer Vogelbuch« – eine bisher unbekannte Sammlung von Vogelbildern aus der ersten Hälfte des 17. Jahrhunderts. In: Wissenschaftliche Zeitschrift Martin-Luther-Universität Halle-Wittenberg, Erbe und Gegenwart IV, Geisteswissenschaftliche Reihe, 5, 1992, 41, S.102–106.
HAGNER 1995
Michael Hagner: Vom Naturalienkabinett zur Embryologie. Wandlungen des Monströsen und die Ordnung des Lebens. In: Der falsche Körper 1995, S. 73–108.
HAGNER 1999
Michael Hagner: Enlightened Monsters. In: Sciences 1999, S. 176–217.
HANAFI 2000
Zakiya Hanafi: The Monster in the Machine. Magic, Medicine, and the Marvelous in the Time of the Scientific Revolution, London 2000.
HARMS 1975
Wolfgang Harms: Allegorie und Empirie bei Konrad Gessner. Naturkundliche Werke unter literaturwissenschaftlichen Aspekten. In: Akten des V. Internationalen Germanistenkongresses Cambridge 1975, Frankfurt am Main 1975, S. 119–123.
HARMS 1985
Wolfgang Harms: On Natural History and Emblematics in the 16th Century. In: The Natural Sciences and the Arts 1985, S. 67–83.
HARMS 1989
Wolfgang Harms: Bedeutung als Teil der Sache in zoologischen Standardwerken der frühen Neuzeit (Konrad Gessner, Ulisse Aldrovandi). In: Lebenslehren und Weltentwürfe im Übergang vom Mittelalter zur frühen Neuzeit, Politik, Bildung, Naturkunde, Theologie, herausgegeben von Hartmut Boockmann, Bernd Moeller und Karl Stackmann, Göttingen 1989, S. 352–569.
HARMS 1997
Deutsche illustrierte Flugblätter des 16. und 17. Jahrhunderts, herausgegeben von Wolfgang Harms, Bd. 7, Die Wickiana, Tübingen 1997.
HARVEY 1996
Paul D. A. Harvey: Mappa mundi. The Hereford World Map, London 1996.
HARVEY 2006
Paul D. A. Harvey: Hereford World Map, London 2006.
HASSIG 1995
Debora Hassig: Medieval Bestiaries. Text, Image, Ideology, Cambridge 1995.
HAYER 1998
Gerold Hayer: Konrad von Megenberg »Das Buch der Natur«, Untersuchungen zu seiner Text- und Überlieferungsgeschichte, Tübingen 1998.
HECKSCHER UND WIRTH 1959
William S. Heckscher und Karl August Wirth: Emblem, Emblembuch. In: Reallexikon zur deutschen Kunstgeschichte, Band V, Stuttgart 1959.
HENDRIX 1986
Lee Hendrix: Joris Hoefnagel and the Four Elements. A Study in Sixteenth-Century Nature-Painting, Princeton 1986.
HENDRIX 1988
Lee Hendrix: An Introduction to Hoefnagel and Bocskays Modell Book of Calligraphy in the J. Paul Getty Museum. In: Prag um 1600 (AK), Freren 1988, S. 110–117.

Hendrix 1995
Lee Hendrix: Of Hirsutes and Insects. Joris Hoefnagel and the Art of the Wondrous. In: Word and Image, Vol. II, No. 4, October-December 1995, S. 373–390.
Hendrix 1997
Lee Hendrix: Naturhistorische Abbildungen am Hofe Rudolph II. In: Rudolph II. und Prag (AK) 1997, S. 157–171.
Henkel und Schöne 1996
Emblemata. Handbuch zur Sinnbildkunst des XVI. und XVII. Jahrhunderts, herausgegeben von Arthur Henkel und Albrecht Schöne, Stuttgart 1996.
Hintz 1999
Ernst Ralf Hintz: Der Wilde Mann – ein Mythos vom Andersartigen. In: Dämonen, Monster, Fabelwesen 1999, S. 618–626.
Historisches Wörterbuch der Philosophie 1971
Historisches Wörterbuch der Philosophie, herausgegeben von Joachim Ritter, Basel 1971–.
History of Modern Science 2002
History of Modern Science and Mathematics, edited by Brian S. Baigrie, Volume III, New York 2002.
Hocke 1987
Gustav René Hocke: Die Welt als Labyrinth. Manierismus in der europäischen Kunst und Literatur, Reinbek bei Hamburg 1987.
Hoeniger 1985
David F. Hoeniger: How Plants and Animals were studied in the Mid-Sixteenth-Century. In: Science and Arts in the Renaissance 1985, S. 130–148.
Holl 2000
Susanne Holl: Ob oculos. Andreas Vesals ›De Humani corporis Fabrica‹ und der Buchdruck. In: Kaleidoskopien, Körperinformation, Heft 3, Leipzig 2000, S. 328–351.
Holländer 1922
Eugen Holländer: Wunder, Wundergeburt und Wundergestalt in Einblattdrucken des 15.–18. Jahrhunderts, kulturhistorische Studie, Stuttgart 1922.
Horowitz 2000
Maryanne Cline Horowitz: The ›Science‹ of Embryology before the Discovery of the Ovum. In: Connecting Spheres 2000, S. 104–112.
Hortus pictus 1993
Hortus pictus. Dalla Raccolta di Ulisse Aldrovandi, a cura di Enzo Crea, Rom 1993.
Huet 1993
Marie-Hélène Huet: Monstrous Imagination, Cambridge 1993.
Illustrierte Flugblätter 1983 (AK)
Illustrierte Flugblätter aus den Jahrhunderten der Refomation und der Glaubenskämpfe (Ausstellungskatalog), herausgegeben von Wolfgang Harms, Coburg 1983.
Instrumente des Sehens 2004
Instrumente des Sehens, Bildwelten des Wissens, Kunsthistorisches Jahrbuch für Bildkritik, herausgegeben von Angela Fischel, Band 2,2, Berlin 2004.
Instrumente in Kunst und Wissenschaft 2004
Instrumente in Kunst und Wissenschaft, zur Architektonik kultureller Grenzen im 17. Jahrhundert, Reihe Theatrum Scientiarum, herausgegeben von Helmar Schramm und Ludger Schwarte, Berlin 2004.
Irblich und Auer 1995
Eva Irblich und Alfred Auer: Natur und Kunst, Handschriften und Alben aus der Ambraser Sammlung Erzherzog Ferdinand II. (1529–1595), Wien 1995.
Ivins 1953
William M. Ivins: Prints and Visual Communications, London 1953.
Jacopo Ligozzi 1993
I ritratti di piante di Jacopo Ligozzi, a cura di Lucia Tongiorgi Tomasi, Pisa 1993.
Jahn 1998
Geschichte der Biologie – Theorien, Methoden, Institutionen, Kurzbiographien, herausgegeben von Ilse Jahn. 3., neubearbeitete und erweiterte Auflage, Jena 1998.
Jamnitzer 1985 (AK)
Wenzel Jamnitzer und die Nürnberger Goldschmiedekunst 1500–1700. Eine Ausstellung im Germanischen Nationalmuseum Nürnberg vom 28. Juni–15. September 1985, München 1985.

JANSON 1952
Horst Woldemar Janson: Apes and Ape Lore in the Middle Ages and the Renaissance, London 1952.
JANSON 1961
Horst Woldemar Janson: The Image Made by Chance. In: De artibus opuskula XL, Essays in Honor of Erwin Panofsky, Bd 1, New York 1961, S. 254–266.
KAPPLER 1980
Claude Kappler: Monstres, demons et merveilles à la fin de Moyen Age, Paris 1980.
KARENTZOS 2004
Alexander Karentzos: Die Kunst der Natur. Caspar David Friedrichs »Watzmann« im Kontext romantischer Philosophie und Geognosie. In: Caspar David Friedrich 2004.
DER KLEINE PAULY 1964–75
Der kleine Pauly. Lexikon der Antike, auf der Grundlage von Pauly's Realencyclopädie der classischen Altertumswissenschaft, herausgegeben von Konrat Ziegler und Walther Sontheimer, Stuttgart 1964–1975.
KLIER 2004
Andrea Klier: Fixierte Natur. Naturabguß und Effigies im 16. Jahrhundert, Berlin 2004.
KOBELL 1864
Franz von Kobell: Geschichte der Mineralogie, München 1864.
KRÄMER 2007
Fabian Krämer: Die Individualisierung des Hermaphroditen in Medizin und Naturgeschichte des 17. Jahrhunderts. In: Berichte zur Wissenschaftsgeschichte, 30 (2007) 1, S. 49–65.
KRAJEWSKI 2002
Markus Krajewski: Zettelwirtschaft, die Geburt der Kartei aus dem Geiste der Bibliothek, Berlin 2002.
KRIS 1927
Ernst Kris: Joris Hoefnagel und der wissenschaftliche Naturalismus. In: Festschrift für Julius Schlosser zum 60. Geburtstag, Zürich 1927, S. 243–253.
KUNST UND DAS STUDIUM DER NATUR 1987
Die Kunst und das Studium der Natur vom 14. bis zum 16. Jahrhundert, herausgegeben von Wolfram Prinz und Andreas Beyer, Weinheim 1987.
KUNSTFORM CAPRICCIO 1998
Kunstform Capriccio. Von der Groteske zur Spieltheorie der Moderne, herausgegeben von Ekkehard Mai und Joachim Rees, Köln 1998.
KUNSTGESCHICHTE 2003
Kunstgeschichte, eine Einführung, herausgegeben von Hans Belting, Heinrich Dilly, Wolfgang Kemp, Willibald Sauerländer und Martin Warnke, 6. Auflage, Frankfurt am Main 2003.
KUNSTKAMMER, LABORATORIUM, BÜHNE 2003
Kunstkammer, Laboratorium, Bühne. Schauplätze des Wissens im 17. Jahrhundert, Reihe Theatrum Scientiarum, herausgeben von Helmar Schramm, Ludger Schwarte und Jan Lazardzig, Berlin 2003.
KUNZE 1975
Horst Kunze: Geschichte der Buchillustration in Deutschland, das 15. Jahrhundert, 2 Bände, Leipzig 1975.
KUNZE 1993
Horst Kunze: Geschichte der Buchillustration in Deutschland, das 16. und 17. Jahrhundert, Leipzig 1993.
KUSUKAWA 1997
Sachiko Kusukawa: Leonhart Fuchs on the Importance of Pictures. In: Journal for the History of Ideas 58, 1997, S. 403–427.
KUSUKAWA UND MCLEAN 2006
Sachiko Kusukawa und Ian Mclean: Transmitting Knowlegde, Words, Images and Instruments in Early modern Europe, Oxford 2006.
LACK 2001 (AK)
Walter H. Lack: Ein Garten Eden, Meisterwerke der botanischen Buchillustration (Ausstellungskatalog), Köln 2001.
LAILACH 2000
Michael Lailach: Der Gelehrten Symbola – Studien zu den Emblematum Tyrocinia von Mathias Holtzwart (Straßburg 1581), Berlin: Dokumentenserver der Humboldt-Universität zu Berlin 2000. [http://edoc.hu-berlin.de, Stand Januar 2009]
LANDAU UND PARSHALL 1994
David Landau and Peter Parshall: The Renaissance Print, 1470–1550, New Haven 1994.

Landolt 1972
Elisabeth Landolt: Materalien zu Felix Platter als Sammler und Kunstfreund. In: Basler Zeitschrift für Geschichte und Altertumskunde, 72. Band, Basel 1972, S. 245–306.
Landolt 1984
Elisabeth Landolt: Kabinettstücke der Amerbach im Historischen Museum Basel, Basel 1984.
Lange 2006
Britta Lange: Echt. Unecht. Lebensecht. Menschenbilder im Umlauf, Berlin 2006.
Laqueur 1992
Thomas Laqueur: Auf den Leib geschrieben, die Inszenierung der Geschlechter von der Antike bis Freud, Frankfurt am Main 1992.
Lennox 2001
James G. Lennox: Aristotle's Philosophy of Biology. Studies in the Origins of Life Science, Cambridge 2001.
Leonhard 2004
Karin Leonhard: Ein Bild und seine Geschichte – Dalenpatius sieht etwas, was Leeuwenhoek nicht sieht. In: Instrumente des Sehens 2004, S. 50–54.
Leonhard 2007
Karin Leonhard: Welt im Fluss. Energieübertragungsmodelle im 17. Jahrhundert. In: Lichtgefüge in Kunst und Naturphilosophie des 17. Jahrhunderts – Rembrandt und Vermeer, herausgegeben von Carolin Bohlmann, Thomas Fink, Philipp Weiss, München 2007, S. 41–58.
Leu 1990
Urs B. Leu: Conrad Gessner als Theologe. Ein Beitrag zur Zürcher Geistesgeschichte des 16. Jahrhunderts, Bern 1990.
Liatsi 2000
Maria Liatsi: Aristoteles: De Generatione animalium, Buch V, Einleitung und Kommentar, Trier 2000.
Lindberg 1987
David C. Lindberg: Auge und Licht im Mittelalter, die Entwicklung der Optik von Alkindi bis Kepler, Frankfurt am Main 1987.
Lindberg 1994
David C. Lindberg: The Beginnings of Western Science, the European Scientific Tradition in Philosophical, Religious and Institutional Context, 600 B.C. to A.D. 1450, Chicago 1994.
Long 2002
Pamela O. Long: Objects of Art / Objects of Nature, Visual Representation and the Investigation of Natur. In: Merchants and Marvels 2002, S. 63–82.
Lovejoy 1993 [1936]
Arthur O.: Lovejoy: Die große Kette der Wesen [The great chain of being 1936], Frankfurt am Main 1993.
Macho 1998
Thomas Macho: Die Erfindung der Haustiere, die technischen Bedingungen romantischer Tierbilder. In: Pensare la Natura 1998, S. 315–337.
Macho 1998a
Thomas Macho: Die Ursprünge des Monströsen. In: Breitenfellner und Kohn-Ley 1998, S. 11–43.
Macho 2001
Thomas Macho: Sammeln in chronologischer Perspektive. In: Theater der Natur und Kunst (Essays), 2001, S. 63–74.
Macho 2000a
Thomas Macho: Mit sich allein. Einsamkeit als Kulturtechnik. In: Einsamkeit 2000, S. 27–44.
Macho 2001
Thomas Macho: Zoologiken. Tierpark, Zirkus, Freakshow. In: TheaterPeripherien 2001, S. 13–34.
Macrocosmos in Microcosmo 1994
Macrocosmos in Microcosmo, die Welt in der Stube, zur Geschichte des Sammelns 1450–1800, herausgegeben von Andreas Grote, Opladen 1994.
Maragliano 2001
Giorgio Maragliano: Davanti gli Occhi, Ulisse Aldrovandi e la Conoscenza naturale nel Secondo Cinquecento. In: Rivista di estetica, N.S. 16 (1/2001), S. 31–55.
Materialität der Kommunikation 1995
Materialität der Kommunikation, herausgegeben von Hans Ulrich Gumbrecht und K. Ludwig Pfeiffer, Frankfurt am Main 1995.

MAYER-DEUTSCH 2006
Angela Mayer-Deutsch: Das ideale Musaeum Kircherianum und die Exercitia spiritualia des Hl. Ignatius von Loyola. In: Instrumente in Kunst und Wissenschaft 2006, S. 256–276.
MEDIALE HAMBURG 1993 (AK)
Mediale Hamburg (Ausstellungskatalog), Hamburg 1993.
MEGENBERG 1994
Konrad von Megenberg: Das Buch der Natur. Die erste Naturgeschichte in deutscher Sprache, herausgegeben von Franz Pfeiffer (3. Nachdruck der Ausgabe von 1861), Hildesheim, Zürich, New York 1994.
MEGENBERG 1997
Konrad von Megenberg: Das Buch der Natur. Farbmikrofiche-Edition der Handschrift Heidelberg, Universitätsbibliothek, Cod. Pal. Germ. 311 und der Bilder aus Cod. Pal. Germ 300. Einführung und Beschreibung der Handschriften von Gerold Hayer, München 1997.
MELANCHOLIE 2005 (AK)
Melancholie Genie und Wahnsinn in der Kunst. Ausstellungskatalog, Ostfildern-Ruit 2005.
MENZEL UND POEPPEL 2004
Randolf Menzel und David Poeppel: Brains on Fire – Bilder in der Neurobilogie, ein Gespräch der Bildwelten des Wissens mit Randolf Menzel und David Poeppel. In: Instrumente des Sehens 2004, S. 87–97.
MERCHANTS AND MARVELS 2002
Merchants and Marvels. Commerce, Science and Art in Early Modern Europe, edited by Pamela H. Smith and Paula Findlen, New York 2002.
METRAUX 2003
Alexandre Metraux: Elephant, Mammoth, Unicorn or What. In: The Power of Images 2003, S. 181–193.
METTE 1995
Hanns-Ulrich Mette: Der Nautiluspokal – wie Natur und Kunst miteinander spielen, München 1995.
MICHEL 1979
Paul Michel: Tiere als Symbol und Ornament. Möglichkeiten und Grenzen der ikonographischen Deutung, gezeigt am Beispiel des Zürcher Großmünsterkreuzgangs, Wiesbaden 1979.
MIEDEMA 1968
Hessel Miedema: The Term Emblemata in Alciati. In: Journal of the Warburg and Courtland Institute, 31, 1968, S. 234–250.
MIRA CALLIGRAPHIAE MONUMENTA 1992
Mira Calligraphia Monumenta. A 16th Century Calligraphic Manuscript, inscribed by Georg Bocskay, illuminated by Joris Hoefnagel, edited by Thea Vignau-Wilberg und Lee Hendrix, Malibu 1992.
MONSTERS AND MONSTROSITY 1998
Monsters and Monstrosity in Greek and Roman Culture, edited by Catherine Atherton, Bari 1998.
MONTAIGNE 1988
Michel de Montaigne: Tagebuch einer Reise durch Italien, die Schweiz und Deutschland, herausgegeben und aus dem Französischen übertragen von Otto Flake, Frankfurt am Main 1988.
MOSCOSO 1995
Javier Moscoso: Vollkommene Monstren und unheilvolle Gestalten. In: Der falsche Körper 1995, S. 56–72.
MOSS 1996
Ann Moss: Printed Commonplace Books and the Structuring of Renaissance Thought, Oxford 1996.
MÜLLER-BAHLKE UND GÖLTZ 1989
Thomas J. Müller-Bahlke und Klaus E. Göltz: Die Wunderkammer. Die Kunst- und Naturalienkammer der Franckeschen Stiftungen zu Halle (Saale), Halle 1998.
NATUR UND ANTIKE 1986 (AK)
Natur und Antike in der Renaissance (Ausstellungskatalog), Frankfurt am Main 1986.
NATURWISSENSCHAFT UND TECHNIK IM BAROCK 1997
Naturwissenschaft und Technik im Barock, herausgegeben von Uta Lindgren, München 1997.
DER NEUE PAULY 1996–2003
Der neue Pauly. Enzyklopädie der Antike, das klassische Altertum und seine Rezeptionsgeschichte, herausgegeben von Hubert Cancik, Stuttgart 1996–2003.
NISSEN 1951
Claus Nissen: Die botanische Buchillustration, ihre Geschichte und Bibliographie, Stuttgart 1951.
NISSEN 1969–1978
Claus Nissen: Die zoologische Buchillustration, ihre Bibliographie und Geschichte, Stuttgart 1969–1978.

Oberflächen der Theorie 2003
Bildwelten des Wissens, Kunsthistorisches Jahrbuch für Bildkritik, Bd. 1, 2, Oberflächen der Theorie, herausgegeben von Horst Bredekamp und Gabriele Werner, Berlin 2003.
Ogilvie 2003
Brian W. Ogilvie: Image and Text in Natural History, 1500–1700. In: The Power of Images 2003, S. 141–166.
Olmi 1976
Giuseppe Olmi: Ulisse Aldrovandi. Scienza e natura nel secondo Cinquecento, Trento 1976.
Olmi 1982
Giuseppe Olmi: Arte e Natura nel Cinquecento Bolognese. Ulisse Aldrovandi e la Raffigurazione Scientifica, In: Le Arti a Bologna e in Emilia dal XVI al XVII secolo, Atti del XXIV Congresso Internazionale di Storia dell'arte, a cura di A. Emiliani, Bologna 1982, S. 151–171.
Olmi 1982
Giuseppe Olmi: Ulisse Aldrovandi. In: FMR, 7, 1982, S. 45–74.
Olmi 1992
Giuseppe Olmi: L'Inventario del mondo. Catalogazione della natura e luoghi del sapere nella prima età moderna, Bologna 1992.
Olmi 1994
Giuseppe Olmi: Die Sammlung – Nutzbarmachung und Funktion. In: Macrocosmos in Microcosmo 1994, S. 129–169.
Ordnungen der Sichtbarkeit 2002
Ordnungen der Sichtbarkeit. Fotografie in Wissenschaft, Kunst und Technik, herausgegeben von Peter Geimer, Frankfurt am Main 2002.
Pächt 1950
Otto Pächt: Early Italien Nature Studies and the Early Calendar Landscape. In: Journal of the Warburg and Courtauld Institute, XIII, 1950, S. 13–47.
Pagel 1962
Walter Pagel: Das medizinische Weltbild des Paracelsus, seine Zusammenhänge mit Neuplatonismus und Gnosis, Wiesbaden 1962.
Paré 1971 [1573]
Ambroise Paré: Des monstres et prodiges, Édition critique et commentée par Jean Céard, Geneve 1971.
Paré 1995 [1573]
Ambroise Pare On Monsters and Marvels, translated by Janis L. Pallister, Chicago 1995.
Paré 1996
Ambroise Paré: Mostri e Prodigi, a cura di Massimo Ciavolella, Rom 1996.
Parshall 1993
Peter Parshall: Imago contrafacta. Images and Facts in the Northern Renaissance. In: Art History, Vol. 16, No. 4, 1993, S. 554–579.
Pass 1986/87
Günther Pass: Dürer und die wissenschaftliche Tierdarstellung der Renaissance. In: Jahrbuch der kunsthistorischen Sammlungen in Wien, Albrecht Dürer und die Tier- und Pflanzenstudien der Renaissance, Band 82/83, 1986/87, S. 57–67.
Pensare la Natura 1998
Pensare la Natura dal Romanticismo all'Ecologia, a cura di Paloa Giacomoni, Wolfgang Müller, Gian Franco Frigo, Mailand 1998.
Perfetti 2000
Stefano Perfetti: Aristotle's Zoology and its Renaissance Commentators (1521–1601), Leuven 2000.
Picturing Knowledge 1996
Picturing Knowledge, Historical and Philosophical Problems Concerning the Use of Art in Science, edited by Brian S. Baigrie, Toronto 1996.
Pigafetta 2001
Antonio Pigafetta: Mit Magellan um die Erde, ein Augenzeugenbericht der ersten Weltumsegelung 1519–1522, herausgegeben von Robert Grün, mit einem Vorwort von Dieter Lohmann, Stuttgart 2001.
Pinon 1995
Laurent Pinon: Livres de Zoologie de la Renaissance, un Anthologie (1450–1700), Klienccksieck 1995.
Platter 1976
Felix Platter: Tagebuch, 1536–67, herausgegeben von Valentin Lötscher, Basel, Stuttgart 1976.

Prag 1988 (AK)
Prag um 1600 (Ausstellungskatalog), 2 Bände, Feren 1988.
Pyle 1996
Cynthia M. Pyle: The Art and Science of Renaissance Natural History. Thomas of Cantimpre, Pier Candido Decembrio, Conrad Gessner, and Theodor Ghisi in Vatican Library Mx. Urb. Lat. 276. In: Viator, Medieval and Renaissance Studies, 28, 1996, S. 265–321.
Pyle 2000
Cynthia M. Pyle: Art as Science. Scientific Illustration, 1490–1670, in Drawing, Woodcut and Copper Plate. In: Endeavour, Vol. 24 (2) 2000, S. 69–75.
Reallexikon zur deutschen Kunstgeschichte 1933
Reallexikon zur deutschen Kunstgeschichte, herausgegeben vom Zentralinstitut für Kunstgeschichte, begonnen von Otto Schmitt, Stuttgart 1933–.
Regteren Altena 1983
Johan Quirijn van Regteren Altena: Jacques de Gheyn, Three Generations, Den Haag 1983.
Rheinberger 2003
Hans-Jörg Rheinberger: Präparate – ›Bilder‹ ihrer selbst, eine bildtheoretische Glosse. In: Oberflächen der Theorie 2003, S. 9–19.
Riedl-Dorn 1989
Thea Riedl-Dorn: Wissenschaft und Fabelwesen. Ein kritischer Versuch über Konrad Gessner und Ulisse Aldrovandi, Wien 1989.
Ritterbush 1985
Philip C. Ritterbush: The Organism as Symbol. An Innovation in Art. In: Science and Arts in the Renaissance 1985, S. 149–154.
Rodriquez 1956
Ferdinando Rodriquez: Il Museo Aldrovandiano della Bibliotheca Universitaria, Bologna 1956.
Roob 1996
Alexander Roob: Das hermetische Museum. Alchemie und Mystik, Köln 1996.
Rose 1978
Heribert Jennings Rose: Griechische Mythologie, München 1978.
Roth 2000
Harriet Roth: Der Anfang der Museumslehre in Deutschland, das Traktat »Inscriptiones vel Tituli Theatri Amplissimi« von Samuel Quiccheberg, Berlin 2000.
Rudolph II. und Prag (AK) 1997
Rudolph II. und Prag (Ausstellungskatalog), Prag 1997.
Rudwick 1972
Martin S. Rudwick: The Meaning of Fossils. Episodes in the History of Palaeontology, London 1972.
Sackmann 1991
Werner Sackmann: Die Handschriften der Signatur K: Naturwissenschaften, Basel 1991.
Sammeln – Ordnen – Veranschaulichen 2003
Sammeln – Ordnen – Veranschaulichen. Wissenskompilatorik in der Frühen Neuzeit, herausgegeben von Helmut Zedelmeier, Frank Büttner, Markus Friedrich, Münster 2003.
Sammer 1998
Marianne Sammer: Der Basilisk. Zur Natur- und Bedeutungsgeschichte eines Fabeltieres im Abendland, München 1998.
Sarti 2004
Carlo Sarti: The Geology Collections in Aldrovandis Museum. Le collezioni di geologia nel Museo di Ulisse Aldrovandi. In: Four Centuries of the Word Geography 2004, S. 153–168.
Saxl 1957 [1927/28]
Fritz Saxl: Macrocosm and Microcosm in Medieval Pictures [1927/28]. In: Saxl 1957, Bd. 1, S. 58–72.
Saxl 1957
Fritz Saxl: Lectures, 2 Bände, Londen 1957.
Scappini und Torricelli 1993
Cristiana Scappini und Maria Pia Torricelli: Lo studio Aldrovandi in Palazzo Pubblico (1617–1742), a cura di Sandra Tugnoli Pàttaro, Bologna 1993.
Schapiro 1987 [1947]
Meyer Schapiro: Über die ästhetische Bewertung der Kunst in romanischer Zeit, [1947]. In: Schapiro 1987, S. 24–63.

SCHAPIRO 1987
Meyer Schapiro: Romanische Kunst. Ausgewählte Schriften, Köln 1987.
SCHIPPERGES 1981
Heinrich Schipperges: Kosmos Anthropos. Entwürfe zu einer Philosophie des Leibes, Stuttgart 1981.
SCHMÖLDERS 1995
Claudia Schmölders: Das Vorurteil um Leibe. Eine Einführung in die Physiognomik, Berlin 1995.
SCIENCE AND ARTS IN THE RENAISSANCE 1985
Science and Arts in the Renaissance, edited by John W. Shirley and F. David Hoeniger, Washington D.C. 1985.
SCIENCES 1999
The Sciences in Enlightened Europe, edited by William Clark, Chicago 1999.
SCOTT 2001
Andrew C. Scott: Frederico Cesi and his Field Studies on the Origin of Fossiles between 1610 and 1630. In: Endeavor, Vol 25 (3) 2001, S. 93–103.
SERRAI 1990
Alfredo Serrai: Conrad Gessner, a cura di Maria Cochetti, Rom 1990.
SHAPIN UND SCHAFFER 1985
Stephen Shapin und Simon Schaffer: Leviathan and the Air-Pump. Hobbes, Boyle, and the Experimental Life, Princeton 1985.
SICHTBARKEIT UND MEDIUM 2005
Sichtbarkeit und Medium. Austausch, Verknüpfung und Differenz naturwissenschaftlicher und ästhetischer Bildstrategien, herausgegeben von Anja Zimmermann, Hamburg 2005.
SIEMONI 1944
Walfredo Siemoni: Francesco Ligozzi. In: Paragone 45, 1944, S. 41–60.
SNOW 1967
Charles Percy Snow: Die zwei Kulturen. Literarische und naturwissenschaftliche Intelligenz, Stuttgart 1967.
SPLENDOR SOLIS 2005 (AK)
Splendor Solis oder Sonnenglanz. Von der Suche nach dem Stein der Weisen (Ausstellungskatalog), Berlin 2005.
STEINEMANN 2006
Holger Steinemann: Eine Bildtheorie zwischen Repräsentation und Wirkung. Kardinal Gabriele Paleottis »Discorso intorno alle imagine sacre e profane« (1582), Hildesheim 2006.
STEINMANN 1987
Martin Steinmann: Die Handschriften der Universitätsbibliothek Basel, Übersicht über die Bestände und deren Erschließung, Basel 1987.
SUMMERS 1987
David Summers: The Judgement of Sense. Renaissance Naturalism and the Rise of Aesthetics, Cambridge 1987.
SWAN 1995
Claudia Swan: Ad vivum, naer het leven, from the life. Defining a Mode of Representation. In: Word and Image, Vol. II, No. 4, October–November 1995, S. 353–372.
SWAN 1997
Claudia Swan: Jacques de Gheyn II. and the Representation of the Natural World in the Netherlands circa 1600, Ann Arbor 1997.
SWAN 2002
Claudia Swan: From Blowfish to Flower Still Life Painting, Classification and its Images, circa 1600. In: Merchants and Marvels 2002, S. 109–136.
SWAN 2005
Claudia Swan: Art, Science, and Witchcraft in Early Modern Holland: Jacques de Gheyn II. (1565–1629), Cambridge 2005.
TAGLIAFERRI, TOMASINI UND TUGNOLI PÀTTARO 1994
Maria Christina Tagliaferri, Stefano Tomasini und Sandra Tugnoli Pàttaro: Ulisse Aldrovandi als Sammler, Das Sammeln als Gelehrsamkeit oder als Methode wissenschaftlichen Forschens. In: Macrocosmos in Microcosmo 1994, S. 265–282.
TAMMEN 2003
Silke Tammen: Marianischer und ›natürlicher‹ Uterus: Überlegungen zur Anatomie des Heils am Beispiel

einer spätmittelalterlichen Heimsuchungsgruppe«. In: ›Natur‹ im Mittelalter, herausgegeben von Peter Dilg, Berlin 2003, S. 419–441.
Teatro del Mondo 2001 (AK)
Il Teatro del mondo di Ulisse Aldrovandi (Catalogo), a cura di R. Simili, Bologna 2001.
Das technische Bild 2008
Das Technische Bild. Kompendium zu einer Stilgeschichte technischer Bilder, herausgegeben von Horst Bredekamp, Birgit Schneider und Vera Dünkel, Berlin 2008.
The Natural Sciences and the Arts 1985
The Natural Sciences and the Arts. Aspects of Interaction from Renaissance to the 20th Century, edited by Allen Ellenius, Uppsala 1985.
The Power of Images 2003
The Power of Images in Early Modern Science, edited by Wolfgang Lefèvre, Jürgen Renn and Urs Schöpflin, Basel 2003.
The Wild Man Within 1972
The Wild Man Within. An Image of Western Thought from the Renaissance to Romanticism, Pittsburgh 1972.
Theater der Natur und Kunst 2001 (AK)
Theater der Natur und Kunst, Wunderkammern des Wissens = Theatrum naturae et artis (Essays und Katalog), herausgegeben von Horst Bredekamp und Jochen Brühning, Berlin 2001.
TheaterPerpherien 2001
TheaterPeripherien, Kursbuch 35, Tübingen 2001.
Thesaurus 1996
Thesaurus Austriacus, Europas Glanz im Spiegel der Buchkunst, herausgegeben von Eva Irblich, Wien 1996.
Tomasi 1987
Lucia Tongiorgi Tomasi: Toward the Scientific Naturalism, Aspects of Botanical and Zoological Iconography in Manuscripts and Printed Books in the Second Half of the XVth Century. In: Kunst und das Studium der Natur 1987, S. 91–101.
Tomasi 1993
Lucia Tongiorgi Tomasi: Jacopo Ligozzi pittore naturalistico e i suoi »ritratti« di piante. In: I ritratti di piante di Jacopo Ligozzi, S. 11–40.
Tomasi 2000
Lucia Tongiorgi Tomasi: L'immagine naturalistica, tecnica e invenzione. In: Natura – Cultura. L'interpretazione del mondo fisico nei testi e nelle immagini, Vol. 1, Florenz 2000, S. 133–153.
Topper 1996
David Topper: Towards an Epistemology of Scientific Illustration. In: Picturing Knowledge 1996, S. 215–249.
Transfigurationen des Körpers 1989
Transfigurationen des Körpers. Spuren der Gewalt in der Geschichte, herausgegeben von Dietmar Kamper und Christoph Wulf, Berlin 1989.
Tugnoli Pàttaro 1981
Sandra Tugnoli Pàttaro: Metodo e sistema delle scienze nel pensiero di Ulisse Aldrovandi, Bologna 1981.
Tugnoli Pàttaro 2000
Sandra Tugnoli Pàttaro: Osservazione di cose straordinarie. Il »De observatione foetus in ovis« (1564) di Ulisse Aldrovandi, Bologna 2000.
Turner 1980
Gerard L'Estrange Turner: Essays on the History of the Microscope, Oxford 1980.
van Helden 1977
Albert van Helden: The Invention of the Telescope, Transactions of the American Philosophical Society, Volume 67, Part 4, Philadelphia 1977.
van Helden und Winkler 1992
Albert van Helden und Mary G. Winkler: Representing the Heavens, Galileo and Visual Astronomy. In: Isis 83, Issue 2 (Jun. 1992) S. 195–217.
Ventura Folli 1993
Irene Ventura Folli: La natura »scritta«, la 'libraria di Ulisse Aldrovandi (1522–1605). In: L'Archiginnasio, Anno XLIX, Firenze 1993, S. 495–506.
Vesalius 1998 [1543]
Andreas Vesalius: De humani corporis fabrica [1543], commentary by Katharine Park, Oakland 1998.

Vignau-Wilberg 1969
siehe Wilberg Vignau-Schnuurmann 1969.
Vignau-Wilberg 1986
Thea Vignau-Wilberg: Naturemblematik am Ende des 16. Jahrhunderts. In: Jahrbuch der Kunsthistorischen Sammlung in Wien, Bd. 82, 1986, S. 145–162.
Vignau-Wilberg 1994
Thea Vignau-Wilberg: Humanistische Naturbetrachtung. In: Umeni 1994, No 4–5, S. 372–378.
Vignau-Wilberg 1994a
Thea Vignau-Wilberg: Archetypa studiaque patris Georgii Heofnagelii, 1592. Natur, Kunst und Wissenschaft in der Kunst um 1600, München 1994.
Völlnagel 2004
Jörg Völlnagel: Splendor Solis oder Sonnenglanz. Studien zu einer alchimistischen Bilderhandschrift, München 2004.
Voss 2007
Julia Voss: Darwins Bilder. Ansichten der Evolutionstheorie 1837–1874, Frankfurt am Main 2007.
Warburg 1998 [1920]
Aby Warburg: Heidnisch–Antike Weissagung in Wort und Bild zu Luthers Zeit. In: Die Erneuerung der heidnischen Antike, kulturwissenschaftliche Beiträge zur Geschichte der europäischen Renaissance, Berlin 1998, S. 407–558.
Die Welt im leeren Raum 2002 (AK)
Die Welt im leeren Raum. Otto von Guericke 1602–1686 (Ausstellungskatalog), herausgegeben von Matthias Puhle, München 2002.
Wellisch 1984
Hans H. Wellisch: Conrad Gessner. A Bio-Bibliography, Zug 1984.
Wellmann 2003
Janina Wellmann: Wie das Formlose Formen schafft. Bilder in der Haller-Wolf-Debatte und die Anfänge der Embryologie um 1800. In: Oberflächen der Theorie, Berlin 2003, S. 105–115.
Wheelock 2002
Athur K. Wheelock Jr.: Illusionism in Dutch and Flemish Art. In: Ebert-Schifferer 2002, S. 77–179.
Wilberg Vignau-Schnuurmann 1969
Thea Wilberg Vignau-Schnuurmann: Die emblematischen Elemente im Werke Joris Hoefnagels, 2 Bände, Leiden 1969.
Wilson 1995
Catherine Wilson: The Invisible World. Early Modern Philosophy and the Invention of the Microscope, Princeton 1995.
Wittkower 1996
Rudolph Wittkower: Allegorie und Wandel der Symbole in Antike und Renaissance. Allegory and the Migration of Symbols, Köln 1996.
Wittkower 1996a
Rudolph Wittkower: Die Wunder des Ostens. Ein Beitrag zur Geschichte der Ungeheuer. In: Wittkower 1996, S. 87–150.
Wolf 2002
Gerhard Wolf: Schleier und Spiegel. Traditionen des Christusbildes und die Bildkonzepte der Renaissance, München 2002.
Zapperi 1995
Roberto Zapperi: Ein Haarmensch auf einem Gemälde von Carravagio. In: Der falsche Körper 1995, S. 45–55.
Zapperi 2004
Roberto Zapperi: Der Wilde Mann von Teneriffa. Die wundersame Geschichte des Pedro Gonzalez und seiner Kinder, München 2004.
Zedelmaier 1992
Helmut Zedelmaier: Bibliotheca universalis und Bibliotheca selecta. Das Problem der Ordnung des gelehrten Wissens in der frühen Neuzeit, Köln 1992.
Zürcher Kunst 1981 (AK)
Zürcher Kunst nach der Reformation, Hans Asper und seine Zeit, Katalog zur Ausstellung im Helmhaus Zürich, Zürich 1981.

Zürcher 2004
Urs Zürcher: Monster oder Laune der Natur. Medizin und die Lehre von den Missbildungen 1780–1914, Frankfurt 2004.

Bildnachweis

Abb. 1: Animalia Rationalia et Insecta (Ignis) Plate LVI, Gift of Mrs.J. Rosenwald, Image courtesy of the Board of Trustees, National Gallery of Art, Washington 1987.20.5.55
Abb. 2, **Farbtafel 1**: Zentralbibliothek Zürich, Grafische Sammlung.
Abb. 3–6, **Farbtafel 2–4**: Universitätsbibliothek Basel, Nachlass Felix Platter, KI 1 und KI 2.
Abb. 7: Gessner 1565, S. 106–107.
Abb. 8: Johannes Kentmann: Arca rerum fossilium, 1565.
Abb. 9: Gessner 1555, S. 136.
Abb. 10: Universitätsbibliothek Basel, Nachlass Felix Platter; KI 2.
Abb. 11: Naturhistorisches Museum Basel. Foto © Wolfgang Suter, Naturhistorisches Museum Basel.
Abb. 12: Gessner 1565, S. 167.
Abb. 13: Zürcher Kunst (AK) 1981, S. 115, Abb. 102.
Abb. 14: Gessner 1558, S. 545.
Abb. 15: Sammer 1988, Abb. 23.
Abb. 16: Gessner 1551, S. 781.
Abb. 17: Leibniz 1749, Tab. XII.
Abb. 18: Gessner 1563, S. VII.
Abb. 19: Breydenbach 1486, ohne Seitenzählung.
Abb. 20: Le tavole aquarellate di Ulisse Aldrovandi. Bibliotheca Universitaria di Bologna, T. I, c. 67.
Abb. 21: Le tavole aquarellate di Ulisse Aldrovandi. Bibliotheca Universitaria di Bologna, T. I, c. 101.
Abb. 22: Le tavole aquarellate di Ulisse Aldrovandi. Bibliotheca Universitaria di Bologna, T. VII, c. 125.
Abb. 23: Le tavole aquarellate di Ulisse Aldrovandi. Bibliotheca Universitaria di Bologna, T. VI, c. 69.
Abb. 24: Le tavole aquarellate di Ulisse Aldrovandi. Bibliotheca Universitaria di Bologna, T. VII, c. 15.
Abb. 25: Le tavole aquarellate di Ulisse Aldrovandi. Bibliotheca Universitaria di Bologna, T. IV, c. 117a.
Abb. 26, **Farbtafel 5**: Universitätsbibliothek Bologna, Tavoli di animali; Band VII, c. 65.
Abb. 27: Universitätsbibliothek Tübingen.
Abb. 28–29: SLUB Dresden/Deutsche Fotothek, Sign.: Geolog.134, Francesco Stelluti: Trattato del legno, 1637.
Abb. 30: Le tavole aquarellate di Ulisse Aldrovandi. Bibliotheca Universitaria di Bologna, T. IV, c. 98.
Abb. 31: Österreichische Nationalbibliothek, Bildarchiv, NB 10 269.
Abb. 32: Le tavole aquarellate di Ulisse Aldrovandi. Bibliotheca Universitaria di Bologna, T. IV, c. 116.
Abb. 33: Salviani 1554, Tafel 77.
Abb. 34: Ewinkel 1995, Abb. 64.
Abb. 35: Paré 1971 [1573], Fig. 27, S. 36.
Abb. 36: Le tavole aquarellate di Ulisse Aldrovandi. Bibliotheca Universitaria di Bologna, T. VI, c. 72.
Abb. 37: Paré 1971 [1573], S. 102.
Abb. 38, **Farbtafel 6**: Le tavole aquarellate di Ulisse Aldrovandi. Bibliotheca Universitaria di Bologna, T. I, c. 115.
Abb. 39: Zentralbibliothek Zürich.
Abb. 40, **Farbtafel 7**: Universitätsbibliothek Bologna, Tavoli di Animali. Band IV, c. 132.
Abb. 41: Le tavole aquarellate di Ulisse Aldrovandi. Bibliotheca Universitaria di Bologna, T. I, c. 132.
Abb. 42: Prag um 1600 (AK) 1988, Abb. Nr. 19.
Abb. 43: Regteren Altena 1983, Abb. 81.
Abb. 44–51: Rueff 1553, S. 3v–10r.
Abb. 52: Ackermann 1985, S. 129.
Abb. 53: Roob 1996, S. 106.
Abb. 54, **Farbtafel 8**: Le tavole aquarellate di Ulisse Aldrovandi. Bibliotheca Universitaria di Bologna, T. VII, c. 114.
Abb. 55: Licetus 1665, S. 259.
Abb. 56: Animalia Rationalia et Insecta (Ignis) Plate I, Gift of Mrs. J. Rosenwald , Image courtesy of the Board of Trustees, National Gallery of Art, Washington,1987.20.5.2
Abb. 57: Le tavole aquarellate di Ulisse Aldrovandi. Bibliotheca Universitaria di Bologna, T. III, c. 159.
Abb. 58: Kupferstichkabinett, Staatliche Museen zu Berlin, KdZ 4806.

Personen- und Sachregister